Erich Stadler
Modulationsverfahren

Kamprath-Reihe

Dipl.-Ing.
Erich Stadler

Modulationsverfahren

Modulation und Demodulation
in der elektrischen Nachrichtentechnik

7., überarbeitete und erweiterte Auflage

Vogel Buchverlag

Dipl.-Ing. ERICH STADLER

Jahrgang 1937. Studium der Elektrotechnik an
der Technischen Hochschule München.
Von 1962 bis 1970 Industrietätigkeit als
Entwicklungsingenieur und Laborleiter bei
AEG-Telefunken Backnang (Trägerfrequenz-
und Richtfunktechnik). Anschließend Lehr-
tätigkeit an der Elektronikschule Tettnang
und Gast-Dozent an der Berufsakademie
Ravensburg. Studiendirektor als Fachberater für
Telekommunikation.

Die Deutsche Bibliothek – CIP-Einheitsaufnahme

Stadler, Erich: Modulationsverfahren:
Modulation und Demodulation in der
elektrischen Nachrichtentechnik / Erich Stadler.
– 7., überarb. und erw. Aufl. –
Würzburg: Vogel, 1993
(Kamprath-Reihe)
ISBN 3-8023-1486-7

ISBN 3-8023-1486-7
7. Auflage. 1993
Printed in Germany
Copyright 1976 by Vogel Verlag und Druck KG,
Würzburg
Herstellung: Alois Erdl KG, Trostberg

Vorwort

Die Modulationsverfahren sind bisher fast immer als Teilgebiet der elektrischen Nachrichtentechnik behandelt worden. Mit ihrer Erweiterung über die Amplituden- und Frequenzmodulation hinaus zu den verschiedenen Arten der Pulsmodulation und der Pulskodemodulation ist die Behandlung des Themas in geschlossener Form berechtigt und notwendig.

Wegen des elementaren Charakters der Modulationsverfahren für die Nachrichtentechnik müssen die Grundprinzipien auch dem praktisch orientierten Techniker geläufig sein. Darum werden ihre Gesetzmäßigkeiten mit möglichst wenig Mathematik und Formeln, sondern mit grafischen Darstellungen und Zeigern erklärt. Der Leser benötigt daher lediglich Grundkenntnisse der Algebra (Grundrechnungsarten), der Winkelfunktionen im rechtwinkligen Dreieck und, wo es sich um die PCM-Technik handelt, des Begriffs des Logarithmus und der binären Zahlen.

Angesprochen werden mit diesem Buch also jene praktisch orientierten Elektrotechniker, die weiterlernen möchten und hierzu die Zusammenhänge der Modulationsverfahren beherrschen müssen. Sicherlich ist dieses Buch auch eine Bereicherung für den, der von der Mathematik her die Zusammenhänge zwar richtig beherrscht, aber das tiefere Verständnis sucht.

Es erscheinen nebeneinander die Prinzipien der **Modulation und Demodulation** eines **sinusförmigen** und eines **pulsförmigen Nachrichtenträgers** sowie der **Pulskodemodulation.**

Die Grundlagen für das Verständnis der Modulationsverfahren (z. B. Addition und Multiplikation von Schwingungen und Fourier-Analyse) sind im ersten Kapitel zusammengefaßt. Diesem folgt das Kapitel „Amplitudenmodulation".

Didaktisch und methodisch zweckmäßig ist es, daran anschließend die „Modulation mit unterdrücktem Träger" und ihre Bedeutung für die **Stereotechnik,** dann die „Einseitenbandmodulation" mit ihrer Anwendung in der **Trägerfrequenztechnik** und darauf die in der **Fernsehtechnik** angewandte „Restseitenbandmodulation" zu bringen. Dem schwierigen Gebiet der Winkelmodulation, nämlich der Frequenzmodulation (Kapitel 6) und der damit verwandten Phasenmodulation (Kapitel 7), wird mehr Raum gewidmet, als man in einem Buch mit dem Motto „kurz und bündig" eigentlich erwarten würde, aber es scheint mir, daß mit einigen Winkelfunktionen und dem Integral über die Frequenz zu wenig für das Verständnis ausgesagt wäre. Für die Datenübertragung von Bedeutung ist das folgende Kapitel über die verschiedenen Arten der „**digitalen Modulation** (Tastung)", dem sich die über die „Pulsmodulation" und die „**Pulskodemodulation**" anschließen. Spezielle Verfahren wie **Quadraturmodulation, Deltamodulation** und **Intermodulation,** werden im letzten Kapitel dargestellt.

Die in den Text eingearbeiteten Aufgaben mit unmittelbar anschließender Lösung sowie die gelegentlich vorangestellten „Versuche" sollen induktiv zum allgemeinen Zusammenhang führen. Zusätzlich ist jedem Kapitel ein Abschnitt „Fragen und Aufgaben" zur Wiederholung und Erfolgskontrolle angefügt. Die Lösungen zu den Aufgaben wurden, aus Raumgründen kurz gefaßt, im Anhang des Buches angegeben. Die Antworten zu den Fragen können dem Text entnommen werden.

Für den mathematisch interessierten Leser ist jedem Kapitel ein Abschnitt „Mathematische Zusammenhänge" beigefügt. Er ist für das Verständnis des jeweiligen folgenden Kapitels nicht notwendig und kann daher übergangen werden.

Für Anregungen und Hinweise aus dem Leserkreis bin ich dankbar.

Tettnang   *Erich Stadler*

Inhaltsverzeichnis

7

1 Grundbegriffe

1.1 Nachrichtensignal und Nachrichtenträger

Sprache, Musik, Daten, Fernwirksignale usw. können ganz allgemein als Nachrichtensignale bezeichnet werden. Um sie zu übertragen, werden sie in der elektrischen Nachrichtentechnik durch Verwendung von Mikrofonen, Meßwertgebern elektrischer Art, durch Lesen von Lochstreifen mittels Kontakten oder optoelektrisch in **elektrische Nachrichtensignale** umgewandelt. Nachrichtensignale kann man z.B. einteilen in analoge und digitale Signale. Unabhängig davon lassen sich alle Signale durch eine Vielzahl harmonischer, d.h. sinusförmiger Schwingungen unterschiedlicher Amplitude, Frequenz und Phase darstellen. Gewöhnlich liegen die Frequenzen dieser Nachrichtensignale im Hörbereich, also etwa unter 20 kHz, dem sogenannten Niederfrequenz-Bereich (Nf-Bereich).

Bei **Sprache** und insbesondere bei **Musik** ist es einleuchtend, daß das Signal aus einer Vielzahl von Schwingungen unterschiedlicher Frequenzen besteht. Man bezeichnet diese Gesamtzahl von Schwingungen als **Frequenzband**. Für eine naturgetreue Musikwiedergabe ist ein Frequenzband zwischen 30 Hz und 15 kHz zu übertragen, was dem beim **UKW-Rundfunk** entspricht. Künstlerische Sprachwiedergabe erfordert ein Band von 100 Hz bis 6 kHz. Der **Mittelwellenrundfunk** mit einem Frequenzband zwischen 100 Hz und 4,5 kHz kommt diesem Bereich nahe. Aus Gründen der **Frequenzökonomie** (d.h. sparsamer Umgang mit Frequenzen bzw. Frequenzbändern) wird bei der **Telefonie** gemäßt CCITT-Empfehlung nur ein Frequenzband von 300 Hz bis 3,4 kHz übertragen. Messungen haben ergeben, daß dabei eine „Silbenverständlichkeit" von 91 % und eine „Satzverständlichkeit" von 99 % gewährleistet ist.

Völlig aus dem Rahmen hinsichtlich der Bandbreite fällt allerdings das Nachrichtensignal bei der **Fernsehbild-Übertragung** bewegter Bilder. Die Fernsehkamera wandelt ja die Hell-Dunkel-Schwankungen des Bildes in ein elektrisches Signal, das „Video-Signal", um. Dieses Band reicht von praktisch 0 Hz bis 5,5 MHz (!). 0 Hz, also sozusagen Gleichspannung, liefert die Kamera, wenn das Bild über eine größere Fläche hinweg konstante Helligkeit bietet (z.B. „blauer Himmel"). Die obere Frequenzgrenze wird erreicht bei starken Helligkeitsschwankungen, also z.B. bei Übertragung eines Gittermusters, und wegen der Flanken der Synchronimpulse. Hier kann also nicht mehr von „Niederfrequenz" gesprochen werden.

Weniger einleuchtend ist es, daß man sich auch **Digitalsignale** aus sinusförmigen Schwingungen unterschiedlicher Frequenz, Amplitude und Phase zusammengesetzt denken kann, bei denen es sich doch laienhaft gesprochen nur um „zerhackte" Gleichspannung handelt. Erst die „Fourier-Analyse" gibt da genauer Auskunft. Soviel sei aber hier schon erwähnt: Infolge der harten Übergänge treten im digitalen, allgemein im pulsförmigen Nachrichtensignal extrem hohe Frequenzen auf.

Ob nun die gewöhnlich niederfrequente Nachricht als analoges oder digitales Signal auftritt, vornehmer ausgedrückt: in Wert und Zeit kontinuierlich oder diskret, in jedem Fall muß sie durch **Modulation** im Sender auf einen geeigneten, im allgemeinen hochfrequenten **sinusförmigen** oder einen **pulsförmigen Träger** aufgeprägt und durch **Demodulation** im Empfänger möglichst originalgetreu wiedergewonnen werden.

1.2 Zweck des Nachrichtenträgers

Warum braucht man eigentlich einen Nachrichtenträger? Im wesentlichen hat das zwei Gründe:

a) Der Übertragungsweg ist meist nur geeignet zur Übertragung **hochfrequenter Schwingungen.** Daher muß das niederfrequente Signal auf eine hochfrequente Trägerschwingung aufmoduliert werden. Hierzu einige Beispiele:

Drahtlose Übertragung erfordert Antennen in der Größenordnung einer halben oder viertel Wellenlänge. Wegen $\lambda = c/f$ bräuchte man zur Abstrahlung einer niederfrequenten elektrischen Schwingung von 1 kHz eine sinnlos lange Antenne von rund 100 km.

Hohlleiterübertragung ist überhaupt erst unterhalb einer bestimmten Grenzwellenlänge $\lambda_g = 2 \cdot a$ möglich: Ein Hohlleiter mit einer Breite $a = 23$ mm hat somit eine Grenzwellenlänge von 46 mm und überträgt daher erst oberhalb 6,5 GHz.

Lichtwellenleiter erfordern als Nachrichtenträger das Licht. Im Infrarotbereich, also um 1 µm Lichtwellenlänge, liegt die Frequenz der elektromagnetischen Wellen bei Frequenzen um 300 000 GHz!

b) **Mehrfachausnutzung** eines gemeinsamen Übertragungsmediums für unterschiedliche Nachrichten, und zwar so, daß sie am Empfangsort wieder getrennt werden können. Man benötigt hierzu entweder für jede Nachricht einen anderen hochfrequenten Träger: **Frequenzmultiplex**-Betrieb; oder man verwendet einen pulsförmigen Träger, mit dessen Hilfe die unterschiedlichen Nachrichten sequentiell abgetastet und übertragen werden: **Zeitmultiplex**-Betrieb. So läßt sich das teuere Kabel mehrfach nützen. Die Multiplexverfahren sind aber nicht auf Kabelübertragung beschränkt. Auch bei **Rundfunk**- und **Fernsehübertragung** müssen die Sender mit unterschiedlichen Hochfrequenzträgern arbeiten, damit die Selektion eines bestimmten Programms mittels eines Filters im Empfänger überhaupt möglich wird.

1.3 Prinzip der Modulation und Demodulation

Analoges Nachrichtensignal und Sinusträger

Das Prinzip eines modulierten Signals soll im Bild 1.1 gezeigt werden, und zwar stellt das oberste Liniendiagramm ein einfaches analoges Nachrichtensignal dar, das zweite den hochfrequenten Träger zunächst unmoduliert (Träger beim Mittelwellenrundfunk zwischen 525 kHz und 1605 kHz). Das dritte Liniendiagramm zeigt nun den in der Amplitude modulierten Träger. Als Modulator stelle man sich zunächst einfach einen Hochfrequenzverstärker vor, dessen Verstärkung durch das niederfrequente Nachrichtensignal beeinflußt wird (Näheres Abschnitt 2). Die Nachricht ist jetzt **nur noch gedanklich** in der Verbindungslinie der Spitzen der Hochfrequenzschwingung vorhanden! Von dem beim Mittelwellenrundfunk mit rund 100 kW abgestrahlten hochfrequenten Signal erhält der Empfänger je nach Entfernung im allgemeinen weniger als 1 µW! Doch ist es auch nach Verstärkung im Empfänger noch nicht geeignet, den Lautsprecher zu akustischen Schwingungen anzuregen: Es ist erst eine „Demodulation" notwendig. Der Demodulator ist bei diesem Verfahren denkbar einfach, nämlich ein Gleichrichter! Die Lautsprechermembran wird nun durch die hochfrequenten Halbschwingungen angeregt, macht aber wegen ihrer mechanischen Trägheit nur die Bewegung der niederfrequenten Nachricht mit. Wegen verschiedener Nachteile der **Amplitudenmodulation** wurden modifizierte Verfahren entwickelt, etwa die Amplitudenmodulation mit Trägerunterdrückung (Stereotechnik, Farbfernsehtechnik), die Einseitenbandmodulation (z. B. in der Trägerfrequenztechnik), die Restseitenbandmodulation (Fernsehtechnik) und die Quadraturmodulation (Farbfernsehtechnik, Datenübertragung). Näheres hierzu in den entsprechenden Kapiteln. Alle Verfahren jedoch, die mit einer Modulation der Amplitude des Hochfrequenzträgers zusammenhängen, sind mehr oder weniger anfällig auf Amplitudenstörungen durch hochfrequente Störsignale.

Abhilfe schafft hier die Winkelmodulation, landläufig als **Frequenzmodulation** bezeichnet. Hier bleibt die Amplitude des hochfrequenten Trägers konstant, dagegen werden seine Nulldurchgänge vom niederfrequenten Nachrichtensignal beeinflußt (ein Beispiel zeigt Bild 1.2).

Daher können die Amplitudenstörungen im Empfänger noch vor der Demodulation durch eine Begrenzung (im Bild 1.2 durch gestrichelte

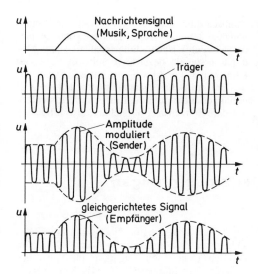

Bild 1.1   *Prinzip eines modulierten Signals*

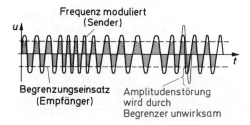

Bild 1.2   *Frequenzmodulation, durch Begrenzung unterdrückte Amplitudenstörung*

Linien dargestellt) unterdrückt werden. Die Demodulation, also die Umwandlung der Frequenzänderungen in niederfrequente Amplitudenänderungen, kann in vielfältiger Weise geschehen. Modulation und Demodulation sind komplizierter als bei der Amplitudenmodulation. Näheres daher erst in den Kapiteln „Frequenzmodulation" und „Phasenmodulation".

Digitales Nachrichtensignal und Sinusträger

Die Modulation eines sinusförmigen Trägers mit einer als Digitalsignal vorliegenden Nachricht unterscheidet sich nicht wesentlich von den genannten Prinzipien. Zunächst könnte man meinen, daß hier die Verfahren zur Modulation und Demodulation einfacher sein müßten. Das ist

nicht der Fall. Das „harte" Umschalten einer Amplitude, Frequenz oder Phase verursacht nämlich erhebliche störende Nebeneffekte durch das im digitalen Signal enthaltene Gemisch aus einer Vielzahl von Teilschwingungen unterschiedlicher Amplitude, Frequenz und Phase, abhängig vom Bitmuster des Datenstroms. Insbesondere die hohen Frequenzen sind äußerst unerwünscht und sollten unterdrückt werden. Das durch einen geeigneten Tiefpaß verformte Digitalsignal hat dann allerdings gar keinen „digitalen" Charakter mehr. Die Übergänge zwischen den 0- und den 1-Zuständen sind „weich". Man kann die so verformte digitale Nachricht hinsichtlich ihres zeitlichen Verlaufs praktisch einem Analogsignal gleichstellen. Die allmählichen Übergänge erfordern Modulatoren und Demodulatoren ähnlich denen der analogen Nachrichtentechnik. Näheres im Abschnitt „Digitale Modulation (Tastung)".

Analoges Signal und pulsförmiger Träger

In der Literatur wird gewöhnlich zwischen „Modulation eines sinusförmigen Trägers" und „Modulation eines pulsförmigen Trägers" unterschieden. Die Modulation schmaler Impulse durch ein niederfrequentes Analogsignal ermöglicht das zeitlich gestaffelte Übertragen mehrerer solcher unterschiedlicher Nachrichtensignale in den Impulspausen, wie es Bild 9.3 am Beispiel **Pulsamplitudenmodulation** (PAM) darstellt. Das Zusammenfassen der einzelnen „Kanäle" im Sender und Verteilen der Pulse auf die entsprechenden Empfängerausgänge geschieht mittels sogenannter Multiplexer bzw. Demultiplexer, hier symbolisiert durch rotierende Schalter. Die **Pulsmodulation** ist eine Zwischenstufe zur **Pulskodemodulation,** bei der schließlich ein Analogsignal nach Umwandlung als Folge digitaler Kodewörter übertragen wird. Näheres in den Kapiteln „Pulsmodulation" und „Pulskodemodulation".
Hinweis: Zwar müßte wegen der stochastischen Natur der Nachrichtensignale eigentlich ein erheblicher mathematischer Aufwand getrieben werden. Um dies zu vermeiden, wird in diesem Buch selten das gesamte Frequenzband in die Betrachtung einbezogen, sondern stellvertretend eine **diskrete** harmonische (= sinusförmige) **Schwingung** herausgegriffen. Ihr Verhalten bei der Modulation und Demodulation sowie gegenüber Störungen wird untersucht. So können manche Zusammenhänge **grafisch** mit sinusförmigen Signalen und Zeigerdarstellungen aufgedeckt werden. Dem Leser sei daher empfohlen,

die in den Abschnitten 1.4. bis 1.11. dargestellten grafischen Zusammenhänge möglichst selbst nachzuvollziehen, da sie die Grundlage zum Verständnis vieler Vorgänge bei der Modulation und Demodulation bilden. Zur **Bezeichnungsweise** sei vermerkt: Weil die zeitabhängigen Signale oft als Spannungen auftreten, werden sie hier nicht mit $s(t)$, sondern mit $u(t)$ bezeichnet oder auch nur mit dem Kleinbuchstaben u. Die Kleinschreibung symbolisiert bereits die Zeitabhängigkeit einer Größe. Das (gewöhnlich niederfrequente) Nachrichtensignal wird als „Modulationssignal" bezeichnet und mit u_M abgekürzt, die Trägerschwingung mit u_T. Aus Gründen der grafischen Darstellung werden die Zeigerlängen nicht mit ihrem Effektivwert, sondern mit dem Spitzenwert bezeichnet, also z.B. $\hat{u}_T$.

1.4 Addition gleichfrequenter sinusförmiger Schwingungen

Praktisch kommt die Addition sinusförmiger Schwingungen in jedem Netzwerk vor. Die Addition von Schwingungen nennt man auch **Überlagerung.** Fließt ein Wechselstrom durch zwei in Reihe geschaltete Widerstände, so erzeugt er daran Spannungsabfälle. Die Gesamtspannung, über beide mit dem Oszilloskop gemessen, zeigt die Summe der Augenblickswerte. Handelt es sich auch noch um Wechselstromwiderstände, so sind die Teilspannungen phasenverschoben, wie die in Bild 1.3 dargestellte blaue und schwarze Schwingung.

Was das Oszilloskop unmittelbar als Summe darstellt, muß grafisch mühsam durch Addition der Augenblickswerte beider Schwingungen konstruiert werden. Dabei gilt es auch noch, die Vorzeichen zu beachten: negative Augenblickswerte müssen subtrahiert werden. Je kürzere Zeitabstände gewählt werden, um so genauer wird die Summenschwingung (rot im Bild 1.3). Die Summenschwingung hat zwar andere Amplitude und Phase, aber gleiche Form und Frequenz wie die ursprünglichen. Daraus ergibt sich der wichtige Satz:

Die Addition gleichfrequenter sinusförmiger Schwingungen ergibt wieder eine sinusförmige Schwingung gleicher Frequenz.

Wegen der Unveränderlichkeit der Frequenz und Kurvenform genügt es, lediglich Phasenlage und Amplitude des Summenzeigers zu ermitteln, der sich als Diagonale im Parallelogramm der gegebenen Zeiger ergibt. Noch einfacher ist das Zeigerdreieck: Ansetzen der Wurzel des einen parallelverschobenen Zeigers an die Spitze des anderen. Der Summenzeiger ist die Verbindung: Spitze des einen Zeigers mit Wurzel des anderen Zeigers (Bild 1.3 unten links).

Zerlegung einer Sinusschwingung: Dies ist gegenüber der Addition der umgekehrte Vorgang. Hier wird eine (phasenverschobene) Sinusschwingung in zwei andere sinusförmige Schwingungen mit anderen Phasenwinkeln und anderen Amplituden zerlegt (Bild 1.4). Ein häufiger Spezialfall ist die Zerlegung einer phasenverschobenen Schwingung in eine Sinus- und eine Kosinusschwingung (Bild 1.5.). Durch die Maßnahme der Zerlegung wird **eine** Schwingung durch **zwei** andere eindeutig bestimmt.

Eine sinusförmige Schwingung, die durch die beiden Bestimmungsstücke **Amplitude** und **Nullphasenwinkel** eindeutig festgelegt ist, kann auch durch die Überlagerung einer Sinus- und einer Kosinusschwingung gleicher Frequenz dargestellt werden, so daß sie in diesem Fall durch **zwei Amplituden** eindeutig bestimmt ist!

Durch Wahl der beiden Amplituden läßt sich also jede beliebige Phase und Amplitude der Summenschwingung erzeugen. Dies macht man sich bei der Quadraturmodulation z.B. in der Farbfernsehtechnik zunutze.

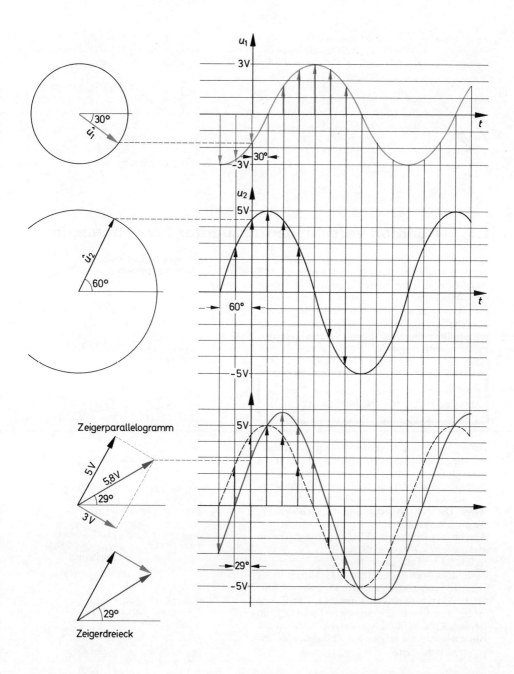

Bild 1.3   Zeigeraddition und punktweise Addition von Augenblickswerten gleichfrequenter sinusförmiger Schwingungen

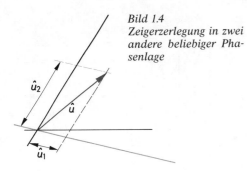

Bild 1.4
Zeigerzerlegung in zwei
andere beliebiger Pha-
senlage

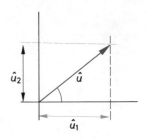

Bild 1.5 Zeigerzerlegung (Kosinus —, Sinus —)

1.5   Addition verschiedenfrequenter Schwingungen

Die Addition verschiedenfrequenter **sinusförmiger** Schwingungen führt je nach Frequenz und Amplitude zu ganz verschiedenen Ergebnissen (Bild 1.6). Grundsätzlich ergeben sich **keine** sinusförmigen Schwingungen mehr, höchstens sinusähnliche Schwingungen. Lediglich die sogenannten **Hüllkurven** (rot im Bild) sind in manchen Fällen sinusförmig.

> Hüllkurven sind gedachte Linien als Verbindung aller Maxima bzw. Minima.

Bei großer Frequenzverschiedenheit der zu überlagernden Schwingungen laufen die Hüllkurven parallel (a). Rücken die Frequenzen zusammen, so geht die Parallelität der Hüllkurven verloren (b), und sie werden symmetrisch zur waagerechten Achse. Der Fall b ist aber nicht mit sinusförmiger Amplitudenmodulation zu verwechseln (s. Abschn. 2.2). Der Sonderfall „Schwebung" (c) wird in Abschnitt 1.7 behandelt.
In Bild 1.7 sind zwei zwar nicht sehr eng benachbarte, aber doch in der gleichen Größenordnung liegende Frequenzen gegeben: Frequenzverhältnis 1 : 2, Amplitudenverhältnis 2 : 1. Zur Übung möge der Leser die Summenschwingung im Bereich 9 bis 16 durch punktweise Addition der Augenblickswerte ergänzen! Zusammenfassend ergibt sich der Satz:

> Die Überlagerung verschiedenfrequenter sinusförmiger Schwingungen ist nicht mehr sinusförmig.

a) Amplitude und Frequenz
   sehr verschieden

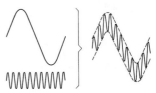

b) Amplitude verschieden
   Frequenz ungefähr gleich

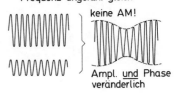

c) Amplitude gleich,
   Frequenz nahezu gleich
   (s. Abschn. 1.7, Schwebung)

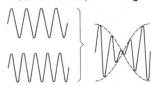

Bild 1.6   Arten von Überlagerung

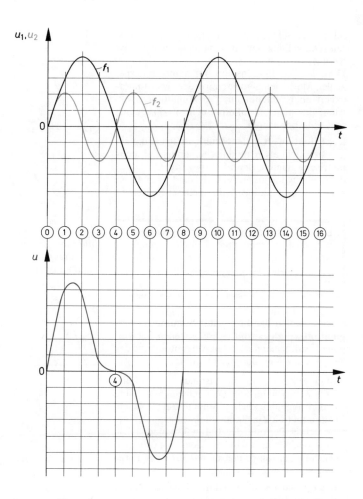

Bild 1.7 Überlagerung zweier Schwingungen
$f_1 = \frac{1}{2}f_2$, $\hat{u}_1 = 2\hat{u}_2$

Ein einfaches Beispiel hierzu ist das Liniendiagramm von Sprache und Musik, wie wir es mit dem Oszilloskop am Mikrofonausgang oder am Lautsprecher betrachten können: Sprache bzw. Musik besteht zwar aus lauter sinusförmigen Schwingungen im Bereich zwischen einigen zehn Hertz bis etwa 15 kHz. Das Liniendiagramm ist jedoch infolge der Überlagerung keineswegs mehr sinusförmig, sondern zeigt einen regellosen Verlauf, abhängig vom Inhalt des Nachrichtensignals. Es setzt sich aus Teilschwingungen verschiedener Frequenzen zusammen, die sich gewöhnlich sowohl hinsichtlich ihrer Amplitude als auch ihres Nullphasenwinkels unterscheiden. Die Gesamtzahl der Teilschwingungen bildet das **Spektrum.**

Die Darstellung der Amplituden der Teilschwingungen in Abhängigkeit von der Frequenz wird als **Amplitudenspektrum**, die Darstellung der Phasenwinkel der Teilschwingungen in Abhängigkeit von der Frequenz wird als **Phasenspektrum** bezeichnet.

Amplituden- und Phasenspektrum zusammen beschreiben ein Signal genauso vollständig wie die Zeitfunktion. Ein Unterschied liegt in der Meßtechnik: Die Zeitfunktion $u = f(t)$ wird mit dem Oszilloskop gemessen, das Amplitudenspektrum $U = f(f)$ wird mit dem Spektrumanalysator oder selektiven Spannungsmesser gemessen (Darstellung der Spektrallinien als Effektivwerte!).

Hinweis: Das Phasenspektrum müßte mit speziellen Methoden gemessen werden. Meist interessiert aber ohnehin nur das Amplitudenspektrum, das man oft inkonsequent als Frequenzspektrum bezeichnet.

Der **Effektivwert** U der Summenschwingung ergibt sich nicht als arithmetische, sondern als **geometrische** Summe der Effektivwerte U_1, U_2, ... der Teilschwingungen (vgl. 1.11 und 1.12). Diese sog. „Leistungsaddition" gilt auch bei Rauschen.

Der Effektivwert der Summenschwingung verschieden frequenter Teilschwingungen ist

$$U = \sqrt{U_1^2 + U_2^2 + U_3^2 + \cdots}$$

Das Verhalten der **Phase der Summenschwingung** im Vergleich mit den gegebenen Schwingungen soll in einer weiteren Aufgabe anhand der Zeigerdarstellung untersucht werden.

Aufgabe: Zeichne für die Zustände 0 bis 8 in Bild 1.7 die Zeigerbilder für beide Schwingungen und für den augenblicklichen Summenzeiger in ein Diagramm (die Zustände unterscheiden sich um eine achtel Periode der **tiefen** Frequenz)! Die Phasenbeziehung zwischen dem augenblicklichen Summenzeiger und dem Zeiger der tiefen Frequenz ist zu untersuchen.

Lösung: Bild 1.8. Während der schwarze Zeiger von einem Zustand zum nächsten um 45° ($\triangleq 1/8$ Periode) fortschreitet, nimmt der Winkel des blauen Zeigers jeweils um 90° zu (wegen doppelter Frequenz). Sowohl die Phasenlage als auch die Länge des augenblicklichen (rot dargestellten) Summenzeigers schwankt. Wäre die Summenschwingung sinusförmig, so müßte die Zeigerlänge konstant bleiben, und die Phasenlage dürfte nicht schwanken.

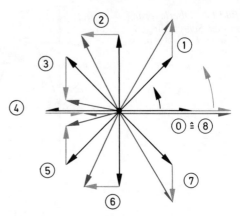

Bild 1.8 Zeiger der zu überlagernden Schwingungen u_1 und u_2 und augenblicklicher Summenzeiger von Schwingung u

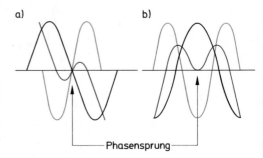

Bild 1.9 Entstehung von Phasensprüngen

Phasensprung: Im Bild 1.7 ist in der Summenschwingung an der Stelle 4 ein merkwürdig flacher Verlauf zu erkennen. Die Ursache liegt offenbar darin, daß die beiden zu addierenden Schwingungen in diesem Bereich gleich große, aber entgegengesetzte Steigung haben. Durch Erhöhen der Amplitude der blauen Schwingung ändert sich der Verlauf der Summenschwingung entsprechend Bild 1.9a. Auch bei Bild 1.9b spielt

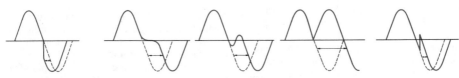

Bild 1.10 Phasensprünge

die unterschiedliche Steilheit der zu überlagernden Schwingungen offenbar eine Rolle. Schwingungen mit etwa gleicher Amplitude bilden in Bereichen, in denen sie sich auslöschen, infolge ihrer verschiedenen Steilheiten sogenannte **Pha-** **sensprünge** (Bild 1.10). Einen Phasensprung kann man so deuten, daß die eigentliche Schwingung nicht gleichmäßig fortgesetzt wird, sondern um einen bestimmten Phasenwinkel früher oder später.

1.6 Methode des „ruhenden Zeigers"

Aufgabe: Zeichne einmal den schwarzen Zeiger des Bildes 1.8 auf Transparentpapier. Decke diesen Zeiger nacheinander über die acht Stellungen des schwarzen Zeigers, Bild 1.8, und zeichne die entsprechenden Stellungen des blauen Zeigers U_2 auf das Transparentpapier.

Lösung: Es ergibt sich eine Zeigerdarstellung entsprechend Bild 1.11. Um die Spitze des schwarzen Zeigers $\hat{u}_1$ dreht sich im positiven Sinn der blaue Zeiger $\hat{u}_2$. Offenbar dreht sich $\hat{u}_2$ **relativ** zum „ruhenden" Zeiger mit der **Differenzfrequenz** $\Delta f = f_2 - f_1$ bzw. mit der Differenzwinkelgeschwindigkeit $\Delta\omega = \omega_2 - \omega_1$. Zeichnet man außerdem noch den (roten) Summenzeiger $\hat{u}$ ein (Bild 1.11 rechts), so ist nun deutlicher als in Bild 1.8 zu erkennen, daß dessen **Phasenlage und Amplitude** periodisch in bezug auf $\hat{u}_1$ schwanken.

gen auf den ruhenden Zeiger, dreht sich offenbar $\hat{u}_2$ in entgegengesetzter Richtung um die Spitze von $\hat{u}_1$, also im mathematisch negativen Sinn. Dies ergibt sich auch aus $\Delta f = f_2 - f_1$ bzw. $\Delta\omega = \omega_2 - \omega_1$. Δf bzw. $\Delta\omega$ wird negativ, wenn f_1 größer als f_2 ist.

Diese Aussage ist deshalb für später wichtig, weil sich damit praktisch alle sinusförmigen Modulationen (Abschn. 2 bis 8: AM, FM, EM usw.) anschaulich darstellen lassen.

> Denkt man sich bei einer Überlagerung von mehreren sinusförmigen Schwingungen **einen** Bezugszeiger **ruhend,** so drehen sich die anderen mit der Differenzgeschwindigkeit je nach dem Vorzeichen der Differenzfrequenz im positiven oder negativen Sinn um die Spitze des ruhenden Zeigers.

Bild 1.11   „Ruhender Zeiger"

Gewöhnlich nimmt man den Zeiger mit der größeren Amplitude als den ruhenden Zeiger. In Bild 1.11 hat der ruhende Zeiger die **geringere Frequenz.** Für den anderen Fall, daß der ruhende Zeiger die **höhere** Frequenz hätte, ergibt sich eine Zeigerdarstellung gemäß Bild 1.12a. Überträgt man diese ebenfalls entsprechend der Methode des ruhenden Zeigers auf Transparentpapier, so erhält man Bild 1.12b. Hier bleibt $\hat{u}_2$ infolge seiner geringeren Frequenz gegenüber $\hat{u}_1$ zurück. Bezo-

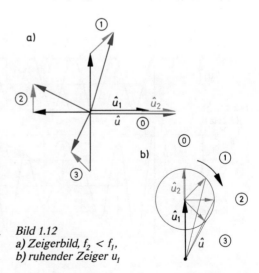

Bild 1.12
a) Zeigerbild, $f_2 < f_1$,
b) ruhender Zeiger u_1

17

1.7 Schwebung

Die Schwebung ist ein Sonderfall der Überlagerung. Dabei addieren sich zwei Sinusschwingungen gleicher Amplitude und sehr eng benachbarter Frequenzen. Zwei gleich laute, in der Frequenz sehr wenig voneinander verschiedene Töne erzeugen im Ohr einen „schwebenden" Lautstärkeeindruck.

Beispiel: Von zwei verschieden abgestimmten Stimmgabeln, 400 und 402 Hz, hört das Ohr nur den arithmetischen Mittelwert 401 Hz = (402 + 400) Hz/2 als Ton**höhe,** während die Laut**stärke** der überlagerten Schwingung im Rhythmus von 2 Hz = 402 Hz − 400 Hz schwankt.

Für einen anderen Fall, nämlich $f_1 = 9$ Hz und $f_2 = 11$ Hz (akustisch allerdings nicht wahrnehmbar), ist im Bild 1.13 das Liniendiagramm der Schwebung konstruiert. Verbindet man die Extremwerte (Maxima bzw. Minima), so erhält man die Hüllkurve (rot gestrichelt). Sie gibt Aufschluß über das Amplitudenverhalten. Innerhalb einer Sekunde kommt es demnach zweimal zu einem Amplitudenmaximum und zweimal zur Amplitude Null. Aus dem Zeigerbild, bei dem der blaue Zeiger sich um die Spitze des schwarzen (ruhenden) Zeigers dreht, ist dieses Amplitudenmaximum (blauer und schwarzer Zeiger gleiche Richtung) und das Minimum (beide Zeiger entgegengesetzt) ebenfalls zu entnehmen. Die Drehfrequenz des blauen Zeigers um die Spitze des ruhenden Zeigers entspricht der Differenz $f = f_2$

$− f_1 = 2$ Hz und stimmt mit der Grundfrequenz der Hüllkurve überein.

Die **Hüllkurve** der Schwebung, und zwar sowohl die positive als auch die negative, ist **keine Sinus-** bzw. **Kosinus**schwingung, sondern besteht aus sinusförmigen Halbbögen (ähnlich Doppelweggleichrichtung). Charakteristisch bei der Schwebung ist im Bereich der Auslöschung der **Phasensprung** (Punkte A und B).

In der Praxis kann der Schwebungseffekt zur akustischen Frequenzmessung verwendet werden. Rücken die beiden Frequenzen f_1 und f_2 über den Hörbereich hinaus, so ist selbstverständlich weder f_1 noch f_2 noch ihr arithmetisches Mittel hörbar. Jedoch entsteht an den unvermeidlichen Nichtlinearitäten der Hf- und Nf-Verstärker und im Mischer (s. 2.9) die in der Hüllkurve enthaltene Frequenzdifferenz, hörbar als Pfeifton, sofern sie in den Tonfrequenzbereich, z.B. einige hundert Hertz, fällt. Man möge diesen Vorgang sehr wohl von dem eingangs erwähnten unterscheiden. Was dort der schwebende Lautstärkeeindruck war, ist hier ein Pfeifton, der um so tiefer wird, je enger die Frequenzen zusammenrücken. Man kann diesen Effekt zur akustischen Frequenzmessung ausnützen: Meßfrequenz = Vergleichsfrequenz, wenn Pfeifton verschwindet.

Von Bedeutung ist die Schwebung außerdem bei der Amplitudenmodulation mit unterdrücktem Träger (Abschn. 3), beim Modulationsprodukt am Ringmodulatorausgang und bei Empfangsstörungen infolge von dem Träger eng benachbarten Störfrequenzen (Interferenzstörungen).

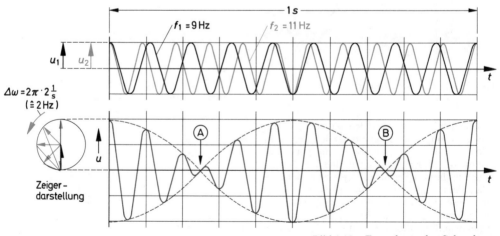

Bild 1.13   Entstehung der Schwebung

1.8 Fourier-Analyse

Nach Fourier* läßt sich jede beliebige nicht-sinusförmige Schwingung, wenn sie nur **periodisch** ist, in eine Vielzahl von reinen sinusförmigen Schwingungen unterschiedlicher Amplitude und Phasenlage zerlegen, deren Frequenzen ganzzahlige Vielfache der durch den Reziprokwert der Periodendauer gegebenen Grundfrequenz sind. Die mathematische Methode zur Bestimmung der einzelnen Schwingungen nennt man Fourier-Analyse.

Versuch: Eine Rechteckwechselspannung von z.B. 1 kHz soll analysiert werden. Hierzu dient der Versuchsaufbau gemäß Bild 1.14a. Durch Verstimmen des Schwingkreises lassen sich die in der Rechteckschwingung enthaltenen reinen sinusförmigen Schwingungen heraussieben. Sie werden auf dem Oszilloskop sichtbar gemacht. (Anstelle von Schwingkreis und Oszilloskop kann auch ein selektiver Pegelmesser verwendet werden.)

Beobachtung: Man stellt Frequenzen von 1 kHz, 3 kHz, 5 kHz usw. fest, also alle ungeradzahligen Vielfachen der Grundschwingung. Ihre Amplituden verhalten sich umgekehrt proportional zur Frequenz, also hat die Frequenz 3 kHz nur $1/3$ der Amplitude der 1-kHz-Schwingung usw.

Folgerung: Offenbar gibt es unendlich viele, jedoch mit zunehmender Frequenz immer schwächer auftretende Oberschwingungen, aus denen sich die Rechteckschwingung zusammensetzt. Dies stimmt auch mit der mathematischen Analyse überein. Diese ergibt außerdem, daß die Amplitude der sinusförmigen Grundschwingung größer ist als die Amplitude der Rechteckschwingung. Daß dies so sein muß, läßt sich leicht durch punktweise Addition (Überlagerung) der Einzelschwingungen nachweisen. Bild 1.14b zeigt, daß bereits durch die Addition der ersten vier Schwingungen sich die Rechteckform annähernd herausbildet. Die höheren Frequenzen dienen lediglich dazu,

den steilen Anstieg und die scharfen Ecken des Rechtecks zu formen (daher Abflachung von Impulsen bei schmalbandiger Impulsverstärkung).

In Bild 1.16 sind für verschiedene periodische Verläufe die Spektren dargestellt. Handelt es sich nicht um Wechsel-, sondern um Mischspannung, so enthält das Spektrum bei der Frequenz $f = 0$ auch noch den Gleichspannungsanteil, nämlich den arithmetischen Mittelwert!

Ist die zu zerlegende Schwingung symmetrisch, d.h., gibt es für eine Periode eine senkrechte Symmetrieachse, z.B. die Koordinatenachse, oder ist sie punktsymmetrisch, so enthält das Spektrum entweder nur Kosinus- oder nur Sinusschwingungen. Beliebige, nicht symmetrische periodische Verläufe setzten sich jedoch aus Sinus- **und** Kosinusschwingungen zusammen. Es können also unter Umständen zur Darstellung doppelt so viele Amplitudenwerte erforderlich sein, nämlich die der Sinus- und die der Kosinusschwingungen.

Faßt man die gleichfrequenten Kosinus- und Sinusschwingungen des Spektrums zusammen, so ergeben sich sinusförmige Schwingungen unterschiedlicher Amplitude und Phase. Zur Darstellung des beliebigen periodischen Verlaufs müssen beide Größen bekannt sein. In Bild 1.16 sind nur symmetrische Schwingungen zerlegt, so daß auch nur die Amplitudenspektren notwendig sind.

Schließlich ergibt sich zur Fourier-Analyse der Satz

> Jede nichtsinusförmige periodische Schwingung kann in eine Summe sinusförmiger Schwingungen unterschiedlicher Amplitude und Phase zerlegt werden, deren Frequenzen ganzzahlige Vielfache der Frequenz der Grundschwingung sind.

---

[1] Jean Baptiste Joseph Fourier (sprich Furi-ee). 1768—1830, franz. Math.

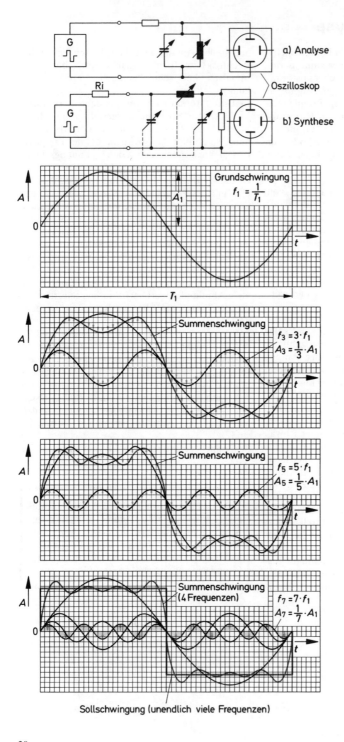

Bild 1.14 Analyse und Synthese einer Rechteckschwingung

a) Analyse

Oszilloskop

b) Synthese

Grundschwingung
$f_1 = \frac{1}{T_1}$

A_1

Summenschwingung
$f_3 = 3 \cdot f_1$
$A_3 = \frac{1}{3} \cdot A_1$

Summenschwingung
$f_5 = 5 \cdot f_1$
$A_5 = \frac{1}{5} \cdot A_1$

Summenschwingung
(4 Frequenzen)
$f_7 = 7 \cdot f_1$
$A_7 = \frac{1}{7} \cdot A_1$

Sollschwingung (unendlich viele Frequenzen)

1.9 Multiplikation zeitabhängiger Größen

Eine sinusförmige Spannung soll durch einen periodisch betätigten Schalter „zerhackt" werden. Läßt sich der Vorgang mathematisch deuten? Durch das Schalten ist die Sinuslinie zeitweilig vorhanden, zeitweilig nicht, also Null. Ein Wert wird mathematisch dann „0", wenn man ihn mit „0" multipliziert, ein Wert bleibt erhalten, wenn man ihn mit „1" multipliziert. Es liegt also nahe, den Schaltzustand „ein" durch eine „1", den Schaltzustand „aus" durch eine „0" darzustellen, wie auch in der Digitaltechnik üblich. Nun läßt sich der Schaltvorgang als ein Multiplikationsprozeß einer Rechteckschwingung mit den Zuständen 0 und 1 mit der Sinusschwingung auffassen. Eine UND-Schaltung der Digitaltechnik kann man sich aus zwei Kontakten in Reihe vorstellen und als Multiplizierer verstehen.

Ein anderes Beispiel ist die Multiplikation zweier sinusförmiger Schwingungen miteinander: ein sinusförmiger Wechselstrom durch einen Widerstand erzeugt daran eine sinusförmige Spannung; wie errechnet sich die Leistung? Spannung und Strom sind doch in jedem Augenblick anders, also muß auch die erzeugte Leistung in jedem Augenblick eine andere sein! Um dem Verhalten der Leistung auf die Spur zu kommen, müssen offenbar die Augenblickswerte von Strom und Spannung miteinander multipliziert werden.

Die beiden Beispiele mögen zeigen, daß es offenbar gar nicht so abwegig ist, einmal zu untersuchen, was sich ergibt, wenn die **Augenblickswerte** verschiedener Schwingungen miteinander **multipliziert** werden. Zunächst soll dies an sinusförmigen, dann an nichtsinusförmigen Schwingungen untersucht werden.

Sinuslinien gleicher Frequenz und Phase

Aufgabe: Berechne zu den Zeiten $t = 1$ ms, 2 ms, 3 ms, ..., 19 ms, 20 ms das Produkt u mal i der Augenblickswerte u und i (Bild 1.15). Auf die Vorzeichen der Augenblickswerte ist zu achten!

Lösung: Es ist zu der Zeit

$$t = 1 \text{ ms} \quad P = (+0{,}9 \text{ V}) \cdot (+0{,}6 \text{ A}) = +0{,}45 \text{ W}$$
$$t = 2 \text{ ms} \quad P = (+1{,}8 \text{ V}) \cdot (+1{,}2 \text{ A}) = +2{,}1 \ \text{ W}$$
$$\vdots$$
$$t = 19 \text{ ms} \ P = (-0{,}9 \text{ V}) \cdot (-0{,}6 \text{ A}) = +0{,}45 \text{ W}$$
$$t = 20 \text{ ms} \ P = 0 \text{ V} \cdot 0 \text{ A} \qquad\qquad = \ 0 \ \text{ W}.$$

Bild 1.15 Multiplikation gleichfrequenter Sinusschwingungen

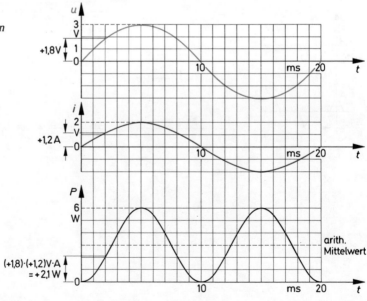

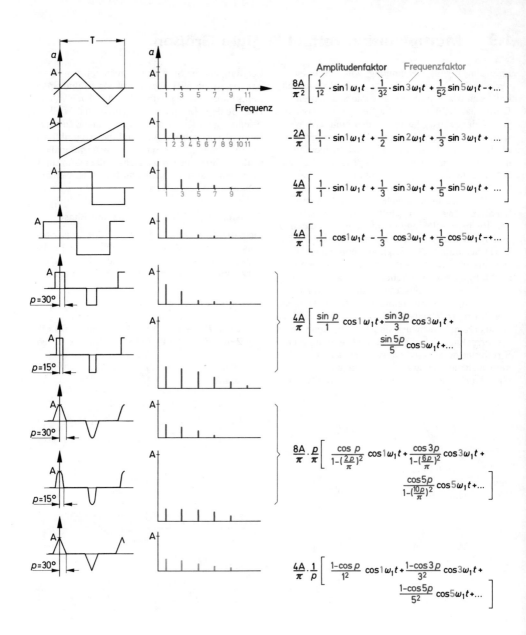

Amplitudenfaktor   Frequenzfaktor

$$\frac{8A}{\pi^2}\left[\frac{1}{1^2}\cdot\sin 1\,\omega_1 t-\frac{1}{3^2}\cdot\sin 3\,\omega_1 t+\frac{1}{5^2}\sin 5\,\omega_1 t-+\ldots\right]$$

$$-\frac{2A}{\pi}\left[\frac{1}{1}\cdot\sin 1\,\omega_1 t+\frac{1}{2}\,\sin 2\,\omega_1 t+\frac{1}{3}\sin 3\,\omega_1 t+\ldots\right]$$

$$\frac{4A}{\pi}\left[\frac{1}{1}\cdot\sin 1\,\omega_1 t+\frac{1}{3}\,\sin 3\,\omega_1 t+\frac{1}{5}\sin 5\,\omega_1 t+\ldots\right]$$

$$\frac{4A}{\pi}\left[\frac{1}{1}\,\cos 1\,\omega_1 t-\frac{1}{3}\,\cos 3\,\omega_1 t+\frac{1}{5}\cos 5\,\omega_1 t-+\ldots\right]$$

$$\frac{4A}{\pi}\left[\frac{\sin p}{1}\,\cos 1\,\omega_1 t+\frac{\sin 3p}{3}\,\cos 3\,\omega_1 t+\frac{\sin 5p}{5}\,\cos 5\,\omega_1 t+\ldots\right]$$

$$\frac{8A}{\pi}\cdot\frac{p}{\pi}\left[\frac{\cos p}{1-(\frac{2p}{\pi})^2}\,\cos 1\,\omega_1 t+\frac{\cos 3p}{1-(\frac{6p}{\pi})^2}\,\cos 3\,\omega_1 t+\frac{\cos 5p}{1-(\frac{10p}{\pi})^2}\,\cos 5\,\omega_1 t+\ldots\right]$$

$$\frac{4A}{\pi}\cdot\frac{1}{p}\left[\frac{1-\cos p}{1^2}\,\cos 1\,\omega_1 t+\frac{1-\cos 3p}{3^2}\,\cos 3\,\omega_1 t+\frac{1-\cos 5p}{5^2}\,\cos 5\,\omega_1 t+\ldots\right]$$

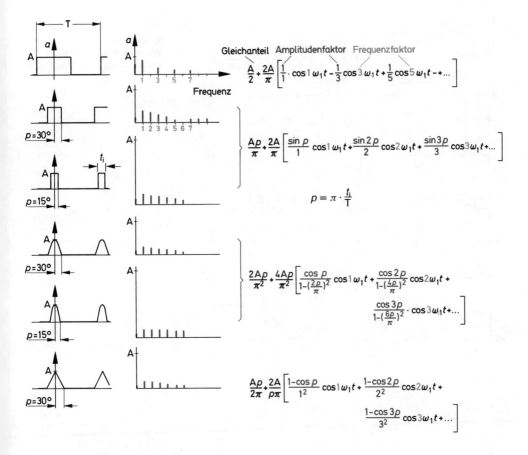

$$\frac{A}{2} + \frac{2A}{\pi}\left[\frac{1}{1}\cdot\cos 1\,\omega_1 t - \frac{1}{3}\cos 3\,\omega_1 t + \frac{1}{5}\cos 5\,\omega_1 t - + \ldots\right]$$

Gleichanteil Amplitudenfaktor Frequenzfaktor

$$\frac{Ap}{\pi} + \frac{2A}{\pi}\left[\frac{\sin p}{1}\cos 1\,\omega_1 t + \frac{\sin 2p}{2}\cos 2\,\omega_1 t + \frac{\sin 3p}{3}\cos 3\,\omega_1 t + \ldots\right]$$

$$p = \pi \cdot \frac{t_i}{T}$$

$$\frac{2Ap}{\pi^2} + \frac{4Ap}{\pi^2}\left[\frac{\cos p}{1-(\frac{2p}{\pi})^2}\cos 1\,\omega_1 t + \frac{\cos 2p}{1-(\frac{4p}{\pi})^2}\cos 2\,\omega_1 t + \frac{\cos 3p}{1-(\frac{6p}{\pi})^2}\cdot\cos 3\,\omega_1 t + \ldots\right]$$

$$\frac{Ap}{2\pi} + \frac{2A}{p\pi}\left[\frac{1-\cos p}{1^2}\cos 1\,\omega_1 t + \frac{1-\cos 2p}{2^2}\cos 2\,\omega_1 t + \frac{1-\cos 3p}{3^2}\cos 3\,\omega_1 t + \ldots\right]$$

Bild 1.16 Zeitfunktionen und ihre Spektren

Da auch das Produkt der negativen Augenblickswerte positiv wird, ist die Produktkurve im ganzen Zeitbereich positiv. Innerhalb einer Periode der gegebenen Verläufe treten bei der Produktkurve zwei Maxima und zwei Minima auf, also **doppelte** Frequenz. Die Produktkurve ist ebenfalls **sinusförmig,** aber phasenverschoben (negativer Kosinus). Es tritt bei der Produktbildung ein **Gleichanteil** auf (arithmetischer Mittelwert, Bild 1.17 unten).

Aufgabe: Wiederhole die vorige Aufgabe mit phasenverschobenen Sinuslinien (Bild 1.17 oben).

Lösung: Unter Beachtung der Vorzeichenregeln ergibt sich Bild 1.17 unten. Es bestätigt das Ergebnis der vorigen Aufgabe hinsichtlich der Frequenzverdopplung und der Kurvenform. Der entstehende Gleichanteil hängt offenbar von der Phasenverschiebung ab.

Es ergibt sich folgender Satz:

> Bei der Multiplikation gleichfrequenter sinusförmiger Schwingungen ergibt sich eine sinusförmige Schwingung doppelter Frequenz und ein Gleichanteil.

23

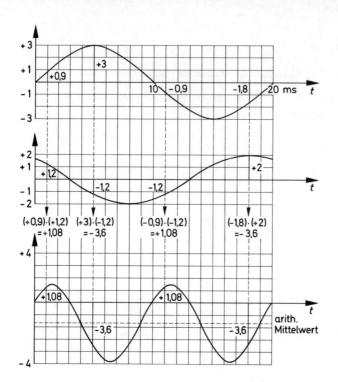

Bild 1.17   Multiplikation gleichfrequenter phasenverschobener sinusförmiger Schwingungen

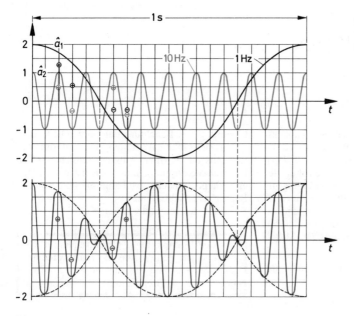

Bild 1.18   Multiplikation verschiedenfrequenter sinusförmiger Schwingungen

Sinusförmige Schwingungen verschiedener Frequenz

Aufgabe: Multipliziere die in Bild 1.18 dargestellte Kosinusschwingung $\hat{a}_1 = 2, f_1 = 1$ Hz mit der Kosinusschwingung $\hat{a}_2 = 1, f_2 = 10$ Hz.

Lösung: Man erhält eine nichtsinusförmige Schwingung (rot in Bild 1.18). Die Produktschwingung geht sowohl bei den Nulldurchgängen von a_1 als auch von a_2 durch Null. Die Hüllkurve (schwarz gestrichelt) richtet sich offenbar nach der tieferen Frequenz.

Allgemein gilt der Satz über die Kurvenform bei der Multiplikation verschiedenfrequenter sinusförmiger Schwingungen:

> Das Produkt der Augenblickswerte zweier verschiedenfrequenter sinusförmiger Schwingungen ist nicht mehr sinusförmig.

Im übrigen hat die in Bild 1.18 ermittelte Produktschwingung das typische Aussehen einer Schwebung. Vergleicht man sie mit Bild 1.13, so entnimmt man daraus, daß die Produktschwingung genauso gut als die Überlagerung zweier Schwingungen mit den Frequenzen 9 Hz und 11 Hz betrachtet werden kann. Offenbar heißt das, wenn zwei Schwingungen miteinander multipliziert werden, so hat man das gleiche Ergebnis wie bei der Überlagerung ihrer Summen- und Differenzfrequenz. An einer weiteren Aufgabe soll dies geprüft werden.

Aufgabe: Multipliziere die Augenblickswerte der 1-Hz-Schwingung mit denen der 3-Hz-Schwingung von Bild 1.19 oben. **Addiere** die Augenblickswerte der 2-Hz-Schwingung mit denen der 4-Hz-Schwingung von Bild 1.19 unten. Vergleiche die Ergebnisse!

Lösung: In beiden Fällen ergibt sich der gleiche nicht sinusförmige Schwingungsverlauf (Bild 1.19 Mitte).

Folgerung: Die Multiplikation zweier Schwingungen 3 Hz und 1 Hz liefert die Überlagerung zweier Schwingungen 4 Hz und 2 Hz. Anders ausgedrückt: sie liefert zwei neue Schwingungen mit den Frequenzen 3 Hz + 1 Hz und 3 Hz − 1 Hz.

Allgemein lautet der Satz:

> Bei der Multiplikation verschiedenfrequenter sinusförmiger Schwingungen entsteht die Summenfrequenz und die Differenzfrequenz

Die ursprünglichen Frequenzen sind (im Gegensatz zur Überlagerung) im Produkt **nicht** mehr enthalten. Dies ist ein wesentliches Merkmal, das noch bei der Amplitudenmodulation auftreten

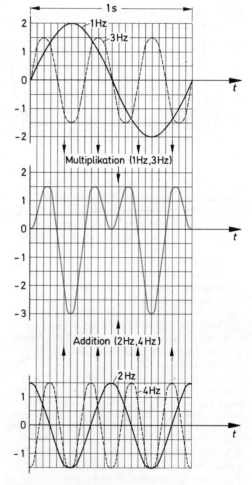

Bild 1.19   Multiplikation und Addition von sinusförmigen Schwingungen

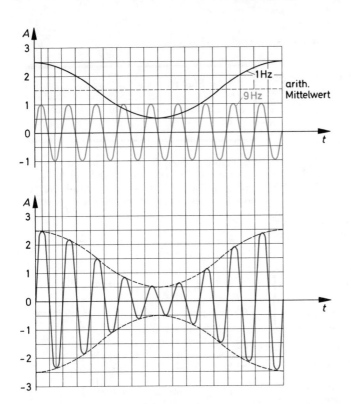

Bild 1.20   Multiplikation einer durch einen Gleichanteil verschobenen Kosinusschwingung mit einer Sinusschwingung

wird: addierte (überlagerte) Schwingungen bleiben erhalten und können durch Filter (Schwingkreise) wieder in ihre **ursprünglichen** Frequenzen getrennt werden. Dagegen entstehen bei der Multiplikation neue Frequenzen, während die ursprünglichen verschwinden und daher auch nicht mehr ausgesiebt werden können.

Gleichanteil bei der Multiplikation. Ein Gleichanteil (arithmetischer Mittelwert) kann als Frequenz $f = 0$ aufgefaßt werden. Multipliziert man also eine Schwingung mit einem Gleichanteil, so bleibt die Frequenz erhalten, lediglich die Amplitude wird dadurch vergrößert oder verkleinert (Verstärkung oder Dämpfung).

In Bild 1.20 wird gezeigt, wie sich die Multiplikation auswirkt, wenn eine Schwingung (z.B. 9 Hz, blau) mit einer um einen Gleichanteil verschobenen Schwingung der Frequenz 1 Hz multipliziert wird. Die Produktschwingung (rot, Bild 1.20 unten) muß offenbar die Frequenzen 9 Hz + 1 Hz, 9 Hz − 1 Hz, 9 Hz + 0 Hz und 9 Hz − 0 Hz enthalten, also Summenfrequenz, Differenzfrequenz **und die ursprüngliche** Frequenz.

> Bei der Multiplikation mit einem Gleichanteil bleibt die ursprüngliche Frequenz erhalten.

Auch dieser Satz wird später (Abschn. 2) wieder eine Rolle spielen.

Multiplikation mit nichtsinusförmigen Schwingungen:

Gewöhnlich tritt der Fall auf, eine nichtsinusförmige Schwingung der Frequenz f_1 mit einer sinusförmigen Schwingung der Frequenz f_2 zu multiplizieren. Die nichtsinusförmige Schwingung kann z.B. Rechteck-, Dreieck-, Sägezahn-, Treppenform usw. haben. Der häufigste Fall in der Praxis ist wohl der Rechteckverlauf (bei Impulsen!). In Bild 1.21 wird eine Rechteckschwingung niedriger Frequenz mit einer Sinusschwingung hoher Frequenz multipliziert. Die Rechteckschwingung hat in diesem Bild die Besonderheit, daß sie nach oben (= in positiver Richtung)

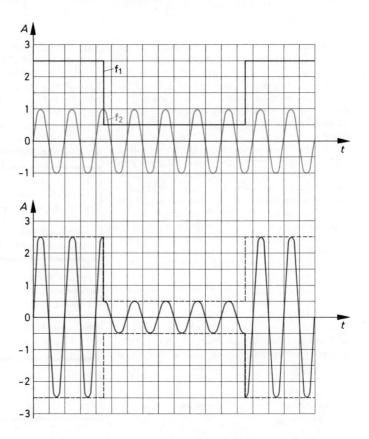

Bild 1.21 Multiplikation mit nichtsinusförmiger Größe

Bild 1.22 Multiplikation mit Rechteckschwingung

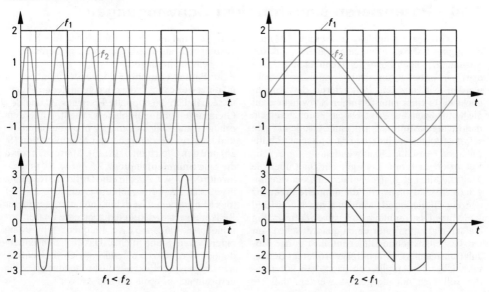

$f_1 < f_2$

$f_2 < f_1$

27

verschoben ist. Sie wird daher nie ganz null. An der darunter dargestellten Produktschwingung erkennt man, daß sich die Form der Einhüllenden nach der Kurvenform mit der niedrigeren Frequenz richtet. Da die Rechteckschwingung wegen ihrer positiven Verschiebung nie ganz null wird, verschwindet auch die Produktschwingung nicht völlig.

Anders ist dies in der folgenden Darstellung, Bild 1.22. Hier verschwindet die Produktschwingung immer dann, wenn der Rechteckverlauf null ist, also während der Impulspausen. Die beiden Darstellungen links und rechts verdeutlichen nochmals, daß sich die Einhüllende der Produktschwingung nach der niedrigeren Frequenz richtet. In der Praxis treten die gezeigten Fälle bei der Modulation durch Tastung (Abschn. 8) und bei der Modulation mit unterdrücktem Träger (Abschn. 3) auf.

Über die Frequenzen der Produktschwingung kann folgendes geschlossen werden. Die periodische nichtsinusförmige Schwingung kann man sich nach Fourier zusammengesetzt denken aus einer großen Anzahl sinusförmiger Schwingungen verschiedener Frequenz. Eine sinusförmige Schwingung mit einer nichtsinusförmigen Schwingung zu multiplizieren bedeutet das gleiche, wie wenn stattdessen mit einer großen Anzahl sinusförmiger Schwingungen multipliziert würde.

Aufgabe: Eine Sinusschwingung f_2 soll mit einer positiven Rechteckimpulsfolge f_1 multipliziert werden. Welche Frequenzen entstehen?

Lösung: Die Rechteckimpulsfolge enthält einen Gleichanteil und die Frequenzen $3f_1$, $5f_1$, ... Es entstehen $3f_1 \pm f_2$, $5f_1 \pm f_2$ usw. Wegen $0f_1 \pm f_2$ des Gleichanteils tritt auch f_2 selbst wieder auf. Es ergibt sich der Satz über die **Frequenzanteile der Produktschwingung**.

> Bei der Multiplikation mit einer nichtsinusförmigen Schwingung enthält die Produktschwingung die Summenfrequenzen und die Differenzfrequenzen aus den in den beiden ursprünglichen Schwingungen jeweils enthaltenen Frequenzen.

Der Satz kann auch angewendet werden, wenn **zwei** nichtsinusförmige Schwingungen miteinander multipliziert werden müssen. Außerdem gilt sowohl für die Multiplikation sinusförmiger als auch nichtsinusförmiger Schwingungen der Satz über die **Hüllkurve der Produktschwingung**:

> Die Hüllkurve der Produktschwingung wird von derjenigen Schwingung mit der niedrigeren Frequenz bestimmt.

1.10 Potenzieren sinusförmiger Schwingungen

Jede nichtlineare Kennlinie (s. Abschn. 1.11) hat die Eigenschaft, eine angelegte Größe, z.B. die Spannung, je nach Form der Kennlinie mit 2, 3, 4 usw. zu potenzieren. Daher muß untersucht werden, wie sich das Potenzieren der Augenblickswerte einer sinusförmigen Schwingung auf die Schwingung auswirkt. Da das Potenzieren ein mehrmaliges Multiplizieren einer Größe mit sich selbst ist, kann man hier die Ergebnisse der Multiplikation (Abschn. 1.9) anwenden.

Potenziert man **mit** 2, so gilt der Satz über die Multiplikation gleichfrequenter Sinusschwingungen (S. 23). Also entsteht die **doppelte Frequenz** und ein **Gleichanteil**. Man beachte hierzu Bild 1.26 Mitte. Die Kennlinie dort ist verhältnismäßig einfach und enthält nur einen quadratischen Anteil. Der entstehende Gleichanteil ist in der Modulationstechnik von untergeordneter Bedeutung. Über die Amplituden nach dem Potenzieren soll hier nur ausgesagt werden, daß sie

geringer sind als die ursprünglichen (die Energie verteilt sich auf die Gesamtzahl der entstehenden Teilschwingungen).

Beim **Potenzieren mit** 3 verwendet man zweckmäßigerweise gleich die oben gefundenen Ergebnisse, nämlich die doppelte Frequenz $2f$ und den Gleichanteil und multipliziert erneut. Außerdem erinnere man sich an den Satz über die Summen- und Differenzfrequenz bei der Multiplikation (S. 25) und den Gleichanteil (S. 23). Man erhält somit die eine **Summenfrequenz** $2f + f = 3f$ und die zweite $0 + f = f$. Als die eine **Differenzfrequenz** ergibt sich $2f - f = f$, als die zweite $0 - f = -f$ (das Minuszeichen ist dabei von untergeordneter Bedeutung, es bedeutet lediglich eine Phasenverschiebung. Eine negative Frequenz gibt es im eigentlichen Sinne nicht). Da drei der entstehenden Frequenzen einander gleich sind, entstehen also im Endeffekt nur die Frequenzen f ($=$ die ursprüngliche Frequenz) und $3f$.

Beim **Potenzieren mit 4** entstehen, wie mit den genannten Multiplikationssätzen leicht festzustellen ist, außer dem Gleichanteil $f - f = 0$ zwei verschiedenfrequente Schwingungen, nämlich $4f$ ($= 3f + f$) und $2f$ ($= 3f - f$ bzw. $f + f$). Offenbar entstehen ganz allgemein bei **geradzahligen Exponenten** Teilschwingungen mit **geraden** Vielfachen, bei **ungeradzahligen Exponenten** Teilschwingungen mit **ungeraden** Vielfachen der Grundfrequenz. In der Praxis ist meistens die Teilschwingung mit der höchsten Frequenz (z.B. bei Vervielfachern und bei Mischung) von Interesse. Ihr Vervielfachungsfaktor entspricht dem jeweiligen Potenzexponenten. Z.B. ist beim Potenzieren mit 5 die höchste auftretende Frequenz $5f$. Es ergibt sich der Satz über das **Potenzieren von Sinusschwingungen:**

> Beim Potenzieren einer sinusförmigen Schwingung entstehen ganzzahlige Vielfache der Grundfrequenz, wobei die höchste Frequenz vom Potenzexponent bestimmt wird.

Potenzieren überlagerter Sinusschwingungen
Beim **Potenzieren mit 2** (Quadrieren) einer Summenschwingung $u = u_1 + u_2$ entsteht nach den Grundlagen der Algebra

$(u_1 + u_2)^2 = u_1^2 + 2 u_1 u_2 + u_2^2$. Daraus folgt, daß nicht nur die Quadrate der Grundschwingungen entstehen, sondern auch ihr Produkt $u_1 \cdot u_2$. Dieses liefert entsprechend dem Merksatz über das „Produkt verschiedenfrequenter Sinusschwingungen" die Summen- und die Differenzfrequenz, $f_1 + f_2$ und $f_1 - f_2$.

Beim Potenzieren mit 3 ergibt sich
$(u_1 + u_2)^3 = u_1^3 + 3 u_1^2 u_2 + 3 u_1 u_2^2 + u_2^3$
Hier sind die Produkte wieder maßgebend für das Entstehen der Summen- und Differenzfrequenzen. In u_1^2 ist die doppelte Frequenz $2f_1$ enthalten. Daher liefert das Produkt $u_1^2 \cdot u_2$ die neuen Frequenzen $2f_1 + f_2$ und $2f_1 - f_2$. Analog dazu enthält das zweite Produkt $u_1 u_2^2$ die Frequenzen $f_1 + 2f_2$ und $f_1 - 2f_2$.
Allgemein ergeben sich **beim Potenzieren** zweier **überlagerter Sinusschwingungen** mit den Frequenzen f_1 und f_2 neue Sinusschwingungen mit den Frequenzen

$$f = m \cdot f_1 \pm n \cdot f_2$$

wobei m und n ganze Zahlen sind. Ihre Summe ist gleich dem Potenzexponenten.
Der Fall tritt an jeder nichtlinearen Kennlinie auf, also bei jeglicher **Mischung** bzw. **Amplitudenmodulation.**

1.11 Nichtlineare Kennlinie

Die **graphische** Darstellung des Zusammenhangs zweier variabler Größen nennt man in der Mathematik den **„Graph"** einer Funktion, in der Elektrotechnik **„Kennlinie"** (z.B. einer Schaltung oder eines Bauteils). Man sagt entweder: eine Größe y ist abhängig von einer anderen Größe x oder: y ist eine Funktion von x oder abgekürzt $y = f(x)$ (lies: y ist gleich f von x). Da jedem x-Wert ein y-Wert zugeordnet ist, schreibt man in der Mathematik auch $x \to y$ (lies: x Pfeil y) bzw. $x \to f(x)$. Die voneinander abhängigen Größen können sein: Strom und Spannung, Flußdichte und Feldstärke, Widerstand und Länge usw. Ist der Graph einer Funktion eine gerade Linie, so spricht man von **„linearer Funktion"** bzw. von „linearer Kennlinie" (Bild 1.23); ist er gekrümmt, so spricht man von **„nichtlinearer Funktion"** bzw. nichtlinearer Kennlinie (Bild 1.24).

Lineare Kennlinie. Ändert man den x-Wert einer linearen Kennlinie, so ändert sich auch der

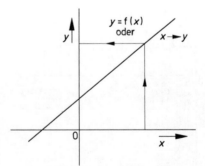

Bild 1.23 Graph einer linearen Funktion

y-Wert. Die Änderungen sind zueinander proportional. Bei sinusförmiger Änderung von x ergibt sich eine sinusförmige Änderung von y (Bild 1.25), deren Amplitude abhängig ist von der Steigung der Kennlinie. Dabei ist es gleichgültig, an welcher Stelle (Punkt A_1, A_2, A_3, ...) die Änderung vollzogen wird. Die Änderung ist gewöhnlich zeitabhängig. Der Zusammenhang muß punktweise konstruiert werden. Es entsprechen sich die Punkte $1-1'$, $2-2'$ usw. Man spricht von **„Aussteuerung"** der Kennlinie. Den betreffenden festen Punkt, um den herum die Änderung vollzogen wird, bezeichnet man als **„Arbeitspunkt"**. Der Arbeitspunkt kann sowohl bei negativen (A_2) als auch bei positiven x-Werten (A_1) als auch bei $x = 0$ liegen (A_3).

Nichtlineare Kennlinie: Ändert man bei einer nichtlinearen Kennlinie den Wert einer Größe sinusförmig (z.B. den x-Wert), so ändert sich die andere Größe (z.B. y, Bild 1.24) wegen der Krümmung der Kennlinie **nicht** mehr sinusförmig. Lediglich die Periodendauer stimmt mit der der x-Änderung überein. Es entstehen **Verzerrungen.** Da nach der Fourier-Analyse jeder periodische Verlauf in eine Vielzahl von sinusförmigen Schwingungen verschiedener Frequenz zerlegt werden kann, ist darauf zu schließen, daß bei der Aussteuerung einer nichtlinearen Kennlinie außer der ursprünglichen Frequenz eine Vielzahl neuer Schwingungen mit höherer Frequenz, und zwar ganzzahligen Vielfachen der ursprünglichen Frequenz, entstehen. Es ergibt sich folgender Merksatz über die **Frequenzen an einer nichtlinearen Kennlinie.**

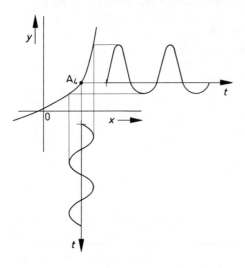

Bild 1.24 Aussteuerung an nichtlinearer Kennlinie

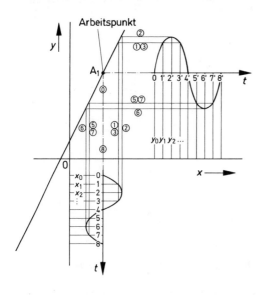

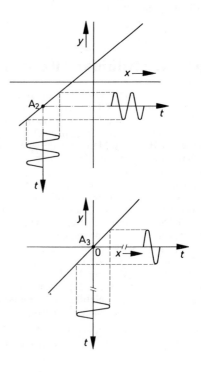

Bild 1.25 Aussteuerung an linearer Kennlinie

30

Bild 1.26 Zerlegung der nichtlinearen Kennlinie

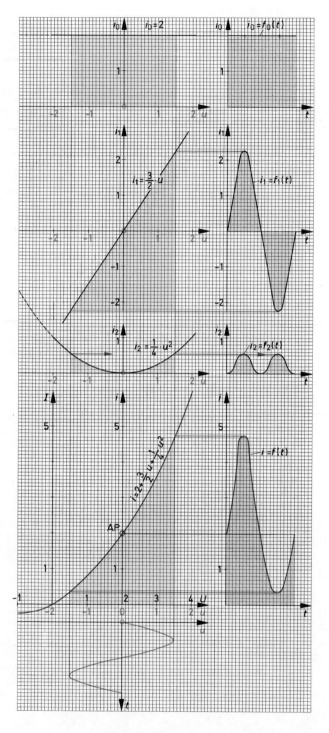

Bei der Aussteuerung einer nichtlinearen Kennlinie entstehen neben der ursprünglichen Frequenz neue Frequenzen, die ganzzahlige Vielfache der ursprünglichen Frequenz sind.

Bild 1.26 verdeutlicht dies. Die Kennnlinie $I = f(U)$ (rot im Bild links unten) kann man sich im Arbeitspunkt AP in ihre Bestandteile $i_0 = +2$, $i_1 = \frac{3}{2}u$ und $i_2 = \frac{1}{4}u^2$ zerlegt denken. Durch Addition der drei schwarz gezeichneten Funktionen ist dies leicht nachprüfbar. Der Einfachheit halber sind die Einheiten V und A weggelassen. Es handelt sich also um Zahlenwertgleichungen.

Steuert man nicht die rote Kennlinie, sondern ihre Bestandteile im Arbeitspunkt AP sinusförmig aus (blaue Spannungskurve u), so zeigt sich folgendes:

$i_0 = +2$ liefert entsprechend der Lage von AP einen Gleichstrom $+2$. Zum Wechselstrom trägt sie nichts bei.

$i_1 = \frac{3}{2}u$ liefert wegen der Linearität dieser Funktion einen zur Spannung proportionalen Strom $i_1 = f_1(t)$. Der Faktor $\frac{3}{2}$ ist maßgebend für die Amplitude des sinusförmigen Wechselstromanteils.

$i_2 = \frac{1}{4}u^2$ ist derjenige Bestandteil der Kennlinie, der die Verzerrungen liefert. Wegen des Quadrats liefert er das Doppelte der Grundfrequenz. Wie leicht aus $i_2 = f_2(t)$ zu entnehmen ist, ist auch ein geringer Gleichstromanteil enthalten, der sich zu $i_0 = +2$ noch addiert.

Durch Überlagerung der drei übereinander gezeichneten Anteile i_0, i_1 und i_2 entsteht die gleiche Funktion $i = f(t)$, wie sie mit der nicht zerlegten ursprünglichen Kennlinie grafisch ermittelt werden kann. Durch Addition der Augenblickswerte von i_0, i_1 und i_2 läßt es sich leicht zeigen, daß die Verzerrung der endgültigen Funktion vom quadratischen Anteil (i_2) herrührt.

Die Zahl der Potenzfunktionen einer nichtlinearen Kennlinie wächst mit deren zunehmender Krümmung im betrachteten Arbeitspunkt. Allgemein kann man sich den Strom einer nichtlinearen Kennlinie $i = f(u)$ im Arbeitsbereich zusammengesetzt denken aus Teilströmen

$$i_0 = k_0, \; i_1 = k_1 \cdot u, \; i_2 = k_2 \cdot u^2, \; i_3 = k_3 \cdot u^3$$

usw.

wobei $k_0, k_1, \dots$ Konstanten sind, die vom Arbeitspunkt auf der Kennlinie abhängen. Die Funktionen höherer Ordnung: $i_2, i_3, \dots$ sind Ursache

dafür, daß die doppelte, dreifache usw. Frequenz der Grundschwingung entsteht.

Die an der nichtlinearen Kennlinie entstehenden Vielfachen der Grundfrequenz sind Ursache für Verzerrungen. Man bezeichnet sie als nichtlineare Verzerrungen.

Nur bei geringer Aussteuerung kann man die Anteile höherer Ordnung vernachlässigen. Mit zunehmender Aussteuerung und mit zunehmender Krümmung jedoch nimmt die Verzerrung zu. Als Maß für die Verzerrungen wird in der Rundfunktechnik der Klirrfaktor angegeben. Er ist definiert als das Verhältnis des Effektivwerts aller Oberschwingungen zu dem der Gesamtschwingung:

$$k = \sqrt{\frac{U_2^2 + U_3^2 + \cdots}{U_1^2 + U_2^2 + U_3^2 + \cdots}}$$

In der kommerziellen Nachrichtentechnik wird meist der Klirrabstand der 2. Harmonischen $a_{K2} = 20 \lg (U_1/U_2)$ dB und der 3. Harmonischen $a_{K3} = 20 \lg (U_1/U_3)$ dB zur Grundschwingung angegeben.

Beim Anlegen **überlagerter Schwingungen** $u_1 + u_2$ an eine nichtlineare Kennlinie entstehen, selbst wenn man nur parabelförmige Krümmung $i = k \cdot u^2$ einer Kennlinie berücksichtigt, **Produkte.** Z.B. entsteht aus $(u_1 + u_2)^2 = u_1^2 + 2u_1u_2 + u_2^2$ das Produkt $u_1 \cdot u_2$!

Die entstehenden Frequenzen sind von der Art $f = m \cdot f_1 + n \cdot f_2$ (s. S. 29). Bei einer höchsten in der Kennlinie enthaltenen Funktion $i_5 = k_5 \cdot u^5$ z.B. muß $m + n \leq 5$ sein. Im übrigen dürfen m und n beliebig sein, so daß nicht ausgeschlossen ist, daß auch die ursprünglichen Frequenzen f_1 und f_2 enthalten sind.

Beispiel: $m = 0, n = 1, f = 0 \cdot f_1 + 1 \cdot f_2 = f_2$;

$m = 1, n = 0, f = 1 \cdot f_1 + 0 \cdot f_2 = f_1$.

Beim Produktmodulator, wie z.B. dem Ringmodulator, wird durch geeignete Schaltmaßnahmen, wie noch gezeigt wird, dafür gesorgt, daß die ursprünglichen beiden Frequenzen **nicht** wieder erscheinen, sondern sich aufheben. Alle Schaltungen, die unter dem Namen Mischer, Amplitudenmodulator, Produktmodulator, Produktdetektor, Multiplizierer, Quadraturmodulator, Koinzidenzdemodulator usw. auftreten, benötigen in irgendeiner Weise die Eigenschaft der nichtlinearen Kennlinie, Summen- und Differenzfrequenzen zu erzeugen. In extremer Weise tritt die Nichtlinearität beim Schalter auf. Die Form seiner Kennlinie ist rechtwinklig.

Da auch bei Verstärkern die Verstärkungskennlinie $u_a = f(u_e)$ mehr oder weniger nichtlinearen Anteil enthält, entstehen bei der Aussteuerung mit mehreren Frequenzen unerwünschte neue Frequenzen. Man spricht hier von **Intermodulation.**

Hinweis zu nichtlinearen und linearen Verzerrungen: Verzerrung bedeutet, daß die Form des Ausgangssignals eines Vierpols nicht mehr mit der des Eingangssignals übereinstimmt. **Nichtlineare Verzerrungen** haben ihre Ursache in der nichtlinearen Übertragungskennlinie des Übertragungsvierpols: Die veränderte Kurvenform des Ausgangssignals kann man mit dem Entstehen neuer Frequenzen erklären und zweckmäßigerweise unter Verwendung eines sinusförmigen Eingangssignals nachweisen. **Lineare Verzerrungen** treten bei einem an sich schon nichtsinusförmigen Signal, also einem aus Teilschwingungen verschiedener Frequenz bestehenden Nachrichtensignal, auf (einer „Gruppe" von Schwingungen), wenn diese beim Passieren des Vierpols in ihrer Amplitude oder Laufzeit frequenzabhängig in bestimmter Weise bedämpft oder verschoben werden. Dann stimmt das Signal am Ausgang in seiner Gesamtheit nicht mehr mit der Form des Eingangssignals überein, ohne daß neue Frequenzen entstanden wären. Dies trifft bei vielen sogenannten linearen Vierpolen zu. Ein solcher enthält R, L und C, weshalb er die Form einer einzelnen Sinusschwingung nicht ändert. Wohl aber kann er bei nicht konstantem, frequenzabhängigem Dämpfungs- und Gruppenlaufzeitverlauf des Übertragungsfaktors die Teilschwingungen unterschiedlich beeinflussen und somit die Signalform verzerren.

1.12 Mathematische Zusammenhänge

Mathematische Darstellung der Sinusschwingung:

Ersetzt man in der Gleichung $\dfrac{a}{c} = \sin \alpha$,

in der a die Gegenkathete, c die Hypotenuse im rechtwinkligen Dreieck ist, a durch die elektrische Größe „Augenblickswert u der Spannung", c durch den Scheitelwert $\hat{u}$ und anstelle von α den in der Wechselstromtechnik üblichen Buchstaben φ, so ergibt sich

$$\frac{u}{\hat{u}} = \sin \varphi \text{ und weiter } u = \hat{u} \cdot \sin \varphi.$$

Da man für $\varphi = \omega t$ setzen darf, sieht schließlich die mathematische Kurzform für die Beschreibung einer (nicht phasenverschobenen) Sinusschwingung wie folgt aus:

$$u = \hat{u} \cdot \sin \omega t$$

Aufgabe: Berechne die Augenblickswerte u einer sinusförmigen Wechselspannung mit dem Spitzenwert $\hat{u} = 3$ V und der Frequenz 50 Hz für die Zeiten $t = 0$; $2^1/_2$; 5; $13^1/_3$; $16^2/_3$ ms. Überprüfe die erhaltenen Augenblickswerte anhand der in Bild 1.17 oben gezeichneten Spannungskurve.

Lösung: Die Augenblickswerte ergeben sich aus $u = 3$ V $\cdot \sin \omega t$, wobei für

$$\omega = 2 \pi \cdot 50 \frac{1}{\text{s}}$$

einzusetzen ist. Zur Berechnung des Winkels ωt muß die Zeit in Sekunden eingesetzt werden (Faktor $^1/_{1000}$). Es ist zweckmäßig, die Faktoren 2π nicht auszumultiplizieren, sondern den Winkel in Bruchteilen bzw. Vielfachen von 2π anzugeben. Wegen der Beziehung $2 \pi \triangleq 360°$, läßt sich dann leichter auf den Winkel in Grad schließen.

Winkelfunktionen zusammengesetzter Winkel

Für die mathematische Behandlung einiger Modulationsverfahren ist es erforderlich, die Winkelfunktionen der Summe oder Differenz zweier Winkel aus den Winkelfunktionen der Einzelwinkel zu berechnen:

$$\sin \alpha \cdot \cos \beta = \frac{1}{2} [\sin (\alpha + \beta) + \sin (\alpha - \beta)]$$

$$\cos \alpha \cdot \cos \beta = \frac{1}{2} [\cos (\alpha + \beta) + \cos (\alpha - \beta)]$$

$$\cos \alpha \cdot \sin \beta = \frac{1}{2} [\sin (\alpha + \beta) - \sin (\alpha - \beta)]$$

$$\sin \alpha \cdot \sin \beta = \frac{1}{2} [\cos (\alpha - \beta) - \cos (\alpha + \beta)]$$

Die vier Gleichungen gehören zu den sogenannten **„Additionstheoremen"** in der Trigonometrie.

Denkt man sich in α und β die Frequenzen f_1 und f_2 enthalten nach der Formel $\alpha = 2 \pi f_1 t$ bzw. $\beta = 2 \pi f_2 t$ und liest die letzten beiden Gleichungen von rechts nach links, so erhält man unmittelbar die Bestätigung des Satzes über Summen- und Differenzfrequenz bei der Multiplikation verschiedenfrequenter Schwingungen:

$$\sin 2 \pi f_1 t \cdot \sin 2 \pi f_2 t$$

$$= \frac{1}{2} [\cos 2 \pi t (f_1 - f_2) - \cos 2 \pi t (f_1 + f_2)].$$

Der Faktor $\frac{1}{2}$ sagt außerdem, daß sich die ursprünglichen Amplituden 1 (nämlich $1 \cdot \sin \alpha$ und $1 \cdot \sin \beta$) je zur Hälfte auf die Summen- und, die Differenzschwingung verteilen.

Quadrat der trigonometrischen Funktion:

Eine weitere Beziehung ergibt sich für das Quadrat:

$$\sin^2 \alpha = \frac{1}{2} - \frac{1}{2} \cos 2 \alpha.$$

Stellt man sich wieder unter $\alpha = 2 \pi f \cdot t$ vor, so lesen wir aus der mathematischen Beziehung wieder den Satz über das Produkt zweier sinusförmiger Schwingungen heraus ($\sin \alpha \cdot \sin \alpha$) bzw. die Aussage von Abschnitt 1.10 über die Potenz der Augenblickswerte einer sinusförmigen Schwingung: Es ergibt sich die doppelte Frequenz ($2 \alpha = 2 f \cdot 2 \pi t$) und ein Gleichanteil $\frac{1}{2}$. Man beachte wieder, daß die Amplituden (Faktor $\frac{1}{2}$!) kleiner sind als die der ursprünglichen Schwingung ($1 \cdot \sin \alpha$).

Die **Gesamtleistung** P einer nichtsinusförmigen Schwingung ist gleich der Summe der Leistungen P_1, P_2, ... der Teilschwingungen:

$$P = P_1 + P_2 + P_3 + \cdots$$

Der quadratische Zusammenhang zwischen Effektivwert der Spannung und Leistung, nämlich U^2/R, gilt sowohl für die Gesamtleistung als auch für die Teilleistungen:

$$\frac{U^2}{R} = \frac{U_1^2}{R} + \frac{U_2^2}{R} + \frac{U_3^2}{R} + \cdots$$

R kürzt sich heraus, und nach Radizieren ergibt sich für den Effektivwert U der nichtsinusförmigen Schwingung

$$U = \sqrt{U_1^2 + U_2^2 + U_3^2 + \cdots}$$

aus den Effektivwerten der Teilschwingungen.

1.13 Fragen und Aufgaben

1. Eine sinusförmige Schwingung mit einer Amplitude von 2 V und einem Nullphasenwinkel +30° soll in eine Sinus- und eine Kosinusschwingung zerlegt werden. Welche Amplituden müssen diese haben?

2. Welchen Winkel (im Bogenmaß) durchläuft eine Schwingung von 1000 Hz pro Sekunde?

3. Die Winkelgeschwindigkeit einer 1-kHz-Schwingung soll berechnet werden!

4. Zwei Sinusgeneratoren mit gleichen Ausgangsamplituden werden parallel geschaltet. Welchem der in Bild 1.6 angegebenen Kurvenverläufe entspricht das Oszillogramm, wenn die Frequenzen a) 500 Hz und 5 kHz, b) 4,5 kHz und 5 kHz betragen?

5. Unter welchen Bedingungen entsteht Schwebung?

6. Die Augenblickswerte zweier sinusförmiger Schwingungen 10 und 100 kHz gleicher Amplitude werden a) addiert, b) multipliziert. Welche Frequenzen ergeben sich bei diesem Vorgang im Fall a und im Fall b?

7. Die Kennlinie von Bild 1.26 wird mit einer um den Faktor 1,33 größeren Spannung ausgesteuert als dargestellt. Dadurch nimmt der Wechselstrom zu. Um welchen Faktor wächst die Amplitude der Grundschwingung und um welchen die der doppelten Frequenz?

8. Die Kennlinie $i = f(u)$ enthält die Anteile $i_1 = k_1 u$ und $i_4 = k_4 u^4$. Welche Frequenzen wird der entstehende Strom i enthalten, wenn mit einer Tonfrequenz von 1 kHz ausgesteuert wird?

9. Eine 220-V-Gleichspannung wird geschaltet. Es entstehen 1 : 1-Rechteckimpulse mit 50 Hz Grundfrequenz. Mit welcher Amplitude ist die Frequenz 5,05 kHz, 500,05 kHz, 50,000 05 MHz enthalten?

Literatur: [1 bis 8, 58].

2   Amplitudenmodulation (AM)

2.1   Prinzip der AM-Übertragung

Bild 2.1 zeigt das Prinzip einer Übertragung mit Amplitudenmodulation. Sendeseitig wird ein hochfrequenter Träger benötigt (Generator G). Seine Amplitude wird im Rhythmus des vom Mikrofon gelieferten Signals moduliert. Hierzu dient der Modulator. Dieser kann im Prinzip ein Hf-Verstärker sein, dessen Verstärkung im Takt des niederfrequenten Signals verändert wird; d. h., es wird durch das niederfrequente Sprach- bzw. Musiksignal der Arbeitspunkt der Röhre, des Transistors oder eines sonstigen geeigneten Bauelements verschoben und dadurch die hochfrequente Trägerschwingung in der Amplitude entsprechend der Lautstärke und Tonhöhe der Nf-Schwingung mehr oder weniger verstärkt. Wegen der hohen Sendeleistung ist ein Hochfrequenzleistungsverstärker erforderlich. Bei Röhrensendern können u. U. Modulator und Endstufe in einer gemeinsamen Röhrenverstärkerstufe vereint sein. Die abgehende Leistung ist beim AM-Mittelwellenrundfunk von der Größenordnung 100 kW.

Das Sendestudio (Mikrofon) ist häufig viele Kilometer vom eigentlichen Sender entfernt, so daß ein Niederfrequenzverstärker erforderlich ist. Der Abstand zwischen Senderausgang und Antenne sollte wegen der Verluste in der Zuleitung nicht zu groß sein, der Sender also möglichst in der Nähe des Antennengeländes stehen. Der im Bild dargestellte „Empfänger" ist natürlich nur dann geeignet, wenn er eine nicht zu große Entfernung zum Sender hat, so daß mit einigen 100 mV Empfangsspannung gerechnet

werden kann. Jedenfalls enthält er die wichtigsten Funktionen eines AM-Empfängers, nämlich die Empfangsantenne, einen abstimmbaren Schwingkreis, mit dem der gewünschte (Orts-) Sender aus dem Gemisch von Frequenzen herausgesiebt wird, und einen Gleichrichter für das hochfrequente Signal. Durch die Hochfrequenz-Schwingungen kann die träge Membran des Ohrhörers nicht in Schwingungen versetzt werden, wohl aber durch die gleichgerichteten Hf-Halbschwingungen: Sie verursachen eine mehr oder weniger starke Auslenkung der Membran in einer Richtung, so daß sie Schwingungen im Rhythmus des niederfrequenten Signals ausführt.

Normalerweise benötigt man wenigstens noch einen Hf-Verstärker vor der Gleichrichtung und einen Nf-Verstärker nach der Gleichrichtung. Dadurch entwickelt sich der hier dargestellte, im Prinzip voll funktionsfähige „Detektorempfänger" zum sogenannten **Geradeaus-Empfänger,** der allerdings noch weit entfernt ist von einem Rundfunkempfänger hoher Qualität. „Geradeaus" bedeutet dabei, daß er das Hf-Signal geradeaus, d. h. ohne eine andere Frequenzlage zu erzeugen, bis zum „Demodulator" (hier der Gleichrichter) führt. Empfänger höherer Qualität arbeiten nach dem **Überlagerungsprinzip.** Bei diesem wird das hochfrequente Signal erst in eine andere Frequenzlage versetzt, die sogenannte Zwischenfrequenz, in der sich das Signal einfacher verstärken läßt und die Selektion besser zu machen ist (s. auch Seite 51).

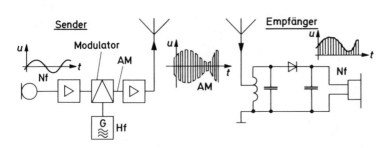

Bild 2.1   Prinzip der AM-Übertragung

2.2 Erzeugung der Amplitudenmodulation

Beim AM-Mittelwellen-Rundfunk müssen die Signalleistungen der Größenordnung 100 kW noch mit Röhren erzeugt werden. Zwei häufige Senderschaltungen sind in Bild 2.2 dargestellt.

Bei der **ersten Schaltung** wird die Trägerschwingung u_T und die niederfrequente Modulationsspannung u_M addiert (daher der Begriff „additiv") und gemeinsam mit der für die Arbeitspunkteinstellung erforderlichen Gleichspannung U_g auf das Steuergitter der Röhre gegeben. Dabei verschiebt die im Gemisch enthaltene niederfrequente Schwingung den Arbeitspunkt auf der nichtlinearen Kennlinie. Dadurch gelangt die überlagerte Hochfrequenz-Trägerschwingung abwechselnd im Rhythmus der Niederfrequenz in ein Gebiet großer und geringer Steilheit, so daß ihre Amplitude entsprechend dem Momen-

tanwert der Niederfrequenzschwingung mehr oder weniger intensiv verstärkt wird. Der Mechanismus unterscheidet sich praktisch kaum von dem im Bild 2.2 am Laboraufbau mit Diode dargestellten Modulationsvorgang.

Bei der **zweiten Schaltung** (Bild 2.2b) werden der Röhre die Signale getrennt zugeführt („multiplikativ", Näheres s. Abschnitt 2.9): Man nützt den Effekt aus, daß die Verstärkung sich mit der Speisespannung ändert. Der Effekt ist ja vom Transistorradio bekannt: Die Verstärkung nimmt ab, wenn die Batterie-Spannungen nachlassen. Daher wird der Anodengleichspannung die niederfrequente Wechselspannung der Größenordnung Kilovolt über einen sehr großen Nf-Übertrager zugesetzt. Die nunmehr im Rhythmus der Niederfrequenz sich ändernde Anoden-

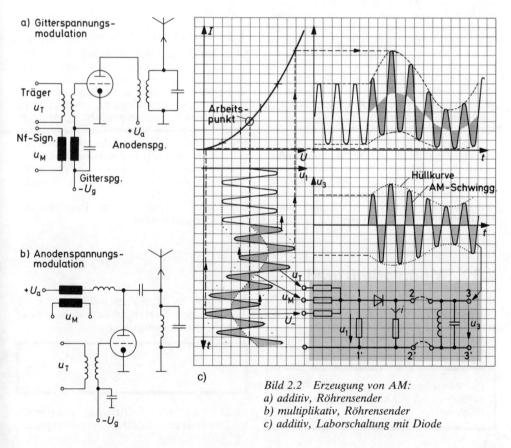

Bild 2.2 Erzeugung von AM:
a) additiv, Röhrensender
b) multiplikativ, Röhrensender
c) additiv, Laborschaltung mit Diode

spannung verschiebt die Arbeitsgerade des Lastwiderstands (= ohmscher Anteil des Schwingkreises) im Röhrenkennlinienfeld hin und her, worauf die dem Gitter zugeführte Hf-Spannung unterschiedlich verstärkt wird.

Eine **dritte Schaltung** ist in Bild 2.2c dargestellt. Sie dient lediglich zur Darstellung des Prinzips und läßt sich im Labor einfach nachvollziehen. Der Modulator hat, im Gegensatz zu denen von Bild 2.2a und 2.2b, keine verstärkende Wirkung. Es handelt sich nämlich um einen **steuerbaren Spannungsteiler**: Die Diode bildet den oberen, der nachfolgende Lastwiderstand den unteren Teilerwiderstand. Je niederohmiger der Diodenwiderstand ist, um so größer ist die Spannung am Lastwiderstand (zwischen 2–2′). Durch eine Gleichspannung U_- wird der mittlere Arbeitspunkt auf der Diodenkennlinie vorgewählt. Mit dem niederfrequenten Modulationssignal u_M wird der Arbeitspunkt längs der Kennlinie verschoben. Er wird dabei im Takt der Tonhöhe und proportional zur Lautstärke zwischen einem Gebiet hoher und einem Gebiet geringer Kennliniensteigung hin- und herbewegt, wodurch der differentielle Widerstand der Diode entsprechend verändert wird. Dies hat zur Folge, daß die Amplitude der ebenfalls zwischen 1–1′ anliegenden Hf-Schwingung u_T mehr oder weniger stark heruntergeteilt wird und somit zwischen den Klemmen 2–2′ in der Amplitude moduliert erscheint (Bild 2.2c rechts oben).

Unvermeidlich ist, daß das **Nf-Signal** ebenfalls noch zwischen 2–2′ auftritt. Es würde zwar von der Antenne nicht abgestrahlt. Man unterdrückt es jedoch aus anderen Gründen, ebenso wie den im Signal noch enthaltenen **Gleichanteil,** durch eine **Parallelspule** (zwischen 3–3′). Da zwangsläufig an der krummen Kennlinie auch **höhere Harmonische** der Trägerschwingung entstehen, muß zwischen 3–3′ zusätzlich ein **Parallelkondensator** vorgesehen werden (es muß vermieden werden, daß ein Sender bei der doppelten oder dreifachen Frequenz mit wenn auch schwacher Leistung strahlt). Daher haben alle Schaltungen gemäß Bild 2.2 am Ausgang einen durch die Last bedämpften **Schwingkreis**, der auf die Trägerfrequenz abgestimmt ist.

Auf besonders elegante Weise erhält man jedoch AM mittels eines **Multiplizierers** (Produktmodulator, s. Abschn. 3.4), dessen einer Eingang mit dem Träger und dessen zweiter Eingang mit der Niederfrequenz in **Summe mit** einem **Gleichanteil** (vgl. Bild 1.20) gespeist wird.

Kennzeichen des Liniendiagramms der sinusförmig amplitudenmodulierten Schwingung sind:

a) obere und untere Hüllkurve verlaufen symmetrisch zur Nullinie.

b) der Spitze-Spitze-Wert des Trägers schwankt sinusförmig im Rhythmus der Modulationsfrequenz,

c) die Nulldurchgänge der modulierten Schwingung haben gleichen Abstand.

Ganz anders sieht das Liniendiagramm zweier überlagerter sinusförmiger Schwingungen aus, deren Frequenzen sehr weit voneinander entfernt sind (Bild 1.6a). Eher noch könnte die AM-Schwingung verwechselt werden mit der Überlagerung zweier sinusförmiger Schwingungen unterschiedlicher Amplitude und eng benachbarter Frequenz (Bild 1.6b). Allerdings sind hier obere und untere Hüllkurve nur **nahezu** sinusförmig, und die Nulldurchgänge haben **nicht** den gleichen Abstand (s. auch Bild 4.9, Einseitenbandmodulation).

Das AM-Signal kann nun in der Hochfrequenzlage übertragen werden.

2.3 Modulationsgrad

Bei AM wird der Träger im Rhythmus der Niederfrequenz proportional zur Amplitude der niederfrequenten Modulationsspannung in seiner Amplitude beeinflußt. Sie wird um den Betrag $\Delta \hat{u}_T$ vergrößert oder verkleinert (Bild 2.3b).

> Die Amplitudenänderung $\Delta \hat{u}_T$ des Trägers ist proportional zur Amplitude $\hat{u}_M$ des Modulationssignals.

Das Verhältnis dieser Amplitudenänderung zur unmodulierten Trägeramplitude $\hat{u}_T$ bezeichnet man als **Modulationsgrad** m:

$$m = \frac{\Delta \hat{u}_T}{\hat{u}_T}$$

Meist wird er in Prozent angegeben. Er ist ein Maß für die Intensität der Modulation. Wegen der

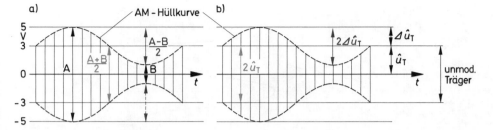

Bild 2.3   Zum Modulationsgrad

Proportionalität zwischen $\Delta\hat{u}_T$ und $\hat{u}_M$ gilt bei Modulation mit Sprache und Musik:

> Der Modulationsgrad ist proportional zur Lautstärke.

Da der Träger nur Mittel zum Zweck der Übertragung ist, während die zur Modulationsspannung proportionale Hüllkurve das eigentliche Nachrichtensignal darstellt, versucht man die Modulation des Trägers möglichst intensiv auszuprägen. Dies kann allerdings nur so weit getrieben werden, bis sich der Träger auf Null einschnürt: Minimumstelle bei Bild 2.4, Mitte. In diesem Fall ist $m = 1$ bzw. 100%. Tatsächlich wird

bei Rundfunksendern bei größter Lautstärke nur 80% gemacht (Bild 2.4 zwischen links und Mitte). Es bleibt somit eine gewisse Sicherheit gegen Übersteuerung und selektiven Trägerschwund (s. S. 49).
Die Messung des Modulationsgrads mit Hilfe des Schirmbilds des Oszilloskops (Bild 2.3a) geschieht unter Verwendung der Formel

$$m = \frac{A - B}{A + B}$$

Dabei ist $A = U_{ss\,max}$, $B = U_{ss\,min}$ der modulierten Trägerschwingung.

Eine einfache Kontrolle der AM beim Sender liefert das **Modulationstrapez**. Es entsteht am Oszilloskop bei Aussteuerung der X-Richtung mit Nf. Grundlinie = A, Decklinie = B.

Aufgabe: Berechne den Modulationsgrad m des in Bild 2.3 dargestellten AM-Signals!

Lösung:

$$A = 10\,\text{V}, B = 2\,\text{V}, \quad m = \frac{10\,\text{V} - 2\,\text{V}}{10\,\text{V} + 2\,\text{V}} = \frac{2}{3},$$

bzw. $m = 66,7\%$.

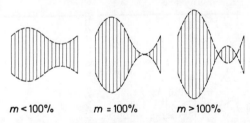

$m < 100\%$ $m = 100\%$ $m > 100\%$

Bild 2.4   Modulationsgrad

2.4   Spektrum der AM

Aufgabe: Gegeben sind drei Spannungen mit den Frequenzen 90 kHz, 100 kHz und 110 kHz und den Amplituden gemäß Bild 2.5. Ihre Augenblickswerte sollen addiert werden. Es soll nachgewiesen werden, daß das Liniendiagramm der Überlagerung ein sinusförmig amplitudenmoduliertes Signal ist. Wie groß ist die Modulationsfrequenz und der Modulationsgrad?

Lösung: Zweckmäßigerweise wird zuerst die 110-kHz- und die 90-kHz-Schwingung überlagert. Es ergibt sich das typische Bild einer Schwebung. Die Besonderheit ist, daß ihre Halbschwingungen entweder gleich oder gegenphasig zur 100-kHz-Schwingung sind. Die Überlagerung der Schwebung mit der 100-kHz-Schwingung wird dadurch erleichtert. Es ergibt sich das Liniendia-

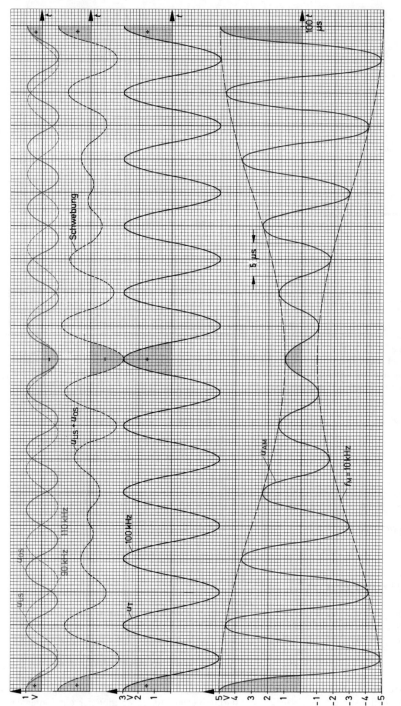

Bild 2.5 Darstellung der AM als Überlagerung dreier Schwingungen

gramm einer sinusförmig amplitudenmodulierten Schwingung! Dabei entspricht offenbar die 100-kHz-Schwingung dem Träger. Die Ursache für das Entstehen von AM liegt darin, daß gleichphasige Stellen von Schwebung und Träger auftreten, die das Maximum, und gegenphasige, die das Minimum der Hüllkurve verursachen. Die Hüllkurve stellt in 100 μs genau eine Periode dar, also ist $f_M = 1/(100 \text{ μs}) = 10 \text{ kHz}$. Der Modulationsgrad ist $m = (10 - 2)/(10 + 2) = 8/12 = 0{,}66$.

Folgerung: Die AM-Schwingung kann man sich als die Überlagerung dreier sinusförmiger Schwingungen vorstellen. Man nennt die mit der höheren Frequenz die **obere,** die mit der niedrigeren Frequenz die **untere Seitenschwingung.** Der Träger liegt in der Mitte.

Offenbar gibt die Überlagerung der drei Anteile des Spektrums nur dann eine AM-Schwingung, wenn ganz bestimmte **Bedingungen** erfüllt sind:

1. Beide Seitenschwingungsamplituden müssen gleich groß sein.
2. Beide Seitenschwingungsamplituden dürfen zusammen nicht größer als die Trägeramplitude sein.
3. Der Frequenzabstand der Seitenschwingungen zum Träger muß gleich sein und muß der Modulationsfrequenz entsprechen.
4. Der Phasenwinkel der Überlagerung der beiden Seitenschwingungen (der Schwebung) muß gleich bzw. gegenphasig zum Träger sein.

Sind die Bedingungen nicht erfüllt, ist die Hüllkurve nicht sinusförmig, also verzerrt. Ist Bedingung 2 nicht erfüllt, haben wir es mit Übermodulation (Bild 2.4 rechts) zu tun. Die Tatsache, daß eine amplitudenmodulierte Schwingung nicht eine einzige Frequenz ist, kann erhärtet werden durch folgenden

Versuch: Schließe einen Zungenfrequenzmesser (Bild 2.6) über ein Potentiometer an 50-Hz-Wechselspannung an. Bewege den Schleifer im Rhythmus von z.B. 2 Hz hin und her! (Die 50-Hz-Spannung ist in diesem Fall der Träger; die Modulationsfrequenz wird durch die Hand erzeugt. Das Potentiometer ist der „Modulator".)

Beobachtung: Solange der Schleifer auf Mitte steht, schwingt nur die 50-Hz-Zunge. Sobald mit 2 Hz „moduliert" wird, schwingt auch noch die 48-Hz- und die 52-Hz-Zunge mit!

> Das Spektrum der sinusförmig amplitudenmodulierten Schwingung enthält den Träger und links und rechts davon im Abstand der Modulationsfrequenz die beiden Seitenschwingungen.

Die obere und die untere Seitenschwingung sind (S. 25) die Summen- bzw. Differenzfrequenz aus Träger- und Modulationsfrequenz. Ihr Entstehen läßt sich auch akustisch leicht nachweisen durch folgenden

Versuch: Die Frequenzen zweier Tongeneratoren, z.B. 2,2 kHz und 3 kHz, sollen (zweckmäßigerweise mit Hilfe eines gemeinsamen Übertragers) überlagert werden und über einen Widerstand auf einen Lautsprecher gegeben werden. Anschließend ist der Widerstand durch eine Diode zu ersetzen. Der Klangcharakter ist zu untersuchen!

Beobachtung: Ohne Diode analysiert das Ohr nur die beiden Frequenzen. Mit Diode hört das Ohr zusätzlich die Differenzfrequenz 3 kHz − 2,2 kHz = 0,8 kHz. Wegen des geringen Abstands der „Modulationsfrequenz" 2,2 kHz zur „Trägerfrequenz" 3 kHz liegt hier die untere Seitenschwingung tiefer als die Modulationsfrequenz.

Bei dem genannten Versuch sollte man den Frequenzabstand durch langsames Erhöhen der „Modulationsfrequenz" verringern. Das dadurch verursachte Absinken der Differenzfrequenz läßt sich deutlich heraushören. Die Summenfrequenz ist schwerer feststellbar, da das Ohr bei 5,2 kHz weniger empfindlich ist als bei 0,8 kHz.

Das Entstehen von Bild 2.5 unten erweist, daß in der AM-Schwingung die Modulationsfrequenz f_M als solche nicht mehr enthalten ist, (Bild 2.7). Lediglich in der Form der Hüllkurve als **gedachte** Linie ist die Modulationsfrequenz enthalten. Aber erst durch Gleichrichtung im Empfänger kann die Hüllkurve als tatsächliche elektrische Schwingung wieder gewonnen werden. Es gilt:

> Die Modulationsfrequenz selbst ist in der AM nicht enthalten.

Bild 2.6 Nachweis der Seitenfrequenzen bei AM

41

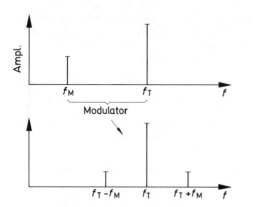

Bild 2.7   Spektrum der AM bei Modulation mit einer diskreten Frequenz f_M

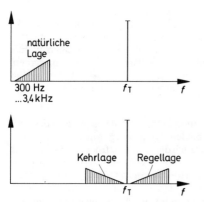

Bild 2.8   Spektrum der AM bei Modulation mit dem Telefoniefrequenzband 300 Hz ··· 3,4 kHz

Eine weitere Besonderheit läßt sich aus Bild 2.5 entnehmen. Die Summe **beider** Seitenschwingungsamplituden zusammen liefert erst die in der AM-Schwingung enthaltene Amplitudenänderung $\Delta \hat{u}_T$ der Trägeramplitude! Wollte man also den Modulationsgrad aus den Amplituden des Spektrums ermitteln, müßte man rechnen:

$$m = (\hat{u}_{US} + \hat{u}_{OS})/\hat{u}_T.$$

Beispiel:

$$\hat{u}_{US} = 1 \text{ V}, \hat{u}_{OS} = 1 \text{ V}, \hat{u}_T = 3 \text{ V}.$$
$$m = (1 \text{ V} + 1 \text{ V})/3 \text{ V} = 0,66.$$

Da der Modulationsgrad das Verhältnis der Summe beider Seitenschwingungsamplituden zur Trägeramplitude angibt, kann umgekehrt gesagt werden, daß der **halbe** Modulationsgrad das Verhältnis **einer** Seitenschwingungsamplitude zur Trägeramplitude angibt!

Beispiel:

$$m = 80\%. \ \hat{u}_{US}/\hat{u}_T = \hat{u}_{OS}/\hat{u}_T = m/2 = 40\%.$$

> Das Verhältnis einer Seitenschwingungsamplitude zur Trägeramplitude entspricht dem halben Modulationsgrad.

Zwecks Übertragung von Sprache und Musik muß ein ganzes **Band** von Frequenzen auf den Träger aufmoduliert werden. Bei Telefonie genügen zur ausreichenden Verständlichkeit die Frequenzen zwischen 300 Hz und 3,4 kHz. Ein solches Band wird in der natürlichen Lage als ein ansteigendes Dreieck symbolisiert. Durch dieses werden die tiefen und die hohen Frequenzen des natürlichen Bandes gekennzeichnet (es kennzeichnet nicht die Amplitudenverteilung innerhalb des Bandes!).
Im Spektrum der AM erscheint daher bei Modulation mit einem solchen Band rechts und links des Trägers je ein Frequenzband. Man bezeichnet sie mit **„oberem"** und **„unterem Seitenband"** (Bild 2.8). Das obere Seitenband tritt in der **„Regellage"** auf. D.h. abgesehen davon, daß das gesamte Band um f_T nach oben verschoben auftritt, entsprechen die hierin enthaltenen tiefen und hohen Frequenzen denen des **natürlichen** Bandes. Dagegen tritt das untere Seitenband in der sogenannten **„Kehrlage"** auf: hohe und tiefe Frequenzen sind im Vergleich zum natürlichen Band invertiert.

2.5 Zeigerdarstellung der AM

Die Darstellung durch Zeiger ist nur eine andere Beschreibung der sinusförmig amplitudenmodulierten Schwingung. In Bild 2.5 wird die AM durch Sinus**linien** beschrieben. Bekanntlich lassen sich Sinuslinien jedoch auch als die Projektion der Spitze eines Zeigers darstellen. Demnach kann die sinusförmige AM auch aus **drei Zeigern** zusammengesetzt dargestellt werden. Die drei Zeiger unterscheiden sich durch ihre Winkelgeschwindigkeit und ihre Länge.

Bild 2.9a zeigt zwei „Momentaufnahmen" der drei Zeiger, und zwar einmal zu Beginn der Schwingung, bei der alle Zeiger senkrecht nach oben zeigen, da es sich bei der Schwingung um eine Kosinusschwingung handelt. Der nächste Zustand wurde aufgenommen, nachdem sämtliche drei Zeiger etwas mehr als eine volle Umdrehung gemacht haben. Wegen der unterschiedlichen Winkelgeschwindigkeit der drei Schwingungen haben die Zeiger nach einer bestimmten Zeit unterschiedliche Winkel zurückgelegt. Sie haben dann nicht mehr die gleiche Richtung. Der Zeiger der oberen Seitenschwingung hat einen größeren, der der unteren Seitenschwingung hat einen kleineren Winkel zurückgelegt als der Zeiger der Trägerschwingung. Gegenüber dem Trägerzeiger eilt der untere Zeiger um soviel nach wie der obere voreilt.

Während man das **Liniendiagramm** der sinusförmig modulierten AM-Schwingung durch **punktweise Addition der Momentanwerte** der drei Einzelschwingungen erhält, erhält man die **Zeigerdarstellung** der AM durch **vektorielle Addition** der Momentanzustände der drei Zeiger (Bild 2.9b). Zu diesem Zweck setzt man am besten die beiden Zeiger der Seitenschwingungen an die Spitze des Zeigers der Trägerschwingung (durch Parallelverschiebung). Man addiert dann zunächst vektoriell die blauen Zeiger der Seitenschwingungen. Der resultierende Zeiger entspricht dem der Schwebung des Liniendiagramms Bild 2.5, d.h., seine Länge ändert sich im Rhythmus der Modulationsfrequenz. Ihn addiert man zum Zeiger der Trägerschwingung und erhält schließlich den Zeiger der amplitudenmodulierten Schwingung.

Wesentlich sind bei diesem Verfahren folgende Erkenntnisse:

1. Der aus den Seitenschwingungen resultierende Zeiger hat immer die gleiche Richtung wie der Zeiger der Trägerschwingung.

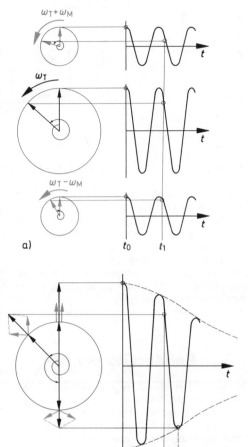

Bild 2.9 „Momentaufnahmen" dreier Zeiger
a) Einzelzeiger (zu den Zeiten t_0 und t_1),
b) Einzel- und Summenzeiger (t_0, t_1, t_2)

2. Demzufolge hat der Zeiger der amplitudenmodulierten Schwingung sowohl die gleiche Richtung als auch die gleiche Winkelgeschwindigkeit wie die Trägerschwingung.

3. Man kann sich den Zeiger der AM so entstehen denken, daß der mit konstanter **Träger-Winkelgeschwindigkeit** sich drehende Trägerzeiger im Rhythmus der **Modulationsfrequenz** durch die Resultierende der beiden Seitenzeiger verlängert oder verkürzt wird.

43

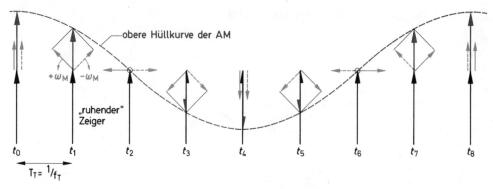

Bild 2.10   Zeigerdarstellung der AM über 1 Periode der Niederfrequenz

Wird nach der Methode des ruhenden Zeigers der Träger festgehalten (Bild 2.10), so rotieren die beiden Seitenzeiger entgegengesetzt zueinander mit der Winkelgeschwindigkeit der Modulationsfrequenz um dessen Spitze. Damit lassen sich die einzelnen Momentanzustände des Summenzeigers bequem nebeneinander zeichnen. Dieser beschreibt mit seiner Spitze die Hüllkurve der AM.

> Der resultierende Zeiger der beiden Seitenschwingungen verlängert oder verkürzt den Trägerzeiger im Rhythmus der Modulationsfrequenz proportional zur Modulationsspannung.

2.6   Bandbreite bei AM

Versuch: Der Modulationsgrad einer AM-Schwingung soll einmal ohne, einmal mit vorgeschaltetem Reihenschwingkreis gemessen werden (Bild 2.11). Der Schwingkreis muß auf Trägerfrequenz abgestimmt sein. Die Bandbreite des Kreises soll etwa gleich dem Doppelten der Modulationsfrequenz sein.

Beobachtung: Der Modulationsgrad wird geringer, wenn die AM-Schwingung den Schwingkreis passieren muß! Ist ohne Schwingkreis (Schalter auf „aus") der Modulationsgrad z.B. 80%, so ist er mit Schwingkreis (Schalter auf „ein") nur noch 56%. Bei noch schmälerem Schwingkreis sinkt der Modulationsgrad noch weiter ab.

Folgerung: Bei einer AM mit z.B. $m = 80\%$ betragen die Amplituden der beiden Seitenschwingungen je 40% der Trägeramplitude. Während die Trägerschwingung den Schwingkreis praktisch ungedämpft passiert, werden die Seitenschwingungen mehr oder weniger stark bedämpft. Ist die Bandbreite wie im Versuch vorgeschlagen eingestellt, so werden die Seitenschwingungen um jeweils ca. 30% bedämpft, ihre Amplitude beträgt dann nur noch je rund 28% der Trägeramplitude. Dem entspricht ein Modulationsgrad $m = 56\%$! Bei noch schmälerem Schwingkreis wird die Bedämpfung der Seitenschwingungen noch größer (Bild 2.12). Ein unend-

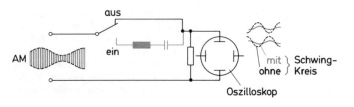

Bild 2.11   Messung des Einflusses der Bandbreite

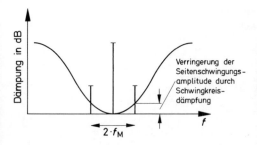

Bild 2.12   Einfluß des Schwingkreises

lich schmaler Schwingkreis würde nur noch die (ummodulierte!) Trägerschwingung durchlassen. Die Vorstellung, daß eine AM nur aus **einer** Frequenz bestehe, deren Amplitude schwankt, würde zu der irrigen Annahme führen, daß es genüge, nur diese eine Frequenz exakt zu übertragen. Da die AM in Wirklichkeit aber aus **drei** Schwingungen verschiedener Frequenz besteht, müssen alle drei Schwingungen in ihrer **Amplitude und** in ihrer **Phasenlage** zueinander unverfälscht übertragen werden, damit das Signal in seiner Form erhalten bleibt.

> Ein AM-Signal wird nur dann unverfälscht übertragen, wenn alle drei Schwingungen seines Spektrums in ihrer **Amplitude**, in ihrem **Frequenzabstand** und in ihrer **Phasenlage** zueinander unverfälscht übertragen werden.

Aus diesem Grund ist eine **Mindestbreite** erforderlich, innerhalb der dies gewährleistet ist. Diese richtet sich nach dem Abstand der beiden Seitenfrequenzen voneinander, und sie muß daher mindestens das Doppelte der Modulationsfrequenz betragen. Anstelle eines Schwingkreises bevorzugt man in der Nachrichtenübertragungstechnik mehrkreisige Filter wegen ihrer im Durchlaßbereich praktisch konstanten minimalen Dämpfung, breitbandige Verstärker usw., die diese Forderung erfüllen.

> AM braucht zur Übertragung eine Bandbreite, die mindestens das Doppelte der höchsten Modulationsfrequenz beträgt:
>
> $$B = 2 \cdot f_M.$$

2.7   Demodulation

Gleichrichtung

Wegen der bei AM auftretenden zwei Seitenbänder besteht der Nachteil des relativ großen Bandbreitenbedarfs. Dagegen hat AM den großen Vorteil, daß die Wiedergewinnung der Modulationsschwingung am Empfangsort, die Demodulation, überaus einfach ist. Im wesentlichen genügt zu diesem Zweck die Gleichrichtung des AM-Signals (Bild 2.13a).

Versuch: Ein AM-Signal, $U_{ss\,max}$ mindestens 1 V, soll an eine Reihenschaltung aus Diode und Lastwiderstand gelegt werden. Die Ausgangsspannung am Lastwiderstand ist zu oszillografieren. Anschließend ist ein Kondensator parallel zum Widerstand zu legen. Das Oszillogramm soll beobachtet werden, während der Kondensator Schritt für Schritt vergrößert wird (Bild 2.13b, c, d).

Beobachtung: Es entstehen durch Gleichrichtung Halbschwingungen der Trägerfrequenz, deren Amplituden im Rhythmus der Nf (Niederfrequenz) schwanken. Mit zunehmender Größe des Ladekondensators werden die Halbschwingun-

gen der Trägerfrequenz geglättet, so daß schließlich eine Mischspannung übrigbleibt, die praktisch nur noch aus einer von der Trägerspannung herrührenden Gleichspannung und der überlagerten niederfrequenten Modulationsspannung besteht.

Eine weitere Erhöhung der Kapazität führt dazu, daß nun auch noch die überlagerte Nf-Amplitude geglättet wird. Dieser Effekt ist unerwünscht. Er würde dazu führen, daß schließlich überhaupt nur noch Gleichspannung zur Verfügung stünde.

Folgerung: Die Demodulation geschieht im Prinzip durch Gleichrichtung und Glättung der AM. Die Glättung erfolgt durch den Ladekondensator C. Die Glättung hängt außerdem jedoch auch von der Größe des Entladewiderstands R ab, wie sich leicht bei dem obigen Versuch nachweisen läßt. Es gilt, daß das **Produkt** $R \cdot C$ nicht zu klein, aber auch nicht zu groß sein darf. Es richtet sich nach der Periodendauer T_T des hochfrequenten Trägers und der Periodendauer der Nf, T_M, und es gilt die Beziehung zu beachten.

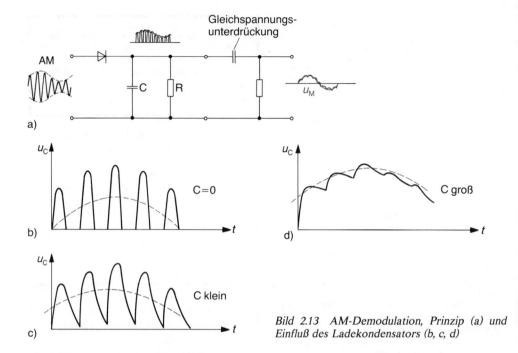

Bild 2.13 AM-Demodulation, Prinzip (a) und Einfluß des Ladekondensators (b, c, d)

$$T_T < \tau < T_M$$

τ ist die Zeitkonstnante der RC-Kombination. Der in Bild 2.13 dargestellte Trennkondensator dient lediglich zur Abtrennung der Nf von der nicht interessierenden Gleichspannung. Sein kapazitiver Widerstand muß für die Nf-Spannung möglichst klein sein.

Der im Versuch untersuchte Vorgang wird mit „Spitzengleichrichtung" bezeichnet. Sie wird in Bild 2.14 veranschaulicht. Die Hochfrequenzspitzen laden den Kondensator auf. Dieser liefert die Vorspannung für die Diode. Die Kondensatorspannung wirkt über den Innenwiderstand des AM-liefernden Generators auf die Diode und verschiebt deren Arbeitspunkt in den negativen Bereich der Kennlinie. Der Arbeitspunkt stellt sich automatisch so ein, daß die durch die Spitzen in den Kondensator hinein gelieferte Ladungsmenge gleich der aus dem Kondensator heraus über den Entladewiderstand abfließenden Ladungsmenge ist. Dies erfordert, daß der Arbeitspunkt und entsprechend die Kondensatorspannung im Rhythmus der Hüllkurve schwankt. Man spricht daher auch von **Hüllkurvengleichrichtung.**

Der gleiche Vorgang spielt sich beim sogenannten **„Audion"** ab, nur daß in diesem Fall die Spannung auf der Diodenstrecke (Gitter–Katode) verwertet wird, und zwar verstärkt über die Anode.

Amplitudenregelung: Die Gleichrichtung arbeitet nur dann optimal, wenn die ihr angebotene Hf-Amplitude einen gewissen Wert nicht unterschreitet. Andererseits soll sie auch nicht zu groß sein, damit Übersteuerung der Verstärker vermieden wird. Daher wird vor der Demodulation eine Amplitudenregelung vorgesehen.

Gesteuerte Gleichrichtung

Je geringer die Spannungsamplitude am Gleichrichter ist, um so stärker fällt der Knick der Diodenkennlinie ins Gewicht. Deshalb besteht gerade bei der Gleichrichtung von AM hohen Modulationsgrads die Gefahr nichtlinearer Verzerrungen an den Einschnürungsstellen der Trägeramplitude. In der Fernsehtechnik tritt dieser Fall bei der Übertragung des Weißwerts ein: Der Bild-Zf-Träger hat dabei nur noch 10 % der Maximalamplitude, so daß der dem Bildträger überlagerte Farbhilfsträger (4,43 MHz) mit dem ebenfalls überlagerten Tonträger (5,5 MHz) durch Intermodulation am Kennlinienknick eine

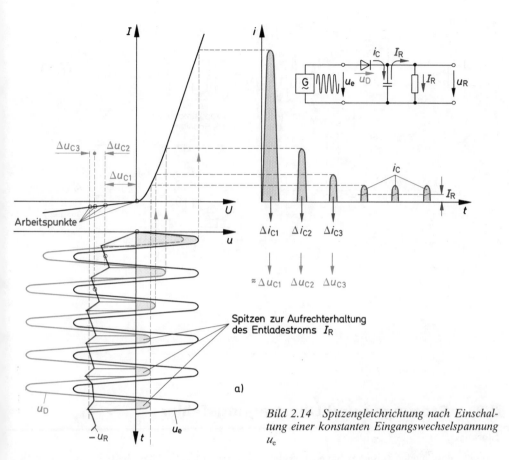

Spitzen zur Aufrechterhaltung
des Entladestroms I_R

a)

Bild 2.14 Spitzengleichrichtung nach Einschaltung einer konstanten Eingangswechselspannung u_e

Differenzfrequenz von 1,07 MHz bilden und im Fernsehbild ein störendes Muster verursachen kann.

Abhilfe bietet die „gesteuerte" Gleichrichtung: Man ersetzt die Diode durch einen elektronischen Schalter (Bild 2.15, rot), der die AM-Schwingungen im geeigneten Takt satt durchschaltet. Die Schaltspannung zur Steuerung des Vorgangs wird aus der AM-Schwingung in einem separaten Begrenzer (Bild 2.15, blau) gewonnen. Die exakte Funktion der gesteuerten Gleichrichtung hängt von der Übereinstimmung der Phase der Schaltspannung mit der der zu demodulierenden AM-Schwingung zusammen. Daher ist ein sorgfältiger Phasenabgleich der gewonnenen Schaltspannung durch Abstimmung des Schwingkreises (Anschlüsse 8–9) erforderlich. Bild 2.15 zeigt einen Auszug aus dem IC TBA 1440, in dem ein Umschalter in Form

eines Produktmodulators (s. Abschn. 3.5) verwendet wird. Gegenüber einem einfachen Schalter hat der Umschalter den Vorteil, daß beide Halbschwingungen des AM-Signals ausgenützt werden.

Wie die gewöhnliche **Gleichrichtung** ist auch die gesteuerte Gleichrichtung eigentlich **ein Modulationsvorgang:** Es wird sowohl die Differenzfrequenz zwischen oberem Seitenband und Träger als auch zwischen Träger und unterem Seitenband erzeugt. Die Spannungen beider Hf-Seitenbänder erscheinen als ein einziges Band in der Nf-Lage linear addiert wieder.

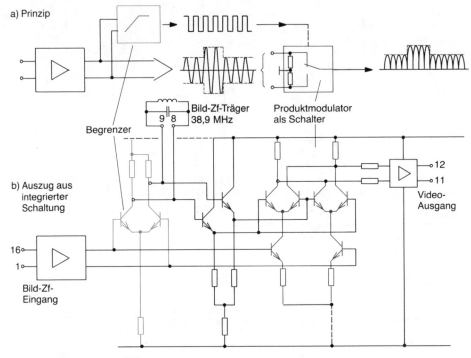

a) Prinzip

Begrenzer

Bild-Zf-Träger
9 8 38,9 MHz

Produktmodulator
als Schalter

b) Auszug aus
integrierter
Schaltung

o 12
o 11

Video-
Ausgang

16o
1o

Bild-Zf-
Eingang

Bild 2.15 Gesteuerte Gleichrichtung

2.8 Störungen und Übertragungsfehler

Störungen

Es muß unterschieden werden zwischen diskreten (selektiven) Störungen durch einzelne Frequenzen und breitbandigen Störungen durch Rauschen (z.B. des Empfangsverstärkers).

Eine **diskrete Störfrequenz** mit einer Amplitude $\hat{u}_{St}$ (s. Bild 2.16) macht sich nach der Demodulation mit gleicher Amplitude bemerkbar, wie eine AM, wenn bei AM $\Delta\hat{u}_T = m \cdot \hat{u}_T = \hat{u}_{St}$ ist. Dabei muß vorausgesetzt werden, daß $f_{St} - f_T \leqq f_{M\,max}$, so daß die Störung ins Empfangsband fällt. Im Beispiel des Bilds 2.16 wäre kein Störabstand mehr vorhanden. In der Praxis soll ein Störabstand von wenigstens 30 dB nicht unterschritten werden.

Es ist das Nutz-Stör-Verhältnis bei AM,

$$\frac{\text{Nutzspannung}}{\text{Störspannung}} = \frac{m \cdot \hat{u}_T}{\hat{u}_{St}}$$

um so größer, je größer der Modulationsgrad und die Trägeramplitude sind. Der Modulationsgrad kann aber nicht größer als 100% sein, also muß die Trägeramplitude, die Sendeleistung erhöht werden.

> Die Störung wirkt sich um so geringer aus, je größer der Modulationsgrad ist.

Selektiver Trägerschwund: Häufig gelangen elektromagnetische Wellen auf verschiedenen Wegen vom Sender zum Empfänger und erleiden dabei eine Phasenverschiebung. Dies macht sich ganz besonders störend bemerkbar, wenn eine zur Trägerfrequenz gleichfrequente Störschwingung eintrifft, deren Phasenverschiebung genau 180° beträgt. Je nach Störamplitude wird der Träger dadurch ganz oder teilweise ausgelöscht. Dies hat eine Verzerrung des Nf-Signals zur Folge (Bild 2.17). Der selektive Trägerschwund wirkt sich um so mehr aus, je **höher** der Modula-

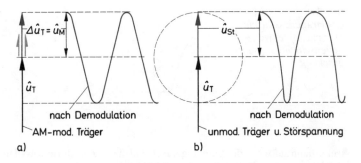

Bild 2.16   Störung bei AM durch diskreten Störer

$\Delta \hat{u}_T = \hat{u}_M$

$\hat{u}_T$

$\hat{u}_{St}$

$\hat{u}_T$

nach Demodulation
AM-mod. Träger

a)

nach Demodulation
unmod. Träger u. Störspannung

b)

tionsgrad ist, so daß der an sich wünschenswerte Fall $m = 100\%$ gar nicht voll ausgenützt werden kann.

Störungen durch Rauschen muß man sich als die Wirkung sehr vieler selektiver Störspannungen verschiedener Frequenz vorstellen, die gleichzeitig, jedoch mit geringerer Amplitude, auftreten. Die Leerlaufrauschspannung, die ein Widerstand R abgibt, hängt nach der Formel

$$U_{eff} = \sqrt{4\,k\,T\,\Delta f \cdot R}$$

von der Bandbreite Δf des Rauschspektrums ab und nimmt mit der Wurzel aus der Bandbreite zu.

Boltzmannsche Konstante $k = 1,38 \cdot 10^{-23}$ Ws/K

Rauschtemperatur $T = 290$ K. Die **verfügbare** Leistung an einem idealen, d.h. nicht rauschenden Widerstand $R_L = R$ wäre somit

$$P = \frac{(U_{eff}/2)^2}{R_L} = \frac{4\,k\,T\,\Delta f \cdot R/4}{R} = k\,T\,\Delta f;$$

also $\boxed{P = 4 \cdot 10^{-21} \text{ W/Hz} \cdot \Delta f.}$

Tatsächlich rauschen Empfänger mit einer um die Rauschzahl F größeren Rauschleistung, auf den Empfängereingang bezogen. Obige Formel gilt also für den theoretischen Fall $F = 1$. Um das störende Rauschen im Nf-Band möglichst gering zu halten, kann außer einer geringen Rauschzahl nur noch die Bandbreite verringert werden. Die geringstmögliche Bandbreite bei AM ist jedoch $2 \cdot f_{Mmax}$, wenn f_{Mmax} die höchste Modulationsfrequenz ist.

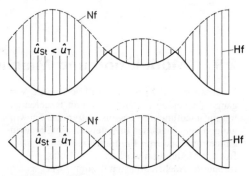

$\hat{u}_{St} < \hat{u}_T$

Nf

Hf

$\hat{u}_{St} = \hat{u}_T$

Nf

Hf

Bild 2.17   Wirkung des selektiven Trägerschwunds

Das hochfrequente Störrauschen innerhalb beider Seitenbänder wird zusammen mit dem Nutzsignal durch die Demodulation in das Nf-Band transponiert. Glücklicherweise addieren sich die nicht korrelierten Rauschspannungen geometrisch, im Gegensatz zur linearen Addition der Nutzseitenbänder, so daß das Nf-Signal einen um 3 dB größeren Störabstand aufweist als die Seitenbänder in der Hf-Lage (Rauschabstandsvergleich mit FM, PM und EM siehe Kapitel 7.4).

Übertragungsfehler

Übertragungsfehler treten bei AM auf, wenn die Amplituden-, Phasen- oder Frequenzbedingung nicht eingehalten wird. Wegen der engen Nachbarschaft von Träger und Seitenschwingungen ist ein Frequenzfehler kaum zu befürchten. Phasenfehler können im Empfänger auftreten, wenn die **Gruppenlaufzeit** innerhalb der Übertragungsbandbreite nicht konstant ist. Amplitudenfehler

49

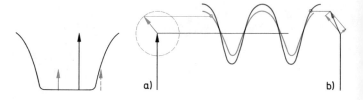

Bild 2.18
Übertragungsstörung
a) ganze, b) teilweise
Seitenschwingungsunter-
drückung

a)   b)

treten dann auf, wenn der Empfänger nicht auf die Sendefrequenz exakt abgestimmt ist (Bild 2.18). In diesem Fall wird ein Seitenband teilweise oder ganz abgeschnitten. Die niederfrequente Schwin-

gungsform wird dadurch mehr oder weniger verzerrt. Dies äußert sich durch höheren Klirrfaktor. Auch den bereits beschriebenen Trägerschwund kann man zu Amplitudenstörungen zählen.

2.9 Modulation und Mischung

Modulation und Mischung sind verwandte Vorgänge. In beiden Fällen werden an Bauelementen mit nichtlinearen Eigenschaften aus Schwingungen verschiedener Frequenzen neue Schwingungen mit anderen Frequenzen erzeugt.

Bei der **Modulation** wird das gewöhnlich niederfrequente Nachrichtensignal zum Zweck geeigneter Übertragung auf eine hochfrequente Trägerschwingung moduliert. Der hierzu erforderliche Baustein wird als Modulator bezeichnet. Die modulierte hochfrequente Schwingung enthält die Parameter des Nachrichtensignals in Form hochfrequenter, zur Trägerfrequenz eng benachbarter Seitenschwingungen bzw. Seitenbänder, die je nach Modulationsverfahren in bestimmter Weise übertragen und im Empfänger durch Demodulation wieder zum niederfrequenten Nachrichtensignal zurückgewandelt werden.

Bei der **Mischung** wird eine, meist modulierte, Hochfrequenzschwingung mit einer geeignet gewählten zweiten Hochfrequenzschwingung in einem sogenannten „Mischer" zwecks besserer Weiterverarbeitung in eine andere Frequenzlage versetzt. Im Mischer entstehen nämlich neue Teilschwingungen, die sich bequem trennen lassen, da ihre Frequenzen einen großen Abstand zueinander haben, und zwar resultiert die eine aus der Summe, die andere aus der Differenz der Frequenzen der ursprünglichen beiden Hochfrequenzschwingungen. Die Modulation wird im Mischer auf die Teilschwingungen übertragen. Eine der beiden Teilschwingungen, meist die mit der Differenzfrequenz, wird als sog. Zwischen-

frequenz mit einem Frequenzfilter herausgesiebt und samt dem Modulationsinhalt in einer günstigeren Frequenzlage weiterverarbeitet.

Da die zu „mischenden" Signale vor dem Mischen einander überlagert werden, spricht man bei Empfängern, die dieses Prinzip anwenden, von **Überlagerungsempfängern**. Bild 2.19 zeigt einen solchen für den Empfang von amplitudenmodulierten Sendern. Herzstück des Überlagerungsempfängers sind der Mischer und der abstimmbare Oszillator, der den Mischer mit der Oszillatorfrequenz f_{Osz} speist (Bild Mitte). Die verstärkten und je nach Programm unterschiedlich modulierten Empfangssignale E1, E2, E3 usw. erscheinen am Ausgang des Mischers um die Differenzfrequenz zwischen Oszillatorfrequenz und Empfangsfrequenz versetzt und können erst dann durch das fest auf die **Zwischenfrequenz** abgestimmte Zwischenfrequenzfilter gelangen, wenn die Oszillatorfrequenz genügend groß ist. Wie man sieht, wird mit zunehmender Erhöhung der Oszillatorfrequenz erst E1, dann E2, dann E3 usw. den Durchlaßbereich des Filters erreichen. Je nach gewünschter Empfangsfrequenz f_E wird man daher f_{Osz} so einstellen, daß die Bedingung $f_{Zf} = f_{Osz} - f_E$ erfüllt ist. Die ebenfalls am Mischerausgang auftretenden Summenfrequenzen werden vom Zf-Filter gesperrt.

Der **Überlagerungsempfänger** hat mehrere **Vorteile**: Die Gesamtverstärkung wird aufgeteilt. Die Hauptverstärkung wird nicht in der Hochfrequenzlage, sondern in der leichter beherrschbaren niedrigeren Zwischenfrequenzlage er-

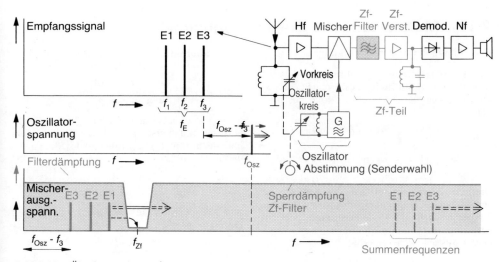

Bild 2.19   Überlagerungsempfang

zeugt. Der Zf-Verstärker ist im Prinzip ein schmalbandiger Verstärker; daher kann die Schwingneigung besser unterbunden werden (hierzu auch der Schwingkreis am Zf-Verstärkerausgang!). Die Trennschärfe kann optimal ausgelegt werden, denn das Zwischenfrequenzfilter ist als fest eingestelltes Filter besser technologisch beherrschbar als ein abstimmbares Filter. Die Sendersuche geschieht ja durch Abstimmen des Oszillatorschwingkreises und ist daher nahezu problemlos, wenn man davon absieht, daß der Oszillatorschwingkreis im Gleichlauf mit dem Vorkreis sein muß. Der Vorkreis (Bild 2.19 links vom Hf-Verstärker) hat nicht wie beim Detektorempfänger oder beim Geradeausempfänger die Aufgabe der Selektion des gewünschten Senders, sondern dient nur zur Unterdrükkung der sogenannten Spiegelfrequenz.

Die Spiegelfrequenz ist ein **Nachteil**, den man sich leider durch das Überlagerungsprinzip einhandelt. Sie ist nämlich eine ganz bestimmte zweite Empfangsfrequenz, die das Zwischenfrequenzfilter nicht unterdrücken kann. Sie fällt zusammen mit dem gewünschten Empfangssignal voll in den Zf-Durchlaßbereich. Die Frequenz kann man leicht errechnen; sie liegt nämlich um die Oszillatorfrequenz herum spiegelbildlich zur gewünschten Empfangsfrequenz: $f_{sp} = f_E + 2 \cdot f_{Zf} = f_{Osz} + f_{Zf}$ und $f_E = f_{Osz} - f_{Zf}$. Die **Spiegelfrequenz** ist also kein fester Wert, sondern sie läuft parallel mit der Oszillatorfrequenz. **Beispiel:** Der gewünschte Sender habe die Frequenz 756 kHz (Deutschlandfunk), Durchlaßbe-

reich des Zwischenfrequenzfilters sei 460 kHz. Damit der gewünschte Sender durch das Zwischenfrequenzfilter gelangen kann, muß der Oszillator auf 1216 kHz (= 756 kHz + 460 kHz) eingestellt werden. Enthält das von der Antenne kommende Gesamtsignal zufällig bei 1676 kHz noch einen Sender, so würde dieser den empfangenen Deutschlandfunk total stören, denn er bildet ja mit der Oszillatorfrequenz ebenfalls die Differenz $f = 1676$ kHz $-$ 1216 kHz $= 460$ kHz. Die Spiegelfrequenz ist in diesem Fall also 1676 kHz. Sie muß unterdrückt werden. Das ist Aufgabe des Vorkreises. Bei UKW ist die Zf auf 10,7 MHz, bei Lang-, Mittel- und Kurzwelle auf 460 kHz bis 472 kHz festgelegt. Bei kommerziellen Geräten, wie z.B. Richtfunkgeräten, kann sie bei 70 MHz liegen.

Man unterscheidet additive und multiplikative Mischung. Mit **additiver Mischung** bezeichnet man den Fall, daß die beiden zu mischenden Schwingungen zuerst addiert (überlagert!) werden, um dann gemeinsam auf die nichtlineare Kennlinie gegeben zu werden. Bei der **multiplikativen Mischung** werden beide Schwingungen getrennt an verschiedene Elektroden eines mehrpoligen nichtlinearen Bauelements (z.B. Mehrgitterröhre oder Dual-Gate-Feldeffekttransistor) gelegt und beeinflussen nun den durchfließenden Strom „multiplikativ".

Da bei der Mischung eigentlich nur **eine** Frequenz in eine **andere** Frequenzlage umgesetzt wird, bezeichnet man diesen Vorgang auch als **Umsetzung**.

51

2.10 Mathematische Zusammenhänge

Berechnung der Seitenschwingungen

Bei der sinusförmigen **Amplituden**modulation wird die Träger**amplitude** sinusförmig beeinflußt. Dies läßt sich mathematisch wie folgt beschreiben:

$$u = (\hat{u}_T + \Delta\hat{u}_T \cos \omega_M t) \cos \omega_T t \text{ bzw.}$$

$$u = \hat{u}_T \left(1 + \frac{\Delta\hat{u}_T}{\hat{u}_T} \cos \omega_M t\right) \cos \omega_T t$$

Hierin ist $\Delta\hat{u}_T/\hat{u}_T$ die relative Abweichung vom unmodulierten Träger und wird, wie in Abschn. 2.3 beschrieben als Modulationsgrad bezeichnet.
Durch Ausmultiplizieren erhält man

$$\left(\text{mit } m = \frac{\Delta\hat{u}_T}{\hat{u}_T}\right)$$

$$u = \hat{u}_T \cos \omega_T t + \hat{u}_T \cdot m \cos \omega_T t \cos \omega_M t$$

Das Additionstheorem (Abschn. 1.12) lautet für

$$\cos \alpha \cos \beta = \frac{1}{2} \cos (\alpha + \beta) + \frac{1}{2} \cos (\alpha - \beta)$$

Also ist

$$u = \hat{u}_T \cos \omega_T t + \frac{1}{2} \cdot \hat{u}_T \cdot m \cos (\omega_T t + \omega_M t)$$

$$+ \frac{1}{2} \cdot \hat{u}_T \cdot m \cos (\omega_T t - \omega_M t)$$

Es stellen sich die drei in der AM enthaltenen Schwingungen wie folgt dar:
Träger: $\hat{u}_T \cos \omega_T t$
obere Seitenschwingung:

$$\frac{1}{2} \cdot m \cdot \hat{u}_T \cos (\omega_T t + \omega_M t)$$

untere Seitenschwingung:

$$\frac{1}{2} \cdot m \cdot \hat{u}_T \cos (\omega_T t - \omega_M t)$$

Man entnimmt hieraus, daß die AM außer dem (konstanten) Träger noch zwei Seitenschwingungen oberhalb und unterhalb des Trägers hat und daß die Amplituden der Seitenschwingungen nur die **Hälfte** der Hf-Amplituden**änderung** $m \hat{u}_T$ betragen.
Beispiel: $m = 100\%$. Eine Seitenschwingung nur 50% von $\hat{u}_T$.
$m = 80\%$. Eine Seitenschwingung nur 40% von $\hat{u}_T$.

Modulationsgrad: Anhand von Bild 2.3 soll beim Modulationsgrad m der Zusammenhang

$$\frac{A - B}{A + B} = \frac{\Delta\hat{u}_T}{\hat{u}_T}$$

gezeigt werden (s. auch Abschn. 2.3). Es ist leicht einzusehen, daß erstens die blaue Strecke im Bild links der arithmetische Mittelwert der Strecken A und B ist, nämlich

$$\frac{A + B}{2},$$

und daß zweitens die rote Strecke der halben Differenz, nämlich

$$\frac{A - B}{2},$$

entspricht. Da im linken und im rechten Bild die roten als auch die blauen Strecken einander entsprechen, folgt daraus (nach Kürzen mit 2) unmittelbar der obige Zusammenhang:

$$\frac{(A - B)/2}{(A + B)/2} = \frac{\Delta\hat{u}_T}{\hat{u}_T} = m$$

Seitenbandleistung: Das Verhältnis der Seitenbandleistung P_{SB} **eines** Seitenbandes zur Gesamtleistung P an einem Widerstand R ist

$$\frac{P_{SB}}{P} = \frac{\left(\frac{\Delta\hat{u}_T}{2}\right)^2 \Big/ (2 \cdot R)}{\left[\hat{u}_T^2 + \left(\frac{\Delta\hat{u}_T}{2}\right)^2 + \left(\frac{\Delta\hat{u}_T}{2}\right)^2\right] \Big/ (2 \cdot R)}$$

Wird nach Umformen und Kürzen für

$$\left(\frac{\Delta\hat{u}_T}{\hat{u}_T}\right)^2 = m^2$$

gesetzt, so ergibt sich

$$\frac{P_{SB}}{P} = \frac{\left(\frac{m}{2}\right)^2}{1 + 2\left(\frac{m}{2}\right)^2}$$

Beispiel: Bei 100% Modulationsgrad, $m = 1$, ergibt sich

$$P_{SB} = \frac{1}{6} \cdot P$$

(für den maximal möglichen Modulationsgrad eine recht geringe Seitenbandleistung!).

2.11 Fragen und Aufgaben

1. Was versteht man unter einem Frequenzband?

2. Prinzip der Amplitudenmodulation?

3. Welche Bedeutung hat der Parallelkondensator nach der Modulatordiode?

4. Welche besonderen Merkmale hat das Liniendiagramm einer AM-Schwingung?

5. Welcher Zusammenhang besteht zwischen Lautstärke und Modulationsgrad?

6. Der Modulationsgrad bei Bild 2.5 ist zu berechnen!

7. Auf welche zwei Arten kann der Modulationsgrad aus dem Schirmbild ermittelt werden?

8. Das Schirmbild (Hüllkurve) für einen Modulationsgrad von 30% ist zu zeichnen!

9. Welche Bedingungen müssen erfüllt sein, daß drei sinusförmige Schwingungen durch Überlagerung das Bild einer sinusförmigen AM ergeben?

10. Welcher Modulationsgrad ergibt sich, wenn die Amplituden der Seitenschwingungen je 50% (40%, 30%) der Trägeramplitude betragen?

11. Bei einer AM ist $m = 40\%$. Die Seitenschwingungen haben eine Amplitude von je 300 mV. Die Trägeramplitude ist zu berechnen!

12. Die Trägeramplitude ist 10 V. Der Modulationsgrad ist 30%. Amplituden der Seitenschwingungen?

13. Die Modulationsfrequenz ist 800 Hz. Die untere Seitenschwingung liegt bei 1,0002 MHz. Welche Frequenz haben Träger und obere Seitenschwingung?

14. Bei einer AM ($m = 50\%$) mißt man mit dem selektiven Pegelmesser an 60 Ohm die Spannung **einer** Seitenschwingung $U_{eff} = 3$ V. Wie groß ist die Trägerleistung?

15. Ein Frequenzband von 300 Hz···3,4 kHz wird mit einem Träger von 12 kHz AM-moduliert. Welche Frequenzen entstehen a) aus der tiefen, b) aus der hohen Frequenz des natürlichen Bandes, und c) wie sind damit die Begriffe „Regellage" und „Kehrlage" zu erklären?

16. Wie verhält sich der Zeiger einer AM-Schwingung?

17. Warum wird bei AM-Übertragung Bandbreite benötigt?

18. Wie wirkt sich die Bedämpfung der Seitenschwingungen auf den Modulationsgrad aus (der Träger möge dabei konstant bleiben)?

19. Wie groß muß die Bandbreite bei AM-Übertragung mindestens sein bei $f_{M\,max} = 4{,}5$ kHz?

20. Welche Bedingungen müssen erfüllt sein, wenn eine AM unverfälscht übertragen werden soll?

21. Ein Sprachband von 100 Hz···4,5 kHz ist auf einen Träger von 460 kHz moduliert und soll im Empfänger nach Hüllkurvengleichrichtung in einem Nf-Verstärker mit 1 kΩ Eingangswiderstand verstärkt werden. Nach welchen Gesichtspunkten ist der Ladekondensator nach dem Gleichrichter zu wählen (Größenordnung)?

22. Auf welchen Modulationsgrad erhöht sich eine 50%-modulierte Schwingung, wenn der Träger durch die Wirkung des selektiven Schwunds auf die Hälfte reduziert wird, und in welcher Weise wird bei noch weiterer Trägerreduzierung die Hüllkurve der AM verzerrt?

23. Wieviel Prozent der Gesamtleistung einer AM-Schwingung beträgt die Leistung eines Seitenbandes bei $m = 80\%$ (60%, 40%).

24. Mit Hilfe des Additionstheorems für $\cos \alpha \cdot \cos \beta$ soll nachgewiesen werden, daß bei der Multiplikation zweier verschiedenfrequenter Schwingungen

$$(\alpha = 2\,\pi f_1\,t \text{ und } \beta = 2\,\pi f_2\,t)$$

Summen- und Differenzfrequenz entsteht.

25. Welche Frequenzen entstehen in einem Überlagerungsempfänger im Mischer, wenn der Empfangsoszillator auf 1100 kHz schwingt und die Empfangsfrequenz 640 kHz beträgt?

26. Welche Frequenzen können bei einem Überlagerungsempfänger empfangen werden, wenn der Empfangsoszillator auf 1500 kHz schwingt und die Zwischenfrequenz 460 kHz sein soll?

27. Bis zu welchem Modulationsgrad darf ein Träger von $\hat{u} = 4$ V moduliert werden, wenn die Aussteuerungsgrenze von 5 V des Verstärkers nicht überschritten werden soll?

Literatur: [1, 3, 5, 7, 8, 58].

3 Zweiseitenbandmodulation mit unterdrücktem Träger (ZM)*

3.1 Bedeutung des Trägers

Bei der AM werden alle drei Spektralfrequenzen übertragen, obwohl die Information nur in den beiden Seitenbändern, nicht aber im Träger steckt. Genau gesagt liegt die Information im Frequenz**abstand** der Seitenschwingung zum Träger und in ihrer Amplitude. Der Träger hat konstante Frequenz und Amplitude. Dies aber bedeutet: **keinen** Informationsgehalt. Der Träger dient lediglich dazu, am Demodulator im Empfänger durch Modulation an der Gleichrichterdiode die Differenzfrequenzen mit den beiden Seitenschwingungen zu bilden, nämlich die Informationsfrequenz f_M.

Nachteilig ist erstens, daß die **Trägeramplitude** bei der **Aussteuerung** sowohl der sende- als auch der empfangsseitigen Verstärker wesentlich beteiligt ist, zweitens, daß der größte Teil der Sendeleistung im Träger steckt, und drittens die Empfindlichkeit auf selektiven Trägerschwund.

Aufgabe: Berechne Seitenband- und Gesamtleistung einer AM, wenn der Träger 10 V an 50 Ω beträgt ($m = 100\%$).

Lösung: Seitenbandamplitude **eines** Seitenbandes

$$U_{SB} = \frac{m}{2} \cdot U_T = \frac{1}{2} \cdot 10 \text{ V} = 5 \text{ V};$$

$$P_{SB} = (5^2/50) \text{ W} = 0,5 \text{ W};$$

$$P_T = (10^2/50) \text{ W} = 2 \text{ W};$$

$$P_{ges} = (2 + 0,5 + 0,5) \text{ W} = 3 \text{ W}; \quad P_T/P_{ges} = {}^2/_3$$

Selbst bei einem Modulationsgrad von 100% müssen also immerhin 66% der Gesamtleistung des AM-Signals als Trägerleistung ausgesandt werden. Bei sendeseitiger Unterdrückung des Trägers könnte diese Leistung zur Erzielung größerer Reichweite nutzbringender als zusätzliche Seitenbandleistung ausgestrahlt werden. Die Aussteuerung der Verstärker im Empfänger und somit der Klirrfaktor könnten geringer gehalten werden, wenn der Träger nicht vorhanden wäre. Aus diesen Gründen ist es sinnvoll, den

---

* engl.: SCAM (**S**uppressed **C**arrier **AM**).

Träger bereits *sendeseitig* durch geeignete Maßnahmen ganz oder wenigstens teilweise zu **unterdrücken**. Er muß dann allerdings durch einen z.B. quarzgesteuerten Generator frequenz- **und** phasenrichtig im Empfänger künstlich wiederhergestellt werden, da er bei der Demodulation gebraucht wird. Ist der Träger sendeseitig nur **teilweise** unterdrückt, so kann er empfangsseitig durch Ausfiltern aus dem Spektrum des Empfangssignals und nachfolgende Verstärkung wiederhergestellt werden. Die Zweiseitenmodulation mit unterdrücktem Träger soll hier mit ZM abgekürzt werden (angelsächs. Lit.: SCAM oder DSB = double side band). Man spricht auch von **Frequenzumsetzung**.

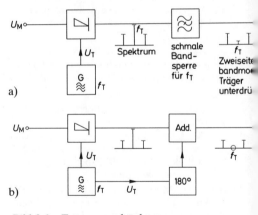

a)

b)

Bild 3.1   Trägerunterdrückung
a) mit Bandsperre
b) durch gegenphasige Trägeraddition

Als **Maßnahme zur Unterdrückung des Trägers** ist denkbar, den Träger durch ein **Filter** herauszusieben (Bild 3.1a). Das würde allerdings ein Filter erfordern, das bei der Trägerfrequenz sperrt, die unmittelbar benachbarten Frequenzen, die ja die Information tragen, jedoch nicht behindert. Es wäre also eine sehr schmale Band-

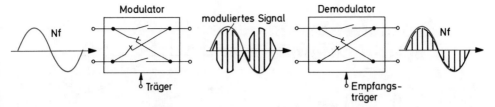

Bild 3.2   Prinzip der Übertragung eines Signals mit unterdrücktem Träger

sperre zu bauen, die nur bei einer Frequenz, nämlich der Trägerfrequenz, sehr hohe Dämpfung hätte. Dies würde großen Aufwand erfordern und ist daher für die Praxis nicht von Bedeutung.

Eine andere Möglichkeit wäre, den Träger im AM-Spektrum dadurch unschädlich zu machen, daß man die **Trägerspannung 180° phasenverschoben** der AM zusetzte. Bei Amplitudengleichheit der beiden Trägerspannungen löschen sie sich aus, und es bleiben nur noch die Seitenschwingungen übrig (Bild 3.1b).

Für die Praxis von Bedeutung sind jedoch der im folgenden beschriebene **Gegentaktmodulator**

und mehr noch der **Ringmodulator** und schließlich der **Produktmodulator mit Differenzverstärkern** in integrierter Technik.

Das Prinzip eines solchen Modulators und Demodulators zeigt Bild 3.2: Das Nf-Signal wird im Modulator im Rhythmus des Hf-Trägers mittels (elektronischer) Schalter durch abwechselndes Schließen der Querzweige und der Längszweige umgepolt. Im Demodulator wird die Umpolung durch synchron arbeitende Schalter wieder rückgängig gemacht. Man erkennt hier auch ein Hauptproblem beim Empfänger, nämlich die Gewinnung einer zum Sendeträger gleichphasigen Schaltspannung.

3.2   Gegentaktmodulator

Versuch: Baue einen einfachen Gegentaktmodulator gemäß Bild 3.3 auf. Die Trägerfrequenz f_T soll etwa 5 bis 10mal größer als die Signalfrequenz f_M sein. Die Trägerspannung U_T soll wesentlich größer sein als die Signalspannung U_M. (Der von U_T herrührende Strom muß die Dioden periodisch genügend weit in den Durchlaßbereich steuern!) Die Schleifer der linearen Potentiometer müssen auf Mitte stehen.

Oszillografiere die Ausgangsspannung u

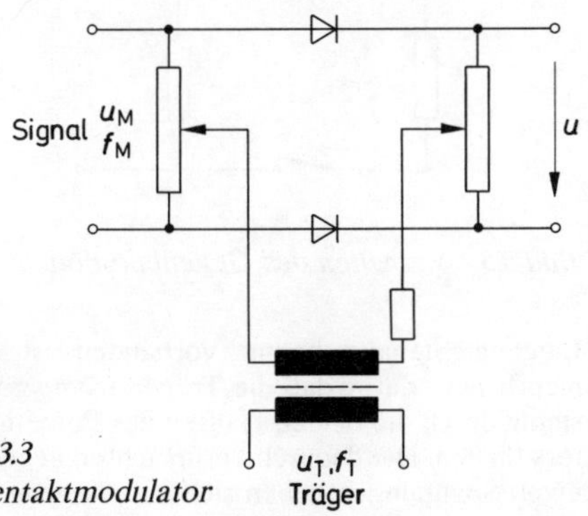

a) ohne Träger, b) ohne Signal, c) mit Träger und Signal! (Achtung: Skop und Signal erdsymmetrisch!)

Beobachtung: a) ohne Träger keine Ausgangsspannung (vorausgesetzt, daß die Signalamplitude nicht zu groß ist!), b) ohne Signal keine Ausgangsspannung (ist dennoch Ausgangsspannung — Trägerrest — vorhanden, dann Potentiometerschleifer exakt auf Trägerrestminimum nachstellen), c) mit Träger und Signal Ausgangsspannung gemäß Bild 3.4 (ist der Träger zu klein, so sind die Schaltflanken nicht so stark ausgeprägt, gestrichelt im Bild).

Erklärung: Während der positiven Trägerhalbschwingung sind beide Dioden in Durchlaßrichtung geschaltet (Ersatzbild: geschlossener Schalter, Bild 3.5). Die niederfrequente Signalspannung kann während dieser kurzen Zeit vom Eingang zum Ausgang gelangen. Während der negativen Trägerhalbschwingung sind beide Dioden gesperrt (Ersatzbild: offener Schalter). Die niederfrequente Signalspannung wird während dieser Zeit nicht durchgelassen. Im Endeffekt ergibt sich eine „zerhackte" Spannung am Ausgang des Modulators.

Bild 3.3
Gegentaktmodulator

Signal u_M f_M u

Träger u_T, f_T

55

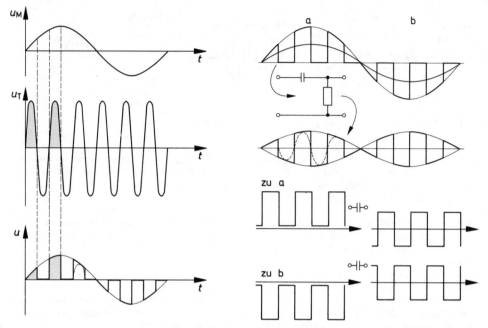

Bild 3.4   Spannungen am Gegentaktmodulator

Bild 3.6   Unterdrückung der Niederfrequenz

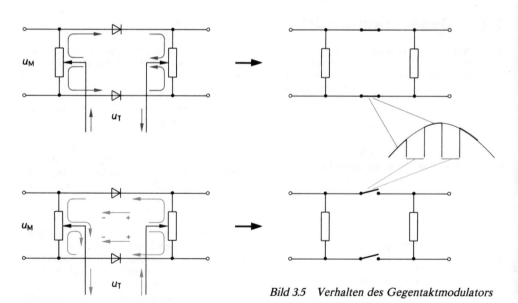

Bild 3.5   Verhalten des Gegentaktmodulators

Daß bei fehlendem Träger keine Ausgangsspannung vorhanden ist, liegt daran, daß die Dioden ohne Vorspannung praktisch sperren. Die Ursache dafür, daß der Träger am Ausgang nicht auftritt (und zwar unabhängig davon, ob am Eingang Signalspannung vorhanden ist oder nicht!), liegt darin, daß die Trägerströme gegensinnig durch die beiden Hälften des Potentiometers fließen. Die dadurch verursachten gegensinnigen Spannungen heben sich am Ausgang auf.

Der Träger wird infolge symmetrischer Einspeisung unterdrückt.

Spektrum des Modulationsprodukts: Das Spektrum enthält, wie gesagt und wie auch leicht mittels eines selektiven Pegelmessers nachzuweisen ist, die Trägerfrequenz nicht mehr. Dagegen enthält es noch die Niederfrequenz f_M: Mittelwert der positiven bzw. negativen Träger„impulse", in Bild 3.6 rot.

Nachteil des Gegentaktmodulators ist, daß das Modulationsprodukt noch die Modulationsfrequenz enthält.

Durch Nachschalten eines Hochpasses, dessen Grenzfrequenz zwischen f_M und f_T liegt, läßt sich f_M sperren (Bild 3.6). Am Ausgang des Hochpasses bleibt ein Kurvenzug übrig, dessen Einhüllende charakteristisch für eine Schwebung ist. Tatsächlich enthält er im wesentlichen nur noch

zwei Frequenzen, wie das auch bei einer Schwebung der Fall ist, nämlich $f_T + f_M$ und $f_T - f_M$ (gestrichelt in Bild 3.6).

Das Modulationsprodukt enthält Summen- und Differenzfrequenz.

In den Schaltflanken befinden sich noch Frequenzen bei $3f_T \pm f_M$, $5f_T \pm f_M$ usw., die jedoch unbedeutend sind und durch die Tiefpaßwirkung nachfolgender Stufen (Schaltkapazitäten, Übertragerinduktivitäten) ausgesiebt werden.
In der **Praxis** werden anstelle der Potentiometer entweder Drosseln oder, wegen der Potentialtrennung, **Übertrager mit Mittelanzapfung** verwendet. Ein Nachteil des Gegentaktmodulators ist, daß im Modulationsprodukt immer noch die NF erscheint. Diesen Nachteil haben Ringmodulatoren nicht. Ihr Merkmal ist, daß bei alleiniger Einspeisung der Informationsspannung bzw. der Trägerspannung keine von beiden am Ausgang erscheint.

3.3   Ringmodulator

Ringmodulator mit Dioden
Durch Hinzufügen zweier zusätzlicher Dioden zum Gegentaktmodulator (s. S. 55) entsteht der Ringmodulator. Der Name kommt daher, daß die vier Dioden einen in sich geschlossenen Ring bilden (Bild 3.7).
Versuch: Am einfachen Ringmodulator nach Bild 3.8 soll die Ausgangsspannung U oszillografiert werden a) ohne Träger, b) ohne Signal, c) mit Träger und Signal. (Achtung: Schleifer der Potentiometer in Mittelstellung, $U_T \gg U_M$.)

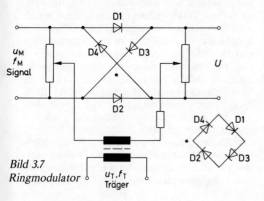

Bild 3.7
Ringmodulator

Beobachtung: Ohne Träger oder **ohne** Signal ergibt sich am Ausgang keine Spannung (sollte dennoch ein Trägerrest am Ausgang festzustellen sein, so muß das Ausgangspotentiometer auf Trägerrestminimum nachgestellt werden). **Mit** Träger und Signal ergibt sich am Ausgang ein Oszillogramm entsprechend Bild 3.8 rechts. (Je größer U_T ist, um so steiler sind die Impulsflanken.)
Erklärung: Anhand von Bild 3.8 soll das Verhalten des Ringmodulators erklärt werden. Während der **positiven**Trägerhalbschwingungen (im Bild rot gezeichnet) wird die Signalspannung direkt vom Eingang zum Ausgang durchgeschaltet, da die beiden waagerecht gezeichneten Dioden D_1 und D_2 durchgeschaltet sind (im Bild als geschlossene Schalter gezeichnet). D_3 und D_4 sind in dieser Zeit gesperrt. Während der **negativen** Trägerhalbschwingungen sind D_3 und D_4 durchgeschaltet, D_1 und D_2 gesperrt. Die Signalspannung wird (anders als beim Gegentaktmodulator) ebenfalls vom Eingang zum Ausgang durchgeschaltet, jedoch „übers Kreuz", d.h. mit umgekehrter Polarität (blau eingezeichnet). Daß der Träger am Ausgang nicht mehr erscheint (und zwar wie beim Gegentaktmodulator unabhängig davon, ob Ein-

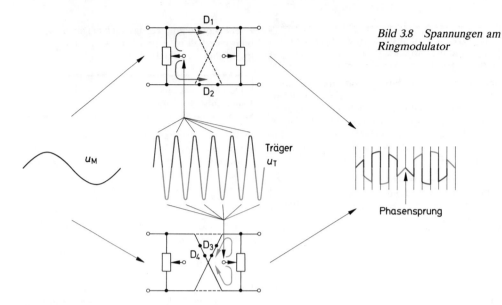

Träger u_T

u_M

Phasensprung

gangssignal vorhanden ist oder nicht), liegt daran, daß der Trägerstrom am Ausgang entgegengesetzte und gleich große Spannungsabfälle erzeugt, die sich aufheben. Es scheint zwar, als ob der Träger im Liniendiagramm vorhanden sei. Tatsächlich ist er aber nicht meßbar. Man denke sich einen nachgeschalteten, auf f_T abgestimmten Reihenschwingkreis zur Trägermessung angeschlossen. Dieser würde zwar zunächst durch die positiven (roten) Impulse immer in einer Richtung zum Schwingen angeregt. Nach dem Phasensprung gehen jedoch die rotgezeichneten Impulse in die negative Richtung und möchten den Schwingkreis in entgegengesetzter Richtung anstoßen. Die Folge ist, daß er auf dieser Frequenz überhaupt nicht schwingen will. Übers Ganze gesehen ist also f_T nicht enthalten!
Im **Spektrum am Ausgang des Ringmodulators** befinden sich praktisch nur noch Summen- und Differenzfrequenz aus Träger- und Modulationsfrequenz. Dies läßt sich aus dem Oszillogramm der Ausgangsspannung (Bild 3.9a und b) leicht schließen, denn die Hüllkurve entspricht der einer Schwebung. Also können im wesentlichen nur zwei eng benachbarte Frequenzen (es sind dies $f_T + f_M$ und $f_T - f_M$) enthalten sein.

> Das Modulationsprodukt beim Ringmodulator enthält nur noch Summen- und Differenzfrequenz, dagegen sind sowohl Träger als auch Modulationsfrequenz unterdrückt.

Werden die Dioden durch den Trägerstrom genügend durchgesteuert, ist das Ausgangssignal nahezu unabhängig von der Schaltspannung.

> Das Ausgangssignal ist nahezu unabhängig von der Trägeramplitude.

Es ist wegen der Schalterwirkung der Dioden gleichgültig, ob die Trägerfrequenz Sinus- oder Rechteckform hat: In beiden Fällen entstehen Schaltflanken (Bild 3.9a). In den Schaltflanken befindet sich noch $3 f_T \pm f_M$, $5 f_T \pm f_M$ usw. Diese mit geringerer Amplitude vorkommenden Harmonischen werden nicht benötigt; infolge der Grenzfrequenzen (Schaltkapazitäten!) der nachfolgenden Stufen werden diese hohen Frequenzen gewöhnlich unschädlich gemacht. Bei nicht zu hoher Trägerspannung treten sie ohnehin nicht so stark in Erscheinung (Bild 3.9b).
Sobald jedoch der Trägerstrom kleiner als der von der Modulationsspannung hervorgerufene Diodenstrom wird, übernimmt dieser die Steuerung der Dioden (Bild 3.9c). Im Bild 3.9 ist die Modulationsspannung blau eingezeichnet. Bei a bis c ist sie sinusförmig, bei d sägezahnähnlich. Bild 3.9d gilt für die Modulation mit genügend großer Trägerspannung.
Der Ringmodulator kann auch zur **Wechselrichtung von Gleichspannungen** angewendet werden, z.B. in der Meßtechnik zur Umwandlung von **Brückengleichspannungen** oder in der **Fern-**

meßtechnik zwecks geeigneter Wechselspannungsverstärkung bzw. Trägerfrequenzübertragung der Gleichspannungsmeßwerte. Auch die Aufbereitung der Farbdifferenzsignale beim **Farbfernsehen** kann man zeitweise so auffassen, nämlich dann, wenn das Farbsignal über längere Zeit konstant bleibt oder wenigstens als nur langsam sich ändernde Gleichspannung anzusehen ist („blauer Himmel", „grüne Wiese", bei konstanter Helligkeit). Das Farbdifferenzsignal U_{B-Y} bzw. U_{R-Y} ist dann praktisch eine Gleichspannung, die mit dem Farbhilfsträger von rund 4,43 MHz wechselgerichtet wird (s. auch Abschn. 11.1).

Nicht für die Verarbeitung von Gleichspannung eignet sich der Ringmodulator gemäß Bild 3.10, da er einen Eingangsübertrager hat. Wegen der hier möglichen Potentialtrennung zwischen Nf-Eingang und Hf-Ausgang wird er bevorzugt in der Nachrichtenübertragungstechnik angewandt. Er hat zwischen Eingang und Ausgang je einen **Übertrager mit einer Wicklung mit Mittelanzapfung.** An den Mittelanzapfungen wird der Träger eingespeist. Der Träger wird um so besser unterdrückt, je symmetrischer die beiden Teilwicklungen aufgebaut sind (z.B. spiegelbildliches Wickeln beider Teilwicklungen in zwei Kammern). Auch unsymmetrische Wickelkapazitäten mindern die Trägerunterdrückung. Eine Abgleichmöglichkeit bietet bei der Schaltung Bild 3.10 der Schleifer des Potentiometers.

Das **Übertragungsverhalten** des Ringmodulators nach Bild 3.10 ist verhältnismäßig einfach zu überblicken, wenn der Modulator mit einem ohmschen Widerstand abgeschlossen ist und wenn man annimmt, daß der Durchlaßwiderstand der Dioden $R_d = 0$, der Sperrwiderstand $R_s = \infty$ ist. Ist der Widerstand der Symmetrierpotentiometer und der Wicklungswiderstand der Übertrager klein im Vergleich zum Lastwiderstand R_L, so ist bei einem Übersetzungsverhältnis 1 : 1 der Übertrager der **Effektivwert** der Eingangsspannung und der der Ausgangsspannung gleich, obwohl

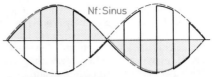

a) große Trägeramplitude

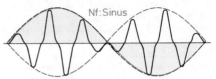

b) geringere Trägeramplitude

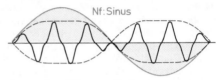

c) zu geringe Trägeramplitude

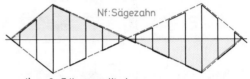

d) große Trägeramplitude

Bild 3.9   Ausgangssignale beim Ringmodulator (Signal: schwarz, Hüllkurve: rot)

am Ausgang infolge des „Zerhackens" durch den Träger eine ganz andere Kurvenform, bestehend aus ganz anderen Frequenzen, wie am Eingang vorhanden ist. Gleicher Effektivwert am Eingang bedeutet aber, daß der Modulator am Eingang den gleichen Widerstand R_L zeigt, mit dem er auch abgeschlossen ist.

Bild 3.10   Beispiel eines Ringmodulators mit Übertragern

$$\ddot{u} = 1:4 \qquad R_d \approx 10\,\Omega \qquad \ddot{u} = 4:1$$

$R_{pot} = 50\,\Omega$ $R_{pot} = 50\,\Omega$ $R_L = 60\,\Omega$

R_E

$U_M = 10\,mV$
$f_M = 800\,Hz$

$R_V = 270\,\Omega$

$U_T = 5\,V$
$f_T = 100\,kHz$

Soll der Durchlaßwiderstand der Dioden R_d und der Widerstand der Symmetrierpotentiometer R_{Pot} nicht vernachlässigt werden, so kann man den Fehler klein halten, wenn man den Lastwiderstand R_L durch das Übersetzungsverhältnis $ü$ des Ausgangsübertragers so hoch transformiert, daß R_d, R_{Pot} und sonstige Widerstände vernachlässigbar klein werden gegenüber $ü^2 \cdot R_L$. Durch das entsprechend entgegengesetzte Übersetzungsverhältnis $1:ü$ des Eingangsübertragers wird der Widerstand wieder heruntertransformiert.

Träger und Modulationsspannung können auch vertauscht werden. Dann arbeitet der Ringmodulator gemäß Bild 3.11: Bei positiver Trägerphase sind die Dioden D1 und D3, bei negativer D2 und D4 leitend. Die gesperrten Zweige sind jeweils unwirksam, daher gestrichelt gezeichnet. Bei positiver Trägerschwingung gelangt daher der von der Modulationsspannung herrührende Strom (rot) über die beiden Wicklungshälften zum oberen, bei negativer Trägerschwingung zum unteren Ende des Ausgangsübertragers. Folge: Umpolung („Zerhacken") der Modulationsspannung. Ausgangssignale wie in Bild 3.9.

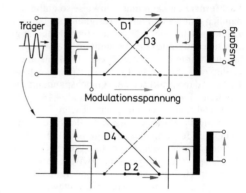

Bild 3.11 Betrieb des Ringmodulators bei vertauschten Eingängen

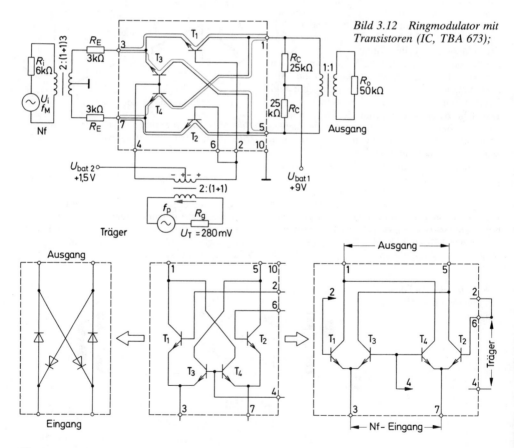

Bild 3.12 Ringmodulator mit Transistoren (IC, TBA 673);

Ringmodulator mit Transistoren

Bild 3.12 oben zeigt einen Ringmodulator in intergrierter Technik (VALVO, Integrierte Schaltungen, TBA 673) mit äußerer Beschaltung. Anstelle der Dioden sind Transistoren. Über Mittelanzapfungen der Übertrager erhält jeder der vier Transistoren einen mittleren Arbeitspunkt. Die Trägerwechselspannung wird der Basisvorspannung überlagert. Bei der eingezeichneten Polarität macht der Träger T1 und T2 stärker, T3 und T4 schwächer leitend. Das Nf-Signal gelangt daher im wesentlichen in Längsrichtung (roter Weg) über T1 und T2 auf den Ausgang. Wechselt die Trägerpolarität, so werden die entgegengesetzten Transistoren stärker leitend (T3, T4), und der Nf-Signalfluß muß, wie bekannt, „übers Kreuz" (blauer Weg, über T3 und T4) zum Ausgang.

Zeichnet man das „Innenleben" der integrierten Schaltung (Bild 3.12 unten, Mitte) um, so erhält man die äquivalente Schaltung rechts unten. Aus dieser ist leicht ersichtlich, daß es sich bei diesem Modulator praktisch nur um zwei Differenzverstärker handelt, die mit entgegengesetzter Polarität auf den Ausgang arbeiten! Dieses Prinzip wird uns auch im nächsten Abschnitt „Produktmodulator" wieder begegnen.

3.4   Produktmodulator

Die beiden Verstärker des Produktmodulators (Differenzverstärker V1 und V2 in Bild 3.13 links) erhalten ihren Strom jeweils von einem Transistor, T5 bzw. T6, die ihrerseits als Differenzverstärker arbeiten können (gemeinsamer Emitterwiderstand).

Das **Arbeitsprinzip** geht aus dem Bild rechts hervor. Das Eingangssignal (Nf) des zweiten Verstärkers, V2, erhält die Nf mit entgegengesetzter Polarität (man beachte die Kreuzung der Zuleitungen). Würden die Spannungen in dieser Form verstärkt auf den gemeinsamen Lastwiderstand am Ausgang arbeiten, würden sie sich selbstverständlich aufheben. Da aber der Schalter abwechselnd V1 und V2 im Rhythmus des „Trägers" an den Minus-Pol der Speisespannung legt (der festverdrahtete Plus-Pol ist nicht eigens gezeichnet), kommt am Ausgang jedes der beiden Verstärker die Nf „zerhackt" heraus, wie es uns vom Ausgangssignal des Gegentaktmodulators bekannt ist. Die Impulse sind zeitlich versetzt. An den parallelgeschalteten Ausgängen setzen sich beide Signale zu einem gemeinsamen Signal zusammen, wie wir es schon vom Ringmodulator her kennen.

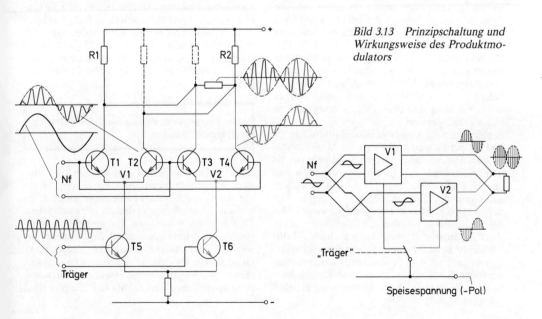

Bild 3.13   Prinzipschaltung und Wirkungsweise des Produktmodulators

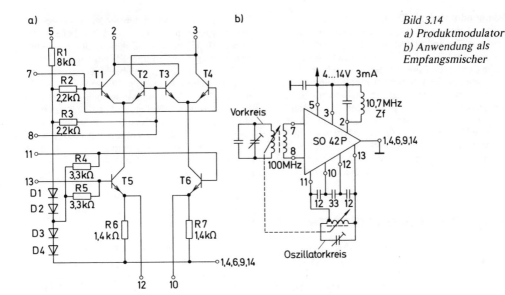

a) Produktmodulator
b) Anwendung als
Empfangsmischer

Bild 3.14
a) Produktmodulator
b) Anwendung als
Empfangsmischer

Ein Vergleich mit der **technischen Schaltung** im Bild links zeigt die entgegengesetzte Ansteuerung der beiden Differenzverstärker V1 und V2: Die Basis des linken Transistors, T1, von V1 und des linken Transistors, T3, von V2 haben entgegengesetzte Polarität. Das gleiche gilt für T2 und T4. Somit sind die Ausgangsspannungen beider Verstärker auch gegenphasig. Im Gegensatz zur Prinzipschaltung werden die beiden Verstärker nicht hart geschaltet. Die praktische Schaltung verwendet nämlich Transistoren (T5 und T6). Deren Widerstand zwischen Kollektor und Emitter ändert sich bei nicht zu großer Steuerspannung (Trägerspannung) kontinuierlich, und T5 und T6 liefern an V1 und V2 praktisch sinusförmigen Strom mit einer zeitlichen Verschiebung um eine halbe Trägerperiode.

Schaltet man die Ausgänge (Kollektoren) von V1 und V2 parallel, addieren sich die Modulationsprodukte beider Ausgänge. Bei Sinusform von Nf und Träger ergibt sich ein Ausgangssignal, wie es ähnlich Bild 1.18 durch „Multiplikation verschiedenfrequenter Schwingungen" entsteht. Die Schaltung bildet das echte Produkt zweier beliebiger Spannungen. Daher auch der Name **„Produkt"modulator.** Er wird häufig auch als **„Multiplizierer"** bezeichnet. Vergleicht man das Ausgangssignal mit dem in Bild 3.9b, so könnte man auch den Ringmodulator als Produktmodulator bezeichnen: bei geeigneter Ansteuerung gleiches Ausgangssignal!

Der Produktmodulator multipliziert zwei beliebige Spannungswerte miteinander.

Bekanntlich darf man beim Multiplizieren die Faktoren vertauschen. Auf die Produktmodulatorschaltung bezogen heißt dies, daß man die Eingänge (Nf, Träger) vertauschen darf. Dies ist beim Ringmodulator bereits gezeigt worden. Das muß man auch wissen, wenn man Bild 3.12 rechts unten mit Bild 3.13 links vergleichen will (abgesehen von den unterschiedlichen Transistorbezeichnungen!).

Die Eingänge des Produktmodulators dürfen vertauscht werden.

In der Schaltung gemäß Bild 3.13 sind die Vorspannungszuführungen zur Einstellung eines mittleren Arbeitspunkts nicht eingezeichnet, um nur das Wechselstromverhalten hervorzuheben. Häufig ist der Modulator Teil einer umfangreicheren integrierten Schaltung und wird seinerseits von Differenzverstärkern angesteuert. Diese liefern gleichzeitig die Vorspannung. Anders ist es bei dem IC (engl. **I**ntegrated **C**ircuit = integrierter Schaltkreis, IS) SO 42 P (Fa. Siemens) in Bild 3.14.

62

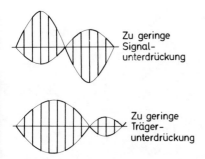

Zu geringe
Signal-
unterdrückung

Zu geringe
Träger-
unterdrückung

Bild 3.15   Ausgangsspannung beim unsymmetrischen Produktmodulator

Die Summe der Spannungsabfälle an den Dioden D1 bis 4 von ca. 2,8 V liefert die Basisvorspannung über relativ hochohmige Widerstände (2,2 kΩ) an T1 bis 4. Die Widerstände sollen den Wechselstromeingang 7—8 möglichst wenig belasten! Die Spannung über D3 und 4 liefert über 3,3 kΩ die Vorspannung für T5 und 6. Im Anwendungsbeispiel (Bild 3.14 rechts) wird der Produktmodulator gleichzeitig als Oszillator (T5, T6, Oszillatorkreis an 11, 13) und Empfangsdemodulator (Mischer)

zur Erzeugung der UKW-Zwischenfrequenz 10,7 MHz verwendet.

Bild 3.14 links zeigt, daß für den Ausgang nur die Zuleitungen zu den Kollektoren von T1 und T4 erforderlich sind. Die Verbindung zu T3 und T4 geschieht intern und stimmt mit Schaltung Bild 3.13 überein. Aus Bild 3.13 ist auch leicht zu erkennen, daß die beiden gestrichelt gezeichneten Widerstände gar nicht erforderlich sind, da sie direkt parallel zu R1 bzw. R2 liegen. Ihr Widerstandswert wird entsprechend eingerechnet.

Bei ungleicher Verstärkung der Differenzverstärkerstufen sind entweder die Signal- oder die Trägerunterdrückung oder beide nicht ausreichend (Bild 3.15). Besonders störend ist eine zu geringe Trägerunterdrückung, so daß gegebenenfalls Symmetrierpotentiometer vorgesehen werden müssen.

Die Forderung nach möglichst kennliniengleichen Bauelementen ist praktisch nur bei monolithischen, also auf **einem** Kristall befindlichen Transistoren zu erfüllen. Bei der Herstellung derartiger Produktmodulatoren in integrierter Technik erhält man bereits ohne äußeren Abgleich Unterdrückungen um 50 dB bei 100 MHz.

3.5   Der Produktmodulator als Phasenvergleicher

Jeder Modulator kann infolge seiner multiplizierenden Eigenschaft die **Phasenverschiebung** zwischen zwei **gleichfrequenten** Schwingungen in Form eines **Gleichspannungsanteils** im Modulationsprodukt nachweisen. Bild 3.16a zeigt als einfachen „Modulator" bzw. Phasenvergleicher einen Schalter: in der Praxis entweder eine Diode oder die Kollektor-Emitterstrecke eines Transistors. Man erkennt an der Ausgangsspannung, daß der Mittelwert ein Gleichanteil ist, der bei $0° \leq \varphi < 90°$ positiv, bei $\varphi = 90°$ Null und bei $90° < \varphi \leq 180°$ negativ ist.

Die Abhängigkeit läßt sich auch aus der trigonometrischen Beziehung bei Multiplikation einer phasenverschobenen Schwingung $\hat{a}_1 \cdot \sin (\omega t + \varphi)$ mit der Vergleichsschwingung $\hat{a}_2 \cdot \sin \omega t$ ableiten. Es ergibt sich dabei

$$\hat{a}_1 \cdot \hat{a}_2 \cdot (\tfrac{1}{2} \cos \varphi - \tfrac{1}{2} \cos (2 \, \omega t + \varphi)).$$

Der Summand $\hat{a}_1 \cdot \hat{a}_2 \cdot \tfrac{1}{2} \cos \varphi$ entspricht dem Gleichanteil. Offenbar enthält die Ausgangsspannung auch noch die doppelte Frequenz ($2 \, \omega$), wie aus dem Anteil $\tfrac{1}{2} \sin (2 \, \omega t + \varphi)$ hervorgeht. Dies ist zwar tatsächlich der Fall, läßt sich aber aus der

Ausgangsspannung in Bild 3.16a deshalb nicht deutlich genug erkennen, weil eine der beiden Schwingungen am Eingang nicht sinusförmig ist, sondern eine rechteckförmige Schaltfunktion hat. Daher enthält die Ausgangsspannung auch noch Harmonische der Schaltfunktion. Der „echte" Multiplizierer, der sogenannte Vierquadranten-Multiplizierer, gemäß Bild 3.16c liefert jedoch tatsächlich, da er als aktiver Ringmodulator geschaltet ist, außer dem Gleichanteil nur noch die doppelte Frequenz (vergleiche hierzu auch Bild 1.17) und unterdrückt zugleich die ursprüngliche Frequenz. Allerdings sind die Wechselanteile am Ausgang ohnehin gewöhnlich nicht von Bedeutung und werden durch einen Tiefpaß (Kapazität) unterdrückt.

Bei einer von 90° abweichenden Phasendifferenz liefert der Phasenvergleicher einen Gleichanteil. Außerdem entsteht grundsätzlich noch die doppelte Frequenz.

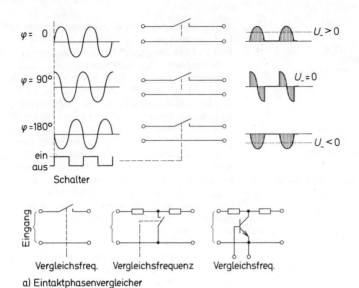

$\varphi = 0$ $U_- > 0$

$\varphi = 90°$ $U_- = 0$

$\varphi = 180°$ $U_- < 0$

ein
aus
Schalter

Eingang

Vergleichsfreq.   Vergleichsfrequenz   Vergleichsfreq.

a) Eintaktphasenvergleicher

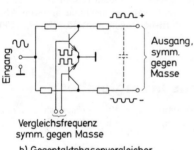

Eingang

Ausgang, symm. gegen Masse

Vergleichsfrequenz symm. gegen Masse

b) Gegentaktphasenvergleicher

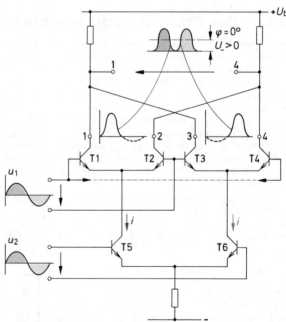

c) Produktmodulator (aktiver Ringmodulator) als Phasenvergleicher

Bild 3.16 Phasenvergleicher
a) Eintaktphasenvergleicher
b) Gegentaktphasenvergleicher
c) Produktmodulator (aktiver Ring-
modulator) als Phasenvergleicher

64

Eine zur Masse symmetrische Gleichspannung liefert der **Gegentakt-Phasenvergleicher** gemäß Bild 3.16b. Nach Glättung mit Kondensator kann die symmetrische Gleichspannung mit einem Differenzverstärker verstärkt werden. Dieses Prinzip wird ähnlich im Stereo-Dekoder beim 19-kHz-Phasenvergleicher der phasengerasteten Schleife Bild 3.23 angewendet. Die Ansteuerung beider Transistoren geschieht im Gegentakt durch Flipflop-Ausgangsspannungen. Er unterdrückt jedoch im Gegensatz zu dem **als Ringmodulator geschalteten Produktmodulator** des Bilds 3.16c nicht die ursprüngliche Frequenz.

Dessen Funktion wird gemäß Bild 3.16c für gleichphasige Ansteuerung gezeigt. Während der positiven Halbschwingung von u_2 wird im wesentlichen die linke Differenzverstärkerstufe T1 — T2 mit Strom versorgt. Ein Differenzverstärker hat bekanntlich eine um so größere Verstärkung, je größer der Gesamtstrom i ist. Da i (rot im Bild) jedoch nicht konstant ist, sondern als Funktion von u_2 sinusförmig zunimmt, nimmt auch die Verstärkung des Differenzverstärkers zeitabhängig zu. u_1 wird daher nicht konstant verstärkt, sondern zunächst nur gering, und erst, wenn i seinem Maximum zustrebt, besonders intensiv. Das hat zur Folge, daß die positive Halbschwingung von u_1 zwar verstärkt zwischen 2 und 1, und zwar an 2 positiv gegen 1, aber nicht sinusförmig auftritt. Gleichzeitig liegt u_1 auch an der zweiten Differenzverstärkerstufe; da aber deren Gesamtstrom (i, blau im Bild) bei positivem u_2 an T5 sehr stark abnimmt, wird u_1 nur schwach verstärkt, und zwar auch nicht konstant: Es ergibt sich an 4 gegen 3 eine nichtsinusförmig verzerrte geringe negative Spannung. Die resultierende Spannung

zwischen 4 und 1 wird folglich überwiegend von der linken Differenzverstärkerstufe bestimmt. Sobald u_1 und u_2 negativ werden (blau im Bild), vertauschen die beiden Differenzverstärker ihre Funktion. Wegen der negativen Steuerspannung an der Basis von T4 wird nun der Kollektor 4 positiv in bezug auf 3 und bestimmt im wesentlichen die Spannung zwischen 4 und 1.

Insgesamt zeigt sich, daß zwischen 4 und 1 eine sinusförmige Wechselspannung doppelter Frequenz auftritt. Bei der dargestellten Phasenlage der Eingangsspannungen ($\varphi = 0°$) enthält die Spannung als Mittelwert einen an 4 gegenüber 1 positiven Gleichspannungsanteil, wie das bei gleicher Phasenlage der Eingangsspannungen auch sein muß. Würde man nun der Spannung u_1 eine zunehmende Phasenverschiebung gegenüber u_2 geben, so ließe sich zeigen, daß dann die Spannung zwischen 4 — 1 die gleiche Form behielte, aber der Mittelwert absinken würde und schließlich bei $\varphi > 90°$ negativ würde.

Der als aktiver Ringmodulator geschaltete **Produktmodulator** dient bei gleichfrequenter Ansteuerung als **Phasenvergleicher;** er unterdrückt die Eingangsfrequenz und arbeitet als Frequenzverdoppler.

Der Produktmodulator wird in zahlreichen integrierten Schaltungen als Phasenvergleicher, häufig unter der Bezeichnung „Multiplizierer", eingesetzt. Besonders erwähnenswert ist seine Anwendung in der phasengerasteten Schleife (PLL) oder bei dem als Quadratur- oder Koinzidenzdemodulator bezeichneten FM-Demodulator.

3.6 Demodulation bei ZM

Um eine Amplitudenmodulation mit unterdrücktem Träger demodulieren zu können, muß empfangsseitig der Träger wieder zugesetzt werden. Dies bedeutet, daß im Empfänger eine dem Träger entsprechende Spannung erzeugt wird. Bekanntlich muß (s. S. 41) bei einer exakten AM die Amplituden-, Frequenz- **und** Phasenbedingung erfüllt sein. Die geringste Schwierigkeit ist es, einen Oszillator mit entsprechender Leistung auszulegen, so daß die Trägeramplitude mindestens das Doppelte der maximal auftretenden **Amplitude** einer Seitenschwingung beträgt. Bei

Verwendung eines quarzgesteuerten Oszillators läßt sich auch die **Frequenz**bedingung bis auf wenige Hertz genau erfüllen. Dagegen ist die **Phasen**bedingung praktisch nur zu halten, wenn im Empfänger eine der Phase des sendeseitigen Trägers entsprechende Phase zur Verfügung steht. Man erreicht dies z.B. dadurch, daß doch noch ein Trägerrest übertragen wird, der im Empfänger ausgesiebt, verstärkt und zum Nachregeln der Phase des im Empfänger erzeugten Trägers verwendet wird. Erst dann kann durch **Gleichrichtung** das Signal wiedergewonnen werden.

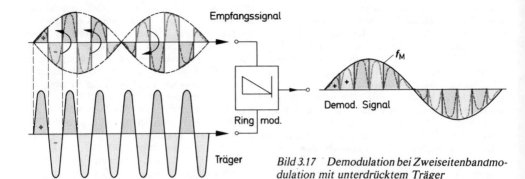

Träger

Bild 3.17 Demodulation bei Zweiseitenbandmodulation mit unterdrücktem Träger

Die Demodulation ist auch dadurch möglich, daß das sendeseitig im Ringmodulator „zerhackte" Signal durch entsprechendes **Umschalten** der negativen Halbschwingungen im Rhythmus der Trägerfrequenz wieder in seine ursprüngliche Form zurückgeführt wird (Bild 3.17). Aber auch hier muß zuvor durch geeignete Maßnahmen die Phase der Schaltspannung mit der des sendeseitigen Trägers in Übereinstimmung gebracht werden, da sonst die einzelnen Komponenten der Hüllkurve verzerrt würden. Die Trägerrückgewinnung kann durch Doppelweggleichrichtung, Aussieben der doppelten Frequenz und Fre-

quenzteilung (Bild 3.18) vorgenommen werden. Die Modulationsart ist wegen der relativ schwierigen Demodulation, wie man leicht einsieht, aufwendig und daher mit wenigen Ausnahmen (s. Abschn. 3.7) für die Praxis nicht von besonderer Bedeutung, zumal sie gegenüber der gewöhnlichen Amplitudenmodulation keine Einsparung an Bandbreite bringt. Ihr Vorteil ist lediglich, daß mit geringerer Sendeleistung gearbeitet werden kann. Andererseits ist sie als Zwischenstufe für die Erzeugung von Einseitenbandmodulation (s. S. 74) und Quadraturmodulation (s. S. 176) unumgänglich.

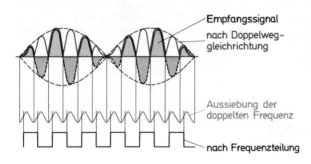

Empfangssignal nach Doppelweggleichrichtung

Aussiebung der doppelten Frequenz

nach Frequenzteilung

*Bild 3.18
Trägerrückgewinnung aus dem Zweiseitenbandsignal mit unterdrücktem Träger
(= Empfangssignal)*

3.7 Anwendung der ZM

Stereorundfunk

Von den bei der Stereotechnik notwendigen zwei räumlich getrennten Mikrofonen (Bild 3.19) wird eine Rechtsinformation (R-Signal) und eine Linksinformation (L-Signal) geliefert. L und R sind als Spannungen zu verstehen. Im Prinzip müssen beide auf getrennten Kanälen zum Emp-

fänger mit seinen beiden Lautsprechern gelangen. Eine zweite Sendefrequenz kann jedoch dafür nicht vorgesehen werden. Stereo- und Monorundfunk müssen nämlich kompatibel (= verträglich miteinander) sein, d.h., auch der monaurale („einohrige") UKW-Empfänger, also der ohne Stereoeinrichtung, soll die Stereosendung „Mono" empfangen können.

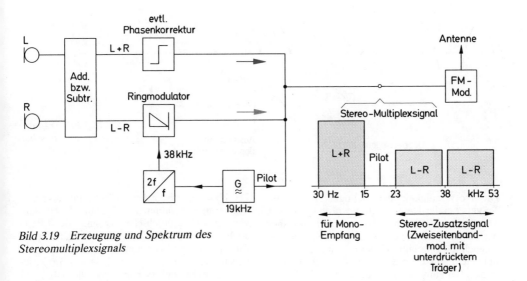

Bild 3.19   Erzeugung und Spektrum des
Stereomultiplexsignals

für Mono-
Empfang

Stereo-Zusatzsignal
(Zweiseitenband-
mod. mit
unterdrücktem
Träger)

Da der monaurale Empfänger die Information aus beiden Mikrofonen braucht, muß bereits im Sender das Summensignal L+R gebildet werden.

Der **Stereoempfänger** braucht jedoch beide Informationen getrennt. Man erreicht dies im Empfänger z.B. dann, wenn gleichzeitig ein Differenzsignal L−R zur Verfügung ist; durch Addition erhält man das L-Signal, durch Subtraktion das R-Signal:

$(L+R) + (L−R) = 2 L;$
$(L+R) − (L−R) = 2 R.$

Dies macht z.B. beim Matrixdekoder (Bild 3.22) die Addier- bzw. Subtrahier„matrix".

Im **Sender** wird durch eine ähnliche Matrix (Add.-bzw. Subtr.-Schaltung, Bild 3.19) aus L und R das L+R und das L−R-Signal erzeugt. Die Schaltung mit der vornehmen Bezeichnung „Matrix" braucht im Prinzip z.B. nur aus zwei Übertragern bestehen, deren Ausgänge zur Summenbildung gleich-, zur Differenzbildung gegenphasig verbunden werden.

Es besteht nun das Problem der **getrennten Übertragung** von (L+R)- und (L−R)-Signal. Bei UKW ist dies deshalb ohne zweite Sendefrequenz möglich, weil infolge der hier angewandten Frequenzmodulation eine Hf-Bandbreite von rund ±100 kHz zur Verfügung ist. Beide Signale haben aber nur eine Bandbreite von ca. 30 Hz bis 15 kHz. Man verschiebt daher das (L−R)-Signal mittels des sog. **Stereohilfsträgers** in die Fre-

quenz und addiert es zum (L+R)-Signal. Es ergibt sich dadurch zwar eine größere „Niederfrequenz"-Bandbreite, die aber wegen der großen vorhandenen FM-Bandbreite noch verarbeitet werden kann! Da der Hilfsträger den Sendemodulator (FM-Frequenzhub, s. S. 93) und den Nf-Verstärker im Empfänger auf Kosten der Nutzsignale zusätzlich ansteuern würde, wird zur (L−R-)Modulation Modulation mit Trägerunterdrückung angewandt:

Die Aufmodulation des (L−R)-Signals auf den Stereohilfsträger geschieht nach der Methode der Zweiseitenbandmodulation mit unterdrücktem Träger (Stereozusatzsignal).

Das untere Seitenband des Stereozusatzsignals überlappt sich nur dann nicht mit der höchsten Frequenz 15 kHz des (L+R-)Signals, wenn der Stereohilfsträger mindestens 30 kHz beträgt. Da als **Stereohilfsträgerfrequenz 38 kHz** festgelegt worden sind, verbleibt jedoch ein verhältnismäßig großer Abstand von 8 kHz zwischen den beiden Bändern (Bild 3.19). Dieser ist für den **Pilotton 19 kHz** erforderlich. Die Pilotfrequenz wird im Sender durch Halbieren der Hilfsträgerfrequenz erzeugt. Benötigt wird der Pilot zur **phasenrichtigen** Wiedergewinnung des Hilfsträgers im Empfänger (Frequenzverdopplung oder Referenzfrequenz für phasengerastete Schleife — PLL — im Empfänger: Bild 3.20 bzw. Bild 6.28).

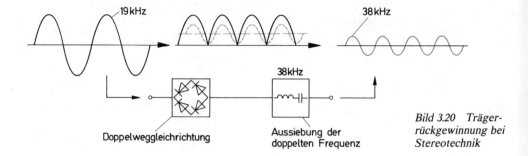

Bild 3.20 Träger-rückgewinnung bei Stereotechnik

Doppelweggleichrichtung · Aussiebung der doppelten Frequenz

Die Notwendigkeit der richtigen Phase des Trägers bei der Demodulation wurde in Abschn. 3.6 erläutert. Wegen des relativ großen Abstands der Pilotfrequenz zu den benachbarten Bändern, nämlich ±4 kHz, läßt sich der Pilot im Empfänger mit einem einfachen Schwingkreis leicht heraussieben. Bei Hilfsträgererzeugung mittels PLL ist auch der Schwingkreis nicht mehr erforderlich. **Stereomultiplexsignal** (Bild 3.19). Der Pilot samt dem (L + R)-Signal und dem geträgerten (L − R)-Signal bilden das sogenannte **Stereomultiplexsignal (Mpx).** Den 38-kHz-Hilfsträger enthält es aus bereits dargelegtem Grund nicht, und auch der Pilot wird aus gleichem Grund (Übersteuerung) nur mit 10% der Amplitude des gesamten Multiplexsignals übertragen. Es hat einen Frequenzbereich von ca. 30 Hz bis 53 kHz. Dabei wird die untere Grenze vom (L + R)-Signal, die obere vom oberen Seitenband (38 kHz + 15 kHz) des geträgerten (L−R)-Signals bestimmt. Das Stereomultiplexsignal stellt praktisch eine Art erweitertes Nf-Band dar. Während bei einer Monosendung nur eine höchste Niederfrequenz von 15 kHz auf den UKW-Träger (bei 100 MHz) FM-moduliert werden muß, reicht die „Niederfrequenz" bei der Stereosendung bis 53 kHz. Die hohen Frequenzen sind bei FM leider auch stärker anfällig gegen Rauschen (s. S. 106). **Oszillogramme** der einzelnen Signale für ein spezielles Beispiel zeigt Bild 3.21. In Zeile 1 ist das L-Signal. Es ist ein Sinuston von knapp 10 kHz. Darunter rechts ist das R-Signal mit etwas über 3 kHz. Links davon ist das (−R)-Signal. Es entsteht durch einfache Phasenumkehr von R. Man braucht es zur (L−R-)Bildung: Überlagerung der ersten beiden Zeilen links ergibt (L+(−R)) = (L−R), blau, rechts ergibt (L + R), rot! (3. Zeile). Aus L−R entsteht durch Modulation mit dem (rechteckförmigen) Hilfsträger das Stereozusatzsignal, Zeile 4 (man vergleiche die Hüllkurven mit dem blauen, nicht geträgerten Signal darüber).

Der Hilfsträger ist in diesem Bild immer als rechteckförmig angenommen, weil damit die Hüllkurven noch eher durchschaubar sind. Meist ist er auch in der Praxis, als Schaltspannung, rechteckförmig. Addiert man zum Zusatzsignal das rote (L+R), so ergibt sich − in Zeile 5 − praktisch bereits das Multiplexsignal (Mpx), allerdings noch ohne Pilot. Da er nur 10% der Gesamtspannung ausmacht, wird er nicht auch noch eingezeichnet. Die Darstellung bleibt durchsichtiger. **Stereodekoder.** Im Radioempfänger geschieht nach dem FM-Diskriminator die Aufbereitung des 53 kHz breiten Multiplexsignals in L- und R-Signal. Man unterscheidet drei Verfahren:

○ Matrixdekoder (Frequenzmultiplexverfahren)·

○ Schaltdekoder (Zeitmultiplexverfahren)

○ Hüllkurvendekoder

Der **Matrixdekoder** (Bild 3.22) macht eigentlich den sendeseitigen Vorgang in umgekehrter Reihenfolge: Aufspaltung des Multiplexspektrums (daher Frequenzmultiplexverfahren) in seine drei Anteile, nämlich (L + R)-Signal mittels Tiefpaß, Stereozusatzsignal mittels Bandpaß (oder Hochpaß) und Pilot mittels Schwingkreis. Nach phasenrichtiger Wiedergewinnung des Hilfsträgers (hier beispielsweise durch Verdoppeln der ausgesiebten Pilotfrequenz durch Doppelweggleichrichtung) Demodulation des Zusatzsignals in die Tonfrequenzlage (blau im Bild 3.21). Erzeugung von L und R in einer **Matrix** gemäß Bild 3.22b (rechts) durch Addition bzw. Subtraktion. Aufwendiges Verfahren wegen der Filter. Der **Schalterdekoder** (Bild 3.21 unten links) ist einfacher. Hier macht der 38-kHz-Hilfsträger bei positiver Phase die linke, bei negativer die rechte Diode leitend. Das gesamte Multiplexsignal wird bei der Mittelanzapfung des Übertragers eingespeist und zeitsequentiell abwechselnd auf den linken und den rechten Ausgang aufgespalten. Daß der linke Ausgang hierbei das L-, der rechte

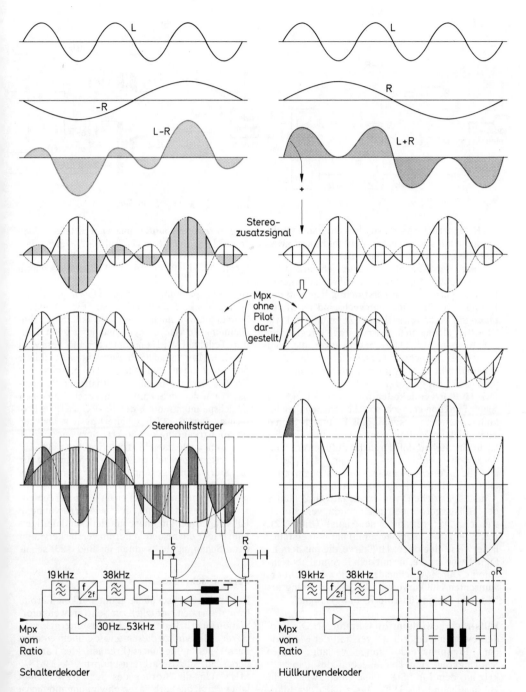

Bild 3.21   Vergleich von Schalter- und Hüllkurvendekoder

69

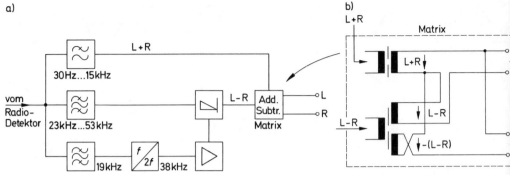

Bild 3.22   Matrix-Dekoder

das R-Signal liefert, wird aus dem untersten Oszillogramm links deutlich. Die Zeitfunktion ist zwar dieselbe wie eine Zeile höher, aber durch die „Einfärbung" der Augenblickswerte, schwarz während der positiven, schraffiert während der negativen Trägerphase, wird erst richtig klar, daß das L- und R-Signal zeitlich abwechselnd im Multiplexsignal enthalten ist! (daher Zeitmultiplex). Als **Schalter** dienen in der Praxis bei integrierten Schaltungen zwei Differenzverstärker, die vom Hilfsträger abwechselnd geschaltet werden (ähnlich Bild 3.13, aber Ausgänge getrennt, im Bild unten links rot eingezeichnet).

Der **Hüllkurvendekoder** unterscheidet sich in seiner Funktion gar nicht so sehr vom Schalterdekoder. Hat man erkannt, daß L- und R-Signal sequentiell im Multiplexsignal enthalten sind, ist leicht einzusehen, daß durch das Zufügen des wiedergewonnenen Hilfsträgers zum Multiplexsignal die L-Anteile (schwarz) von der positiven 1. Hälfte der Hilfsträgerperiode nach oben, die R-Anteile (gestrichelt) von der negativen 2. Hälfte der Hilfsträgerperiode nach unten verschoben werden. Das resultierende Signal (Bild 3.21, rechts, letztes Liniendiagramm) hat nun erstaunlicherweise eine obere Hüllkurve, die mit dem L-Signal, eine untere, die mit dem R-Signal übereinstimmt. Durch Abschneiden der jeweils nicht erwünschten Hüllkurve mittels Gleichrichtung erhält man das gewünschte R- bzw. L-Signal.

Hilfsträgergewinnung im Empfänger: Die Wiedergewinnung des Hilfsträgers mit der Methode der **Frequenzverdopplung** verlangt einen Schwingkreis zum Heraussieben des Pilots 19 kHz aus dem Mpx-Signal und einen zweiten zur Heraussiebung des Hilfsträgers nach der Pilotverdopplung. Neuere integrierte Schaltungen vermeiden den Aufwand an Spulen durch **Hilfs-**

trägererzeugung mittels phasengerasteter Schleife (PLL, s. auch S. 111), Bild 3.23 zeigt einen Ausschnitt aus einem Schalterdekoder (Fa. Motorola, MC 1310), in dem das Prinzip angewandt wird.

In einem spannungsgesteuerten Oszillator (blaues Rechteck, Ladekapazität an Pin 14 extern beschaltet, vgl. auch S. 90) wird eine Sägezahnspannung 76 kHz erzeugt und über zwei Flipflop-Teiler auf 19 kHz heruntergeteilt. Diese wird mit dem Mpx-Signal im Phasenvergleicher (blaue Schaltung, oben) multipliziert. Dabei liefert das Produkt der im Mpx-Signal enthaltenen Pilotfrequenz mit der im Schaltkreis hergestellten einen Gleichspannungsanteil, der im RC-Tiefpaß (extern an Pin 12—13 beschaltet) gesiebt und zur **Frequenzregelung** der 76 kHz verwendet wird, wodurch auch die Hilfsträgerfrequenz 38 kHz phasenstarr geregelt ist. Auch die Spannung für die Stereo-Anzeigelampe gewinnt man mittels eines Phasenvergleichers (blaue Schaltung, unten). Übersprechen zwischen linkem und rechtem Kanal entsteht, wenn der wiedergewonnene Hilfsträger nicht in Phase mit dem sendeseitigen Hilfsträger die beiden Differenzverstärkerstufen (rote Schaltung, links unten im Bild 3.23) schaltet.

Farbfernsehtechnik

Bei der Farbfernsehübertragung muß die Farbinformation noch zusätzlich zur Schwarzweißinformation innerhalb des Videobandes untergebracht werden. Sie wird zu diesem Zweck einem eigenen Farbträger aufmoduliert (Frequenz des Farbträgers laut PAL-Farbfernsehnorm 4,43361875 MHz). Um die Störung des Schwarzweißempfangs durch die Farbträgerschwingung möglichst klein zu halten, wendet man Modulation mit unterdrücktem Träger an.

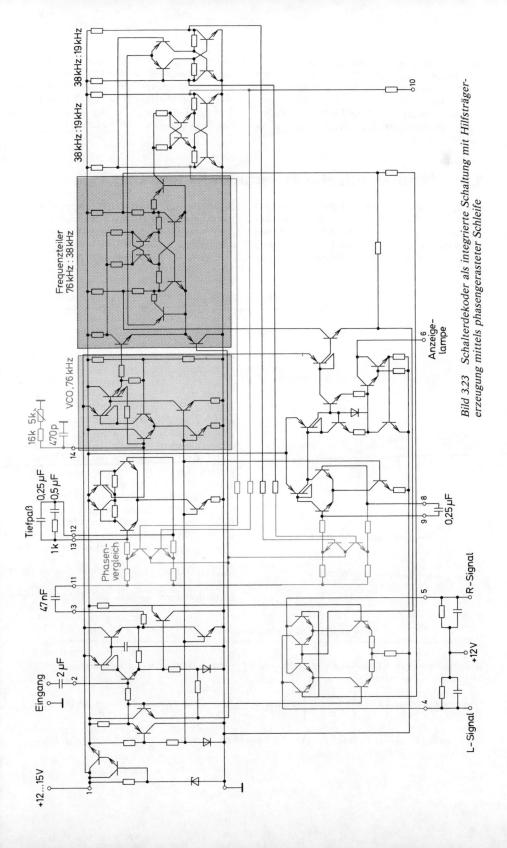

Bild 3.23 Schalterdekoder als integrierte Schaltung mit Hilfsträgererzeugung mittels phasengerasteter Schleife

Hierzu nimmt man Ringmodulatoren.
Im Empfänger muß zwecks Demodulation der Träger wieder erzeugt werden. Zur Synchronisierung dieser sogenannten Farbhilfsträgerschwingung im Empfänger muß ein Farbsynchronisierimpuls, der Burst, übertragen werden. Er muß die gleiche Frequenz wie die Farbträgerschwingung haben und besteht aus etwa 12 bis 14 Perioden. Er wird jeweils im Anschluß an den Zeilensynchronisierimpuls übertragen und synchronisiert außer dem Farbhilfsträger auch den PAL-Schalter im Empfänger (hierzu auch Abschn. 11.1).

3.8 Mathematische Zusammenhänge

Die Spannung am **Ringmodulatorausgang** kann man sich als das Produkt einer Rechteckschwingung mit der Informationsschwingung vorstellen. Die Grundfrequenz der Rechteckschwingung stammt vom Träger. Die Amplitude möge 1 sein.

Bildet man das Produkt aus Rechteckschwingung (= Schaltspannung) und Informationsschwingung, so ergibt sich die Gesamtspannung, die mit u bezeichnet werden soll:

$$\overbrace{\qquad\qquad\qquad}^{\text{Rechteckschwingung}}\qquad \overbrace{\qquad}^{\text{Information}}$$

$$u = \frac{4}{\pi} \cdot \left(1 \cos \omega_T t - \frac{1}{3} \cos 3\,\omega_T t + \frac{1}{5} \cos 5\,\omega_T t - + \dots\right) \cdot \hat{u}_M \cos \omega_M t$$

Durch Verwendung des Additionstheoremes

$$\cos \alpha \cos \beta = \frac{1}{2} \left[\cos (\alpha + \beta) + \cos (\alpha - \beta)\right]$$

ergibt sich

$$u = \frac{4}{\pi} \cdot \frac{1}{2} \hat{u}_M \left(\cos (\omega_T + \omega_M) t + \right.$$

$$+ \cos (\omega_T - \omega_M) t - \frac{1}{3} \cos (3\,\omega_T + \omega_M) t$$

$$- \frac{1}{3} \cos (3\,\omega_T - \omega_M) t + \frac{1}{5} \cos (5\,\omega_T + \omega_M) t$$

$$\left. + \frac{1}{5} \cos (5\,\omega_T - \omega_M) t \mp \dots \right)$$

Daraus folgt: ω_M ($\triangleq$ Informationsfrequenz) und ω_T ($\triangleq$ Trägerfrequenz) ist nicht mehr enthalten. Dagegen finden wir $\omega_T + \omega_M$ und $\omega_T - \omega_M$ und mit geringeren Amplituden ($1/3$, $1/5$, ...) Summen- und Differenzfrequenzen mit den Oberschwingungen: $3\,\omega_T \pm \omega_M$, $5\,\omega_T \pm \omega_M$, ... (s. Bild 3.24 oben).

Beim **Gegentaktmodulator** wird nur die halbe Schwingung des Trägers ausgenützt. Das Modulationsprodukt kann daher aufgefaßt werden als das Produkt der Informationsschwingung mit der Überlagerung eines Gleichanteils und einer Rechteckschwingung der Amplituden $\frac{1}{2}$, deren Grundfrequenz wieder vom Träger bestimmt ist:

$$\overbrace{\qquad\qquad\qquad}^{\text{Gleichanteil und Rechteckschwingung}}\qquad \overbrace{\qquad}^{\text{Information}}$$

$$u = \left[\frac{1}{2} + \frac{1}{2} \cdot \frac{4}{\pi} \left(1 \cos \omega_T t - \frac{1}{3} \cos 3\,\omega_T t + \frac{1}{5} \cos 5\,\omega_T t - + \dots\right)\right] \hat{u}_M \cos \omega_M t$$

$$= \frac{1}{2} u_M \cos \omega_M t + \frac{1}{4} \cdot \frac{4}{\pi} u_M \left[\cos (\omega_T + \omega_M) t + \cos (\omega_T - \omega_M) t - \frac{1}{3} \cos (3\,\omega_T + \right.$$

$$\left. + \omega_M) t - \frac{1}{3} \cos (3\,\omega_T - \omega_M) t + \frac{1}{5} \cos (5\,\omega_T + \omega_M) t + \frac{1}{5} \cos (5\,\omega_T - \omega_M) t \mp \dots \right]$$

Abgesehen von den geringeren Amplituden (Faktor $1/4$), unterscheidet sich das Modulationsprodukt von dem des Ringmodulators lediglich dadurch, daß noch die Informationsfrequenz ($\hat{=} \omega_M$) enthalten ist (s. Bild 3.24 unten).

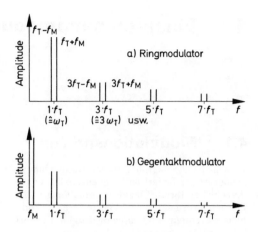

Bild 3.24   Spektren bei Modulation mit Trägerunterdrückung

3.9   Fragen und Aufgaben

1. Warum enthält der Träger bei AM keine Information?
2. Welche Aufgabe hat der Träger im Empfänger bei der Demodulation?
3. Welche Bedingungen muß der im Empfänger erzeugte Träger erfüllen, wenn er sich zur Demodulation einer ZM eignen soll?
4. Welchen Nachteil hat der Träger bei AM?
5. Warum wird bei Stereotechnik der Hilfsträger unterdrückt?
6. Warum wird bei Stereotechnik ein Pilot übertragen?
7. Welche Maßnahmen zur Trägerunterdrückung sind denkbar?
8. Warum ist beim Gegentakt- und beim Ringmodulator auf symmetrische Trägereinspeisung zu achten?
9. Wodurch unterscheiden sich Gegentakt- und Ringmodulator a) in der Schaltung, b) in der Wirkungsweise?
10. Wie kann man das Entstehen einer „zerhackten" Ausgangsspannung gemäß Bild 3.5, rechts, mathematisch als Multiplikationsprozeß deuten, bei dem die anliegende Schwingung (z.B. Sinus) mit einer zwischen „0" und „1" springenden Rechteckimpulsfolge multipliziert wird?
11. Unter Benützung der Fourierzerlegung für die rechteckförmige Wechselpulsfolge soll erläutert werden, daß am Ringmodulatorausgang a) die Frequenzen $f_T \pm f_M$, $3 \cdot f_T \pm f_M$, ... auftreten und b) wie die Amplituden abnehmen.
12. Warum entspricht die Hüllkurve am Ringmodulatorausgang der einer Schwebung (vgl. Bild 1.13).
13. Warum muß die Trägeramplitude beim Ring- bzw. Gegentaktmodulator sehr groß sein?
14. Wie groß ist der Scheitelwert der Ringmodulatorausgangsspannung, wenn am Eingang die Modulationsspannung $\hat{u}_M = 100$ mV liegt (es soll angenommen werden: Diodendurchlaßwiderstand $0\,\Omega$, Wicklungswiderstände vernachlässigbar, Windungszahlen primär und sekundär jeweils gleich)?
15. Welchen Eingangswiderstand hat der mit 1 kΩ abgeschlossene Ringmodulator, wenn die Übersetzungsverhältnisse $1 : \ddot{u}$ bzw. $\ddot{u} : 1$ sind ($R_D = 0$, $R_{Wicklg} = 0$)

Literatur: [1, 3, 5, 7, 8].

4 Einseitenbandmodulation (EM)

4.1 Modulationsprinzip

Je mehr Nachrichten übertragen werden, um so größer ist der Bedarf an Frequenzen. Die erforderliche **Bandbreite** für eine Information bzw. ein Gespräch wird durch die **höchste** darin vorkommende **Frequenz und** durch die **Modulationsart** bestimmt. Bandbreite kann daher nur durch ein geeignetes Modulationsverfahren eingespart werden. Dies ist die Einseitenbandmodulation.

Bei der gewöhnlichen AM mit Träger und den zwei Seitenbändern ist die benötigte Mindestbandbreite doppelt so groß wie die höchste im Signal vorkommende Modulationsfrequenz. Die im vorigen Abschnitt beschriebene Modulation mit Trägerunterdrückung bringt keine Einsparung an Bandbreite. Dagegen erreicht man dies mit Einseitenbandmodulation. Abkürzungen ESB oder EB oder EM.

Angelsächsische Literatur:

SSB = Single Side Band,
USB = Upper Side Band (oberes SB),
LSB = Lower Side Band (unteres SB).

Der **Grundgedanke der Einseitenbandmodulation** ist folgender. Da jedes der beiden Seitenbänder die Information f_M enthält ($f_T + f_M$ und $f_T - f_M$!), muß es genügen, wenn nur eines der beiden Seitenbänder übertragen wird. Dabei ist es gleichgültig, ob es das obere oder das untere ist. Auch auf die Übertragung des Trägers kann verzichtet werden. Zwei Probleme treten dabei auf:

1. Erzeugung des einen Seitenbandes;
2. Demodulation des Seitenbandes im Empfänger.

Zu 1. Hier gibt es u.a. die **Filtermethode** (Herausfiltern nur eines der beiden Seitenbänder) und die **Phasenmethode** (durch geeignete Phasendrehung Unterdrückung eines Seitenbandes bei der Modulation).

Zu 2. Zwecks Demodulation ist der Träger mit genügend großer Amplitude im Empfänger erforderlich.

a) Überträgt man den Träger in **voller Höhe,** bleibt der Hauptnachteil, daß kaum Sendeleistung eingespart wird (vgl. Zahlenbeispiel S. 54)!

b) Nachteil, wenn der Träger mit **verringerter Amplitude** (als „Restträger") übertragen wird: aufwendiges Aussieben mittels schmalem Filter oder Phasenregelschleife und Verstärkung im Empfänger; Problem des Trägerschwunds!

c) **Vollständige Unterdrückung** des Sendeträgers erfordert im Empfänger die Erzeugung eines Hilfsträgers, dessen Frequenz möglichst wenig von der des Sendeträgers abweicht. Trotz des hierzu notwendigen Quarzoszillators ist diese Methode die gebräuchlichste.

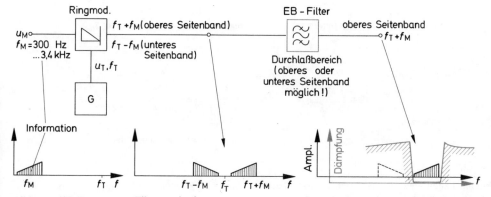

Bild 4.1   EB-Erzeugung, Filtermethode

4.2   Filtermethode

Bei der Filtermethode werden zunächst mittels eines Ringmodulators die beiden Seitenbänder erzeugt, und anschließend wird mit Hilfe eines Filters eines der beiden Seitenbänder herausgesiebt und übertragen (Bild 4.1). Problematisch bei dieser Methode ist die Herstellung von Filtern, deren Dämpfungskurve eine hohe Flankensteilheit aufweist, muß doch die Filterdämpfung innerhalb des gewöhnlich sehr schmalen Bereichs zwischen den beiden Seitenbändern von der geringen Durchlaßdämpfung bis zur vollen Sperrdämpfung ansteigen.

Ideal wäre also ein Filter mit rechteckförmiger Dämpfungscharakteristik (Bild 4.2). Da aber ein Filter um so aufwendiger wird, je steiler die Flanken der Dämpfungscharakteristik sind, kann hier die Anforderung nicht zu hoch gestellt werden. Die Dämpfungsflanke eines Filters ist der Bereich der Filterdämpfung vom Durchlaß bis zur vollen Sperrdämpfung, die zwecks Vermeidung von Nebensprechen über 40 dB liegt.

Wie man sieht (Bild 4.3), darf die Flanke um so flacher sein, je weiter die zu sperrenden Frequenzen entfernt sind. Daher wird der Träger bereits im Modulator unterdrückt und braucht durch das Filter kaum noch bedämpft zu werden.

Der Abstand der beiden Seitenbänder wird durch die tiefste Modulationsfrequenz bestimmt. Diese ist bei Telefonie 300 Hz, also der Abstand $2 \cdot 300 \, \text{Hz} = 600 \, \text{Hz}$, was auch aus folgendem Zahlenbeispiel hervorgeht: $f_M = 300 \, \text{Hz} \cdots 3,4 \, \text{kHz}$.

a) $f_T = 16 \, \text{kHz}$, Seitenbänder $12,6 \cdots 15,7$ und $16,3 \cdots 19,4 \, \text{kHz}$, Abstand 600 Hz.

b) $f_T = 160 \, \text{kHz}$, Seitenbänder $156,6 \cdots 159,7$ und $160,3 \cdots 163,4 \, \text{kHz}$, Abstand ebenfalls 600 Hz.

Die absolute Bandbreite ist zwar in beiden Fällen gleich, aber die relative ist im Fall b rund zehnmal kleiner. Die Realisierung eines Filters ist um so schwieriger, je höher die Trägerfrequenz und somit je geringer die relative Bandbreite ist. Da der Abstand der beiden Seitenbänder ohnehin in

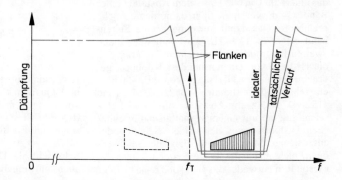

Bild 4.2   Einseitenbandfilter,
Dämpfung

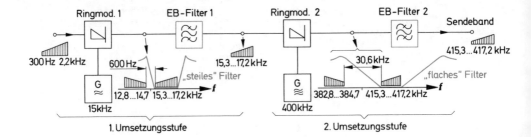

Ringmod. 1   EB-Filter 1   Ringmod. 2   EB-Filter 2   Sendeband

300 Hz 2,2 kHz   600 Hz   15,3...17,2 kHz   30,6 kHz   415,3...417,2 kHz

G ≈ 15 kHz   12,8...14,7 15,3...17,2 kHz   „steiles" Filter   G ≈ 400 kHz   382,8...384,7 415,3...417,2 kHz   „flaches" Filter

1. Umsetzungsstufe   2. Umsetzungsstufe

beiden Fällen gleich ist, läßt sich Einseitenbandmodulation am besten bei relativ niedrigen Trägerfrequenzen erzeugen. Um dennoch EM bei höheren Trägerfrequenzen zu erzeugen, führt man Modulation und Filterung gewöhnlich in zwei Stufen durch: Herstellung eines Seitenbandes mit einem relativ niedrigen Zwischenträger. Umsetzung dieses Seitenbandes mit einem hochfrequenten Träger, so daß das Seitenband in die gewünschte Übertragungsfrequenzlage kommt. Das bei dieser nochmaligen Umsetzung entstehende zweite Seitenband muß ebenfalls durch ein Filter abgetrennt werden. Dies ist jedoch deshalb weniger kritisch, weil in der Hf-Lage die beiden Seitenbänder einen Abstand haben, der um die doppelte Frequenz des Hilfsträgers größer ist als bei einfacher Umsetzung. Am folgenden Beispiel aus der TfH-Technik (**Tr**äger**f**requente **N**achrichtenübertragung auf **H**ochspannungsleitungen) soll dies veranschaulicht werden.

In der TfH-Technik wird das Telefonieband von 300 Hz bis 2,2 kHz (ausreichend für gute Silbenverständlichkeit) mit einem Zwischenträger von 15 kHz in einem Ringmodulator moduliert (Bild 4.3). Es entstehen die beiden Seitenbänder 12,8···14,7 und 15,3···17,2 kHz. In diesem Bereich läßt sich ein Filter aus Spulen und Kondensatoren, das innerhalb von 600 Hz — dem Abstand beider Bänder — die verlangte Sperrdämpfung erreicht, realisieren. Das damit gewonnene eine Seitenband, z.B. 15,3···17,2 kHz, wird nun über einen zweiten Ringmodulator mit einem Hf-Träger in die Hf-Lage von einigen hundert Kilohertz gebracht. Bei einem Hf-Träger von z.B. 400 kHz entstehen die Bänder 382,8···384,7 und 415,3···417,2 kHz. Ihr Abstand von 2 · 15,3 kHz reicht aus, um mit einem verhältnismäßig einfachen Hf-Filter eines der beiden Seitenbänder auszusieben. Man beachte, daß die Sendefrequenz nicht gleich der Trägerfrequenz (400 kHz) ist, sondern entweder das Band 382,8···384,7 oder

Bild 4.3   Zweifache Umsetzung bei der EB-Erzeugung

415,3···417,2 kHz, je nachdem, welches Seitenband ausgefiltert wird.

Das **Hauptproblem** bei der EB-Technik ist das EB-Filter. Dies gilt insbesondere hinsichtlich der Langzeit- und der Temperaturstabilität. Als Filter kommen LC-Filter, Quarzfilter und mechanische Filter in Betracht.

Bei **LC-Filtern** wird die Temperaturstabilität durch geeignete Wahl der Spulen und Kondensatoren erreicht, so daß die Temperaturkoeffizienten von Induktivität und Kapazität der einzelnen Kreise (Bild 4.4) gleichen Betrag, aber entgegengesetztes Vorzeichen haben. Geringe Durchlaßdämpfung und hohe Sperrdämpfung verlangen hohe Spulengüten. Dies wirkt sich nachteilig auf die Baugröße solcher Filter aus. Daher ist auch die Herstellung bei sehr hohen Frequenzen nicht möglich. L-C-Filter sind räumlich aufwendig.

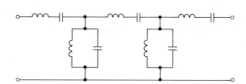

Bild 4.4   LC-Filter

Kreise hoher Güte bei hohen Frequenzen erreicht man mit Filterquarzen. **Quarzfilter** aus 4 bis 6 Quarzen können daher sehr schmale Filterkurven sogar noch im Megahertz-Bereich liefern (Bild 4.5). Beispielsweise erzeugen Funkamateursender mit EB-Betrieb ein Seitenband direkt bei 9 MHz.

Sehr schmale Dämpfungskurven erreicht man auch mit **mechanischen Filtern.** Ein solches

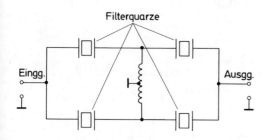

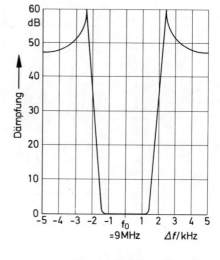

*Bild 4.5   Quarzfilter, Aufbau und Dämpfungsver-
lauf*

Filter kann z.B. aus Nickelscheiben bestehen, die vom elektrischen Signal über eine Magnetspule zu mechanischen Schwingungen angeregt werden und praktisch nur die Eigenschwingung zur Ausgangsmagnetspule weiterleiten. Seiner Natur nach ist ein solches Filter nur für relativ tiefe Frequenzen, nämlich bis zu einigen hundert Kilohertz, herstellbar und liefert Bandbreiten von 100

Hz bis etwa 8 kHz. Einige Vorteile sind geringe Baugröße, hohe Qualität bei automatischer Fertigung, Temperaturkonstanz. Bild 4.6 zeigt ein Tf-Filter aus Stahlbiegeschwingern. Hierdurch werden die voluminösen LC-Filter der Tf-Technik ersetzt. Jeder Stahlbiegeschwinger ersetzt einen LC-Schwingkreis. Darstellung eines Schwingers etwa natürliche Größe.

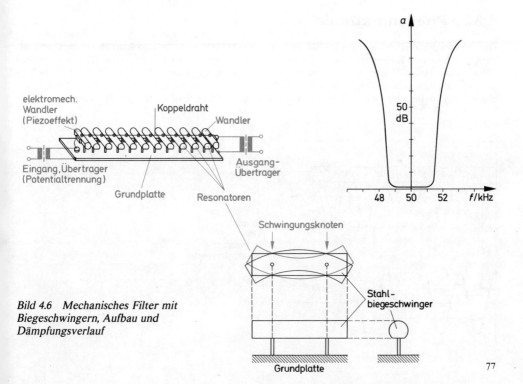

*Bild 4.6   Mechanisches Filter mit
Biegeschwingern, Aufbau und
Dämpfungsverlauf*

77

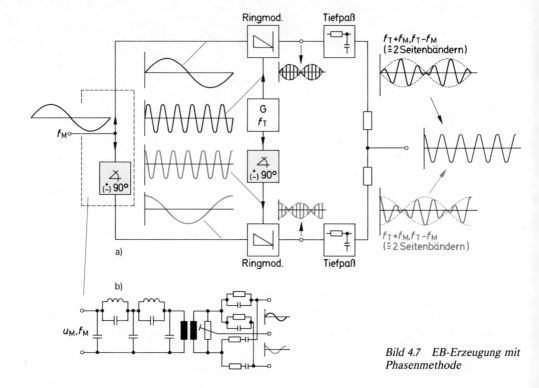

a)

b)

u_M, f_M

Bild 4.7   EB-Erzeugung mit Phasenmethode

4.3   Phasenmethode

Das Prinzip der Phasenmethode ist, daß es zwei parallel arbeitende Ringmodulatoren gibt, wobei jedoch dem einen Träger und Information in Originallage, dem andern Träger und Information um 90° gegenüber der Originallage verschoben zugeführt werden (Bild 4.7a). Beide Modulationsprodukte werden nach den Ringmodulatoren zusammengefaßt. Die Folge der 90°-Verschiebung ist, daß ein Seitenband des einen Modulators gegenüber dem entsprechenden Seitenband des

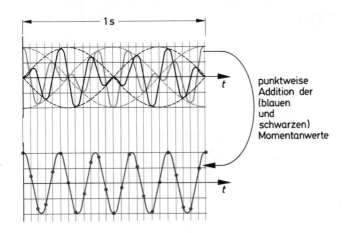

punktweise
Addition der
(blauen
und
schwarzen)
Momentanwerte

Bild 4.8   Addition der Modulationsprodukte

anderen Modulators um 180° verschoben ist und durch die Zusammenfassung ausgelöscht wird. Es bleibt nur noch ein Seitenband übrig. Welches ausgelöscht wird, hängt vom Vorzeichen der 90°-Verschiebung ab. Bei +90° wird das obere, bei −90° das untere Seitenband ausgelöscht. Bild 4.8 zeigt für den Fall +90° die beiden Modulationsprodukte (blau und schwarz). Durch punktweise Addition der Momentanwerte erhält man tatsächlich nur noch eine Schwingung (rote Kurve). Einfaches **Zahlenbeispiel:** $f_M = 1$ Hz, $f_T = 6$ Hz, Phasenverschiebung zwischen blauem und schwarzem Kurvenzug +90°, also bleibt untere Seitenschwingung (5 Hz, rote Kurve) übrig.

Der **Vorteil der Phasenmethode** gegenüber der Filtermethode ist, daß man sich das aufwendige EB-Filter sparen kann, aber man braucht statt-dessen für das Modulationssignal einen nicht gerade einfachen breitbandigen Phasenschieber (Bild 4.7b). Daß sich die Methode in der Praxis nicht besonders durchgesetzt hat, liegt an der Schwierigkeit, die 90°-Verschiebung über das gesamte Informationsspektrum exakt durchzu-führen. Der **Nachteil** ist dadurch der, daß die Seitenbandunterdrückung nicht über das gesamte Informationsspektrum ausreichend ist. Der Phasenfehler beträgt im Sprachband von 2 oder 3 kHz Breite zwar nur wenige Grad. Der daraus resultierende Abstand zwischen unerwünschtem und erwünschtem Seitenband von knapp 30 dB wird aber praktisch nicht erreicht, wenn man Alterung und Temperaturschwankungen bei den Bauteilen in den Phasenschiebern mitberücksichtigt.

4.4 Demodulation bei EM

Im Prinzip kann auf zwei Arten demoduliert werden:

a) Addition eines im Empfänger erzeugten und mit dem Sendeträger gleichfrequenten Hilfsträgers zum empfangenen Seitenband und Hüllkurvengleichrichtung.

b) Demodulation des empfangenen Seitenbandes mittels eines im Empfänger erzeugten Hilfsträgers in einem Ringmodulator. Die Differenzfrequenz entspricht der Information.

Im Fall a ist Voraussetzung für gute Wiedergabe, daß der zu addierende Hilfsträger wesentlich größere Amplitude hat als das Seitenband. Bild 4.9 zeigt den Unterschied große Amplitude – kleine Amplitude. Nur bei großer Trägerampli-tude ist die Hüllkurve der überlagerten Schwingungen praktisch sinusförmig (Bild 4.9 oben). Bei zu geringem Amplitudenverhältnis ist die Hüll-kurve nicht mehr genau sinusförmig. Nach der Hüllkurvendemodulation (Gleichrichtung) ent-hält das Spektrum der Information nichtlineare Verzerrungen in Form von ganzzahligen Ober-schwingungen, die erst bei höheren Informations-frequenzen nicht mehr ins eigene Band fallen.

Im Fall b gibt es keine Schwierigkeiten bezüglich Verzerrungen. Ein Tiefpaß nach dem Modulator trennt die Summenfrequenz ab und liefert die Differenzfrequenz als Information.

In beiden Fällen besteht das Problem der **Frequenzgleichheit** von Sendeträger und im Empfänger erzeugten Hilfsträger. Jede Frequenzdifferenz zwischen Sende- und Empfangsträger wirkt sich direkt niederfrequent aus. Ein Beispiel: $f_M = 400$ Hz wird mit $f_T = 100$ kHz moduliert. Die eine Seitenschwingung 100,4 kHz wird übertragen. Der empfangsseitige Hilfsträger möge um den Faktor $5 \cdot 10^{-4}$ abweichen und betrage anstelle von 100 kHz nur 99,95 kHz. Als Differenzfrequenz entsteht $f'_M = 100,4 − 99,95$ kHz $= 450$ Hz. Von der tatsächlichen Informationsfrequenz 400 Hz unterscheidet sich die empfangene Frequenz akustisch um einen Ganzton. Es sind daher sowohl für die Erzeugung der Träger im Sender als auch der Hilfsträger im Empfänger quarzge-steuerte Oszillatoren erforderlich mit einer Genauigkeit von $\pm 10^{-5}...10^{-6}$ je nach Frequenzlage.

Unkritisch ist eine unterschiedliche **Phase** zwischen Sendeträger und Empfangshilfsträger. Das Ohr ist dafür unempfindlich. Dies ist ein wesentlicher Unterschied zur Demodulation einer Zweiseitenbandmodulation mit unterdrücktem Träger (s. S. 65).

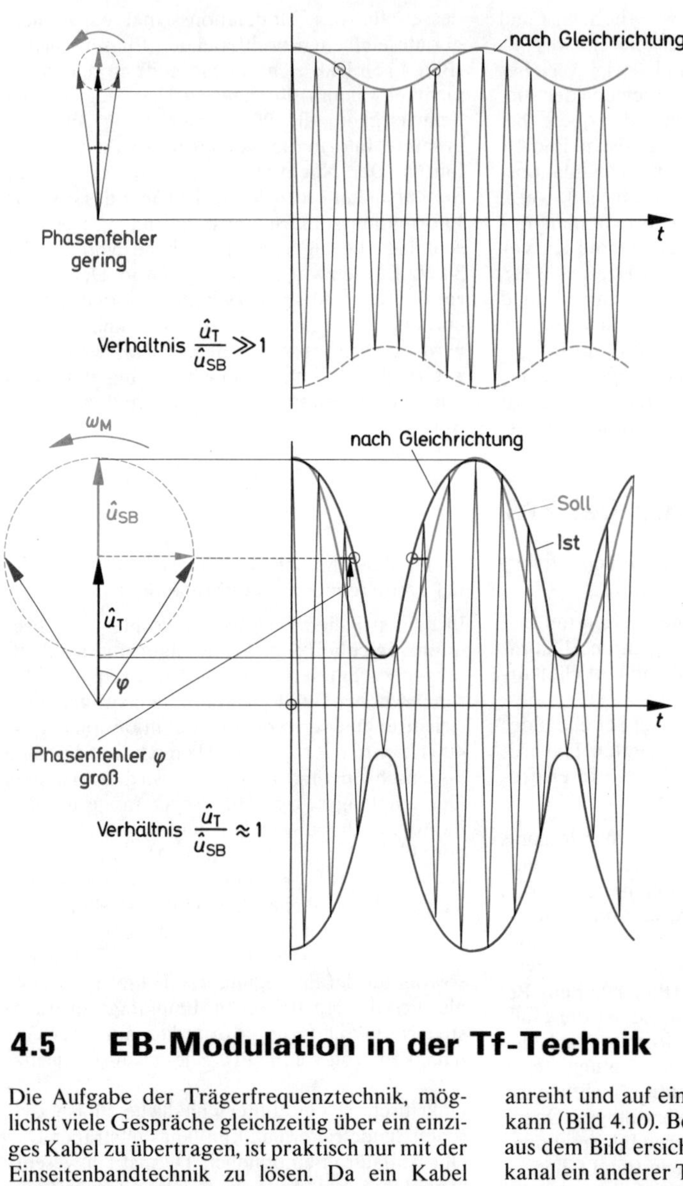

Bild 4.9
EB-Demodulation durch
Hüllkurvengleichrichtung

nach Gleichrichtung

t

Phasenfehler
gering

Verhältnis $\dfrac{\hat{u}_T}{\hat{u}_{SB}} \gg 1$

ω_M

nach Gleichrichtung

$\hat{u}_{SB}$

Soll

Ist

$\hat{u}_T$

φ

t

Phasenfehler φ
groß

Verhältnis $\dfrac{\hat{u}_T}{\hat{u}_{SB}} \approx 1$

4.5 EB-Modulation in der Tf-Technik

Die Aufgabe der Trägerfrequenztechnik, möglichst viele Gespräche gleichzeitig über ein einziges Kabel zu übertragen, ist praktisch nur mit der Einseitenbandtechnik zu lösen. Da ein Kabel wegen seiner Dämpfung bei hohen Frequenzen nur in einem begrenzten Frequenzbereich übertragen kann, muß die pro Gespräch benötigte Bandbreite möglichst gering gehalten werden. Durch Umsetzung des Telefoniebandes im Ringmodulator mit geeigneter Trägerfrequenz und Abtrennung eines Seitenbandes kann erreicht werden, daß sich ein Gesprächskanal im sogenannten **Frequenzmultiplex** an den anderen anreiht und auf einem Kabel übertragen werden kann (Bild 4.10). Bei diesem Verfahren muß, wie aus dem Bild ersichtlich ist, für jeden Gesprächskanal ein anderer Trägergenerator und ein anderes Filter zur Verfügung stehen. Das gleiche gilt für den Empfänger.

Zur Vermeidung des großen Aufwands werden **Vorgruppen** (Bild 4.11a) aus jeweils drei Gesprächskanälen gebildet und in einer gemeinsamen zweiten Umsetzungsstufe erst in die endgültige Frequenzlage gebracht. Dadurch wird erreicht, daß alle Vorgruppen aus gleichartigen Baugruppen bestehen können. Bild 4.11b zeigt die

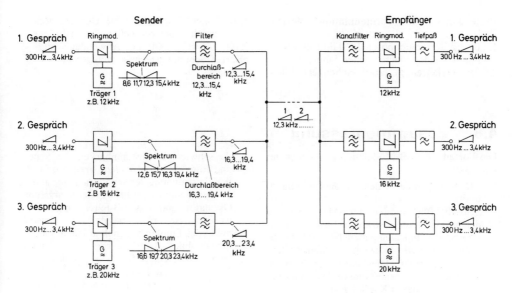

Bild 4.10
Einseitenband-Modulation
in der Tf-Technik

a)

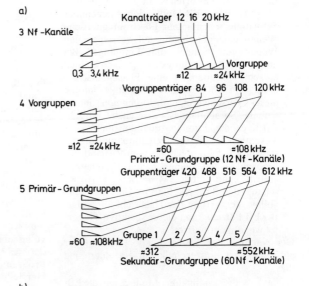

Bild 4.11 Bildung von Gesprächskanalgruppen in der Tf-Technik
a) Vorgruppenmodulation (Kanalträger 12, 16, 20 kHz, nicht einheitliche LC-Kanalfilter)
b) Vormodulation (Kanalträger 48 kHz und mechanische Kanalfilter ≈48···52 kHz einheitlich)

b)

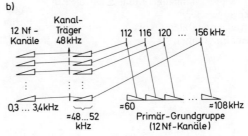

81

heute angewandte „**Vormodulation**". Vorteile sind:

1. Ersatz der voluminösen LC-Filter durch die relativ kleinen mechanischen Filter;
2. das Verfahren gestattet einheitliche Filter,

also: hoher Stückzahleffekt! Der Nachteil der zwölf erforderlichen Kanalträger (112···156 kHz) fällt bei Anwendung integrierter Schaltungstechnik weniger ins Gewicht.

4.6 Zusammenfassung

Die Vorteile der EB-Modulation gegenüber der AM sind:

1. EB-Modulation erfordert nur die halbe Bandbreite.
2. Selbst bei 100% modulierter AM steckt nur $1/6$ der gesamten ausgestrahlten Leistung in **einem** Seitenband. Demgegenüber wird bei EB-Betrieb die **volle** Leistung in **einem** Seitenband ausgestrahlt. Dies macht sich durch eine erhebliche Störabstandsverbesserung bemerkbar (s. hierzu Kapitel 7.4).
3. Ein besonderer Vorteil ist die Störunempfindlichkeit der EB-Modulation gegenüber **Schwund**erscheinungen. Elektromagnetische Wellen gelangen häufig auf verschiedenen Wegen vom Sender zum Empfänger. Bei ungleichen Ausbreitungsbedingungen können einzelne Frequenzen eine Phasenverschiebung von 180° erhalten. Solange infolge dieser Verschiebung Auslöschungen innerhalb des Sprachbandes auftreten, beeinträchtigt dies die Empfangsqualität noch nicht wesentlich. Da dieser sogenannte Interferenzschwund jedoch abhängig vom Zustand der Ionosphäre bei immer neuen Frequenzen auftritt, kann er bei AM-Betrieb zur Auslöschung des Trägers führen. Dies hat eine völlige Verzerrung der Nachricht zur Folge. Bei EB-Betrieb kann dieser selektive Trägerschwund nicht auftreten.

Der **Nachteil** der EB-Modulation liegt in der aufwendigen Gerätetechnik. Im einzelnen sind dies

1. das bzw. (bei zweimaliger Modulation) die EB-Filter im Sender,
2. die frequenzstabilen Oszillatoren im Sender und im Empfänger,

3. die schwierige Umstimmbarkeit von Sender und Empfänger auf andere Frequenzen. Bei der Umstimmung des Senders auf eine andere Frequenz müssen im Prinzip der quarzstabile Oszillator und das EB-Filter umgestimmt werden bzw. ersetzt werden. Zur Umstimmung des Empfängers muß in jedem Fall der quarzstabile Hilfsträgeroszillator umgestimmt werden. Dafür müßte praktisch für jede Sende- bzw. Empfangsfrequenz ein anderer Quarz zur Verfügung stehen. Bei Verwendung frequenzgeregelter Oszillatoren muß eine relativ aufwendige Regelschleife mit Vergleichsquarz, Frequenzteilern oder Vervielfachern, Diskriminator u. dgl. zur Verfügung stehen.

Der letztgenannte Nachteil ist wohl auch der Grund, weshalb die Einseitenbandtechnik beim Rundfunk nicht angewendet wird. Könnte man den sendeseitigen Aufwand, der ja nur einmal erforderlich ist, noch vertreten, so ist die Umrüstung auf EB-Betrieb bei den einzelnen Radiogeräten ein beträchtlicher Mehraufwand. Die Frequenzknappheit zwingt allerdings zu einer besseren Ausnutzung der Bänder, so daß nach langjährigen Untersuchungen und Diskussionen ein sogenanntes ISB-System (**I**ndependent **S**ide**b**and) in Erwägung gezogen wird. Dieses System ermöglicht die Ausstrahlung zweier voneinander völlig unabhängiger Programme mit **einem** Sender, wobei die beiden Seitenbänder verschiedene Programme enthalten. Es versteht sich, daß zur Herstellung die Einseitenbandtechnik herangezogen wird. Mit Hilfe der integrierten Schaltungstechnik soll auch der Empfänger mit tragbarem Aufwand realisiert werden können.

4.7 Mathematische Zusammenhänge

EB-Erzeugung mittels Phasenmethode: Setzt man für $\omega_T t = \alpha$ und $\omega_M t = \beta$, so ergibt der obere Ringmodulator von Bild 4.7 gemäß dem Additionstheorem, wenn von den Amplituden abgesehen wird:

$$\sin \alpha \sin \beta = \frac{1}{2} \cos (\alpha - \beta) - \frac{1}{2} \cos (\alpha + \beta)$$

Wird der untere Ringmodulator mit um 90° voreilenden Sinusschwingungen gespeist (das sind Kosinusschwingungen), so ergibt sich:

$$\cos \alpha \cos \beta = \frac{1}{2} \cos (\alpha - \beta) + \frac{1}{2} \cos (\alpha + \beta)$$

Addiert man, so entfällt der Anteil

$$\frac{1}{2} \cos (\alpha + \beta),$$

und es bleibt tatsächlich nur die Differenzfrequenz $\omega_T - \omega_M$ ($\hat{=} \alpha - \beta$) übrig.

Erzeugen die Phasenschieber des Bildes 4.7 dagegen $-90°$, so entfällt bei der Addition der Anteil

$$\frac{1}{2} \cos (\alpha - \beta),$$

und es bleibt die Summenfrequenz

$$\omega_T + \omega_M \,(\hat{=} \alpha + \beta)$$

übrig.

Verzerrungen bei EB-Demodulation: Wird mit einem im Empfänger erzeugten Hilfsträger über einen Ringmodulator demoduliert, so entsteht höchstens ein Frequenzfehler, Δf, und zwar dann, wenn Sendeträger und Empfangsträger sich um die Frequenz Δf unterscheiden.
Auf den Phasenfehler reagiert das Ohr nicht. Anders ist es bei **Hüllkurvendemodulation.** Hier entsteht ein Klirrfaktor, weil die demodulierte Schwingung von der Sinusform abweicht (Bild 4.9). Man vergleiche die blaue Sollkurve mit der roten Istkurve.

Aus dem Zeigerbild des Bildes 4.9 links ergibt sich für den roten Summenzeiger der zeitabhängige Spitzenwert (Kosinussatz und Verwendung der Beziehung

$$-\cos \gamma = -\cos (90° + \omega_M t) = +\sin \omega_M t)$$

$$\hat{u}(t) = \sqrt{\hat{u}_T^2 + \hat{u}_{SB}^2 + 2\,\hat{u}_T\,\hat{u}_{SB} \sin \omega_M t}$$

Die Nulldurchgänge der Hüllkurve sind an der Stelle zu denken, wo Träger- und Seitenbandzeiger aufeinander senkrecht stehen. Der rote Summenzeiger hat in dem Fall die Länge

$$\sqrt{\hat{u}_T^2 + \hat{u}_{SB}^2}.$$

Formt man den obigen Ausdruck für $\hat{u}(t)$ um, so ergibt sich

$$\hat{u}(t) = \sqrt{\hat{u}_T^2 + \hat{u}_{SB}^2} \cdot \sqrt{1 + \frac{2\,\hat{u}_T\,\hat{u}_{SB}}{\hat{u}_T^2 + \hat{u}_{SB}^2} \cdot \sin \omega_M t}$$

$$= A \cdot \sqrt{1 + B \sin \omega_M t}$$

wenn man zur übersichtlicheren Darstellung die unübersichtlichen Amplitudenterme mit A und B abkürzt.
Entwickelt man die Wurzel in eine Reihe, so ergibt sich

$$\hat{u}(t) = A \left(1 + \frac{1}{2} B \sin \omega_M t - \frac{1}{2 \cdot 4} B^2 \times \right.$$

$$\times \sin^2 \omega_M t + \frac{1 \cdot 3}{2 \cdot 4 \cdot 6} B^3 \sin^3 \omega_M t -$$

$$\left. - \frac{1 \cdot 3 \cdot 5}{2 \cdot 4 \cdot 6 \cdot 8} B^4 \sin^4 \omega_M t + - \ldots \right)$$

Berücksichtigt man gemäß Seite 34 die trigonometrische Beziehung

$$\sin^2 \omega_M t = \frac{1}{2} - \frac{1}{2} \cos 2 \omega_M t \,,$$

so ergibt sich der Klirrfaktor k_2 der Oberwelle 2ω:

$$k_2 = \frac{\text{Oberschwingg.-Ampl.}}{\text{Grundschwgg.-Ampl.}} = \frac{\dfrac{1}{2} \cdot \dfrac{1}{2 \cdot 4} \cdot B^2}{\dfrac{1}{2} B}$$

$$= \frac{1}{4} \cdot \frac{1}{2} B = \frac{1}{4} \cdot \frac{\hat{u}_T \cdot \hat{u}_{SB}}{\hat{u}_T^2 + \hat{u}_{SB}^2} = \frac{1}{4} \cdot \frac{\hat{u}_{SB}}{\hat{u}_T}$$

$$\times \frac{1}{1 + \hat{u}_{SB}^2/\hat{u}_T^2} \approx \frac{1}{4} \cdot \frac{\hat{u}_{SB}}{\hat{u}_T}$$

$\hat{u}_{SB}/\hat{u}_T$ muß sehr klein gegen 1 sein, wenn der Klirrfaktor klein sein soll. Soll $k_2 = 1\%$ sein, das sind 40 dB Störabstand für die zweite Harmonische, so muß $\hat{u}_{SB}/\hat{u}_T \approx 1/25$ sein.

In gleicher Weise kann mit Hilfe der trigonometrischen Beziehung

$$\sin^3 \omega_M t = \frac{3}{4} \sin \omega_M t - \frac{1}{4} \sin 3 \omega_M t$$

und der Reihenentwicklung aus dem Term für $\sin^3 \omega_M t$ der Klirrfaktor k_3 der dritten Harmonischen berechnet werden, und man erhält

$$k_3 \approx \frac{1}{8} (\hat{u}_{SB}/\hat{u}_T)^2 .$$

Da dieser jedoch sehr klein ist, braucht im wesentlichen nur k_2 berücksichtigt zu werden.

4.8   Fragen und Aufgaben

1. Welche Aufgabe hat das Filter bei der Erzeugung von EM?

2. Welche Vorteile hat EM im Vergleich zu AM?

3. Welche Breite muß ein Filter bei EM mindestens haben?

4. Warum verwendet man bei EM Ringmodulatoren?

5. Warum ist EM mit der Filtermethode leichter herzustellen, wenn der Träger vor dem Filter bereits unterdrückt ist?

6. Warum wird ein Sprachband meist nicht direkt, sondern erst über eine Zwischenfrequenzlage in die endgültige Hf-Lage gebracht?

7. Ein Sprachband 0,3···3,4 kHz wird mittels Ringmodulator moduliert; welchen Frequenzabstand haben die entstehenden Seitenbänder?

8. Welche Schwierigkeit besteht bei der Erzeugung von EM mittels Filtermethode bei sehr tiefen Modulationsfrequenzen f_M?

9. Welche Arten von Filtern gibt es bei der EM-Erzeugung mittels Filtermethode?

10. Warum ist die Unterdrückung eines der beiden Seitenbänder bei der Phasenmethode über einen großen Niederfrequenzbereich schwierig?

11. Was versteht man unter Frequenzmultiplexbetrieb?

12. Wie entsteht eine Vorgruppe in der Tf-Technik (Erläuterung anhand eines Blockschaltbilds!)?

13. Welcher Unterschied besteht bei der Zeigerdarstellung einer AM und einer EM mit zugesetztem Träger?

14. Warum muß a) bei Hüllkurvengleichrichtung, b) bei Demodulation mittels Ringmodulator $\hat{u}_T \gg \hat{u}_{SB}$ sein.

15. Sowohl bei EM als auch bei ZM muß der Träger im Empfänger wiederhergestellt werden; welchen Vorteil hat hier EM?

16. Wie wirkt sich bei EM die Demodulation mittels Hüllkurvengleichrichtung aus, wenn der zugesetzte Träger zu klein ist?

17. Ein Sprachband 0,3···3,4 kHz wird mit $f_T = 100$ kHz moduliert; a) in welchem Frequenzbereich liegt das untere Seitenband, b) welcher Frequenz entspricht 0,3, welcher 3,4 kHz?

18. Warum darf ein Sprachband, das in der Hf-Lage in Kehrlage zwischen den Frequenzen 96,6···99,7 kHz auftritt, nicht mit einem Träger von 96,3 kHz demoduliert werden?

19. Um wieviel Prozent darf bei einem Sendeträger von 200 kHz der im Empfänger erzeugte Träger höchstens abweichen, wenn ein 800-Hz-Ton nur um 1% falsch sein darf?

20. Welcher Klirrfaktor (k_2 und k_3 der zweiten bzw. dritten Harmonischen) ergibt sich bei Hüllkurvengleichrichtung einer EM, wenn $\hat{u}_{SB}/\hat{u}_T = 1/2,5$ ist?

Literatur: [8, 9, 10, 11, 12].

5   Restseitenbandmodulation (RM)*

5.1   Erzeugung

Bei der Restseitenbandmodulation wird von der reinen AM nicht wie bei EM ein volles Seitenband, sondern nur ein Teil davon mittels eines Filters abgetrennt. Ziel ist wieder die Verringerung der Übertragungsbandbreite. Ein Rest des Seitenbandes sowie Träger und anderes Seitenband bleiben zunächst voll erhalten und werden übertragen. Man wendet dieses Verfahren an, wenn die Seitenbänder so eng beisammen liegen, daß reine Einseitenbandtechnik wegen des zu großen Aufwands beim Einseitenbandfilter nicht mehr in Frage kommt. Das Spektrum dieser RM zeigt Bild 5.1. Lediglich eine Phasenkorrektur in der Nähe der Trennstelle ist vor der Aussendung notwendig, da das steile Filter in der Nähe der Filterflanke eine überproportionale Phasendrehung verursacht.

Um die Frage geeigneter Demodulation zu klären, soll Spektrum und Zeigerdiagramm untersucht werden. Das Spektrum kann man in zwei Gebiete, *A* und *B*, einteilen. Im Gebiet *A* haben wir es mit reiner AM zu tun, im Gebiet *B* mit Einseitenbandmodulation. Das Zeigerbild in *A* entspricht somit dem der AM (Bild 5.2 links). Die Gesamtamplitude schwankt zwischen einem Maximum und einem Minimum, der Unterschied entspricht bekanntlich der Modulationstiefe. Maximum bzw. Minimum werden immer dann erreicht, wenn *beide* Seitenschwingungszeiger

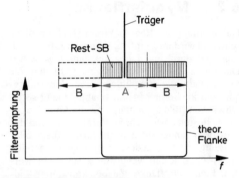

Bild 5.1   Spektrum bei Restseitenbandmodulation

gleichgerichtet sind und sich algebraisch addieren.

Betrachten wir nun Bereich *B* des Spektrums. Wegen des fehlenden zweiten Seitenbandes addiert sich zum Träger nur die eine Seitenschwingung (Bild 5.2 rechts). Von der Demodulation der Einseitenbandmodulation (Bild 4.9) wissen wir, daß die Hüllkurve praktisch unverzerrt ist, wenn der Träger groß genug ist. Dies soll vorausgesetzt werden. Da aber am Zustandekommen der Summenschwingung nur **eine** Seitenschwingung beteiligt ist, ist die Modulationstiefe, wie sich leicht

Bild 5.2   Zeigerdarstellung bei Restseitenbandmodulation ohne Nyquistflankendämpfung

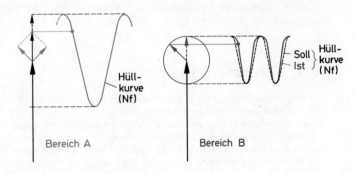

---

* engl.: Vestigial AM

aus einem Vergleich der Zeigerdarstellungen Bild 5.2 entnehmen läßt, nur halb so groß.

Würde man nun die Demodulation durch Gleichrichtung einer solchen RM vornehmen, so würde sich ein beträchtlicher Amplitudenfehler der Informationsspannungen ergeben. Niedrige Frequenzen des Informationsspektrums, deren Sei-

tenschwingungen im Bereich *A* liegen, würden nach der Demodulation die doppelte Amplitude haben wie hohe Frequenzen, deren Seitenschwingungen im Bereich *B* liegen. Im nächsten Abschnitt soll gezeigt werden, wie geeignete Demodulation erreicht wird.

5.2 Nyquistflanke

Das empfangene RM-Spektrum (Bild 5.3, oben, schwarz) wird im Empfänger **vor** der Gleichrichtung erst durch ein Filter mit ganz besonderer Dämpfungscharakteristik gegeben. Es hat die Eigenschaft, die Amplituden der Spektralfrequenzen im Bereich *A* linear abnehmend so zu schwächen (Bild 5.3 unten), daß die vom Träger am weitesten entfernten Spektralfrequenzen des Restseitenbandes am meisten und die spiegelbildlich zum Träger im anderen Seitenband liegenden Spektralanteile am wenigsten geschwächt werden. Eine Filterflanke, die bei konstanter Eingangsspannung eine derart frequenzabhängige linear zunehmende Ausgangsspannung liefert, nennt man **Nyquistflanke.**

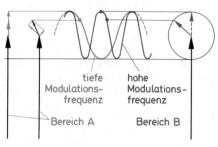

Bild 5.4 Zeigerdarstellung nach linearer Abschwächung durch Nyquistflanke

Die Wirkung dieser Maßnahme ist wieder aus dem Zeigerdiagramm zu erkennen (Bild 5.4). Zwei zusammengehörige Seitenschwingungen links und rechts des Trägers haben zwar verschiedene Amplituden, aber ihre algebraische Summe ist jeweils konstant und entspricht genau der Amplitude der Einseitenbandschwingung des Bereiches *B*. Die Maxima und Minima der Summenschwingung, die bei gleicher Richtung der beiden Seitenzeiger entstehen, entsprechen nun dem Fall in Bild 5.2 rechts. Die Modulationstiefe ist jetzt unabhängig von der Informationsfrequenz über das ganze Band konstant, so daß hier mit der Gleichrichtung des so verformten Spektrums die Demodulation abgeschlossen werden kann.

Den gleichen Effekt könnte man zwar auch durch Halbieren aller Amplituden im Bereich A erreichen, bräuchte dann aber ein (schwer realisierbares) Filter mit treppenförmigem Dämpfungsverlauf.

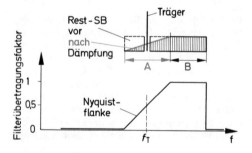

Bild 5.3 Einfluß der Nyquistflanke auf die Seitenbandanteile

5.3 Verzerrungen

Eine Auskunft über den **Grad der Verzerrung** der Information beim Restseitenbandverfahren erhält man zumindest qualitativ aus der Zeigerdarstellung Bild 5.5. Bei der Einseitenbandmodulation wurde anhand von Bild 4.9 gezeigt, daß bei sinusförmiger Information die Abweichung vom reinen Sinus um so größer ist, je größer die Pha-

senabweichung des Summenzeigers vom Trägerzeiger ist. Im Bild 5.5 ist zu erkennen, daß die Frequenzen der Information, deren Seitenschwingungen noch im Bereich der Nyquistflanke (*A*) liegen, einen geringeren Phasenfehler der Summenschwingung aufweisen als solche, die im Gebiet der Einseitenbandmodulation (*B*) liegen.

Das heißt, daß niedrige Informationsfrequenzen weniger verzerrt werden als hohe. Ursache dafür ist, daß im Gebiet A immerhin zwei wenn auch ungleich lange Zeiger zusammenwirken, wodurch die Phasenabweichung zum Teil wieder ausgeglichen wird.

Geringere Verzerrung bei tiefen Frequenzen ist allerdings auch notwendig, denn deren Oberschwingungen fallen größtenteils wieder ins Informationsband. Bei höheren Informationsfrequenzen liegen die Oberschwingungen teilweise bereits oberhalb des Informationsbandes und können durch einen Nf-Tiefpaß abgetrennt werden.

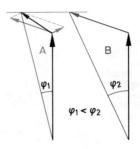

Bild 5.5   Phasenfelder bei Restseitenbandmodulation

5.4   Anwendung in der Fernsehtechnik

Beim Fernsehen beginnen das Videofrequenzband sowie das BAS-Signal praktisch bei 0 Hz und reichen bis 5,5 MHz. Das würde bei AM eine Übertragungsbandbreite von 11 MHz erfordern und in dem zur Verfügung stehenden Frequenzbereich nur wenige Fernsehsender erlauben. Reine Einseitenbandmodulation zum Zweck der Verringerung der Hf-Bandbreite scheidet aber aus, weil die Spektralanteile der Seitenbänder nahezu direkt an den Träger anschließen. Außerdem muß auch der Träger übertragen werden. Hier hilft man sich mit der RM und unterdrückt nur einen Teil des unteren Seitenbandes. Dadurch kommt man mit einer Bandbreite von nur 6,75 MHz aus (Bild 5.6).

Die Unterdrückung des Bandes kann allerdings nicht in der späteren Sendefrequenzlage geschehen. Man bedenke, daß z.B. im UHF-Bereich (470···790 MHz) der Flankenabfall von rund

0,5 MHz einer relativen Bandbreite von praktisch kaum mehr als 0,1% entspricht. Da wie bei EM das Filter um so leichter zu realisieren ist, je größer die relative Bandbreite ist, wird ein relativ niedriger Bild-Zf-Träger von nur 38,9 MHz erzeugt und mit dem Bildsignal (BAS-Signal) amplitudenmoduliert. In diesem Gebiet ist es möglich, durch ein nachgeschaltetes Filter das gewünschte Restseitenbandspektrum mit 0,5 MHz Flankenabfall zu erzeugen. Anschließend wird es in die endgültige Sendefrequenz umgesetzt.

Die weitere Formung des Spektrums geschieht erst im Empfänger, und zwar auch hier nicht in der Hochfrequenzanlage, sondern erst nach der Umsetzung in die Zwischenfrequenz, die auch im Empfänger 38,9 MHz beträgt. Bei dieser Umsetzung kommt übrigens das Spektrum in die Kehrlage, so daß sich jetzt im Gegensatz zum Sender der Bildträger im oberen Teil, der Tonträger am unteren Ende des Spektrums befindet. Die Nyquistflanke muß also am oberen Teil des Bandes wirken. Dies geschieht im Bild-Zf-Verstärker, in dem Verstärker mit Bandfilterkopplung verwendet werden. Seine Verstärkung bzw. Abschwächung muß einem ganz bestimmten Toleranzschema entsprechen und ist im Bild 5.7 im linearen Maß dargestellt. Im linearen Maßstab ist der geradlinige Verlauf der Nyquistflanke bemerkenswert, in deren Mitte der Bildträger zu liegen hat. Hierbei soll erwähnt werden, daß auch der Träger durch die Nyquistflanke zwangsläufig reduziert wird, und zwar um die Hälfte. Nach Formung des Spektrums im Bild-Zf-Verstärker kann durch anschließende Gleichrichtung das Bildsignal gewonnen werden.

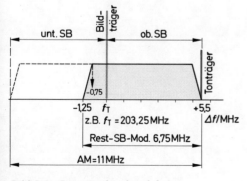

Bild 5.6   Restseitenbandmodulation beim Fernsehkanal

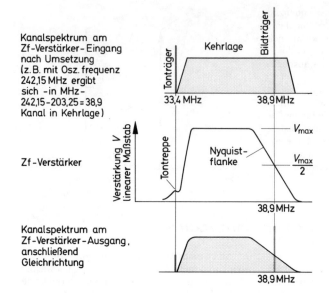

Kanalspektrum am
Zf-Verstärker-Eingang
nach Umsetzung
(z.B. mit Osz.frequenz
242,15 MHz ergibt
sich -in MHz-
242,15-203,25=38,9
Kanal in Kehrlage)

Zf-Verstärker

Kanalspektrum am
Zf-Verstärker-Ausgang,
anschließend
Gleichrichtung

Bild 5.7 Fernsehkanalspektrum im Empfänger

5.5   Fragen und Aufgaben

1. Das Spektrum bei RM soll skizziert werden!
2. Es soll erläutert werden, warum man beim RM-Spektrum einen AM- und einen EM-Bereich unterscheiden kann!
3. Wie würde sich eine direkte Demodulation durch Hüllkurvengleichrichtung auf die Amplituden tiefer und hoher Frequenzen auswirken (Vergleich!)?
4. Wie wirkt sich die Nyquistflanke im Empfänger auf das Amplitudenspektrum aus?
5. Warum kann bei RM ein zu Gleichstrom proportionales Signal übertragen werden (Vergleich mit EM bei unterdrücktem Träger)?

Literatur: [5, 34, 64, 32].

6 Frequenzmodulation (FM)

6.1 Erzeugung der FM

LC-Oszillator

FM gehört zur Winkelmodulation. Bei FM wird die Frequenz und mit ihr der Winkel einer hochfrequenten Trägerschwingung im Rhythmus der niederfrequenten Signalschwingung geändert. Dabei bleibt die Amplitude konstant. Man erreicht dies wegen

$$f = \frac{1}{2\pi\sqrt{L \cdot C}}$$

dadurch, daß man die Induktivität oder die Kapazität des frequenzbestimmenden Schwingkreises des Generators im Takt der Signalschwingung ändert. Im einfachsten Fall kann die **Kapazität** des Schwingkreises mit Hilfe eines Kondensatormikrofons (Bild 6.1a) oder einer Kapazitätsdiode beeinflußt werden (Bild 6.1b). Bei der Kapazitätsdiode ändert sich die Kapazität in Abhängigkeit von der angelegten Signalspannung, beim Kondensatormikrofon direkt durch die Schallschwingungen.

Spannungsgesteuerter Sägezahnoszillator

Eine große Frequenzvariation erlaubt der spannungsgesteuerte Oszillator (engl. Voltage Controlled Oscillator, VCO) als Sägezahn- bzw. Dreieckgenerator nach dem Schwellenprinzip (engl. Ramp Oscillator). Es ist recht einfach: Ein Kondensator wird abwechselnd ge- und wieder entladen, und zwar mit eingeprägtem Ladestrom I_1 bzw. Entladestrom I_2. Der Wechsel zwischen Ladung und Entladung wird durch einen Umschalter vollzogen. Er hängt von einer oberen und einer unteren Spannungsschwelle ab: Erreicht die linear ansteigende Ladespannung den oberen Schwellenwert eines Spannungsvergleichers oder Schmitt-Triggers, so sorgt dieser für die Umschaltung auf „Entladen", und die Kondensatorspannung nimmt linear ab bis auf den unteren Schwellenwert der entsprechenden Kippschaltung, bei dem der Schalter wieder auf „Laden" umgestellt wird.

Es entsteht eine Dreieckspannung, wenn Lade- und Entladestrom gleich, eine Sägezahnspannung, wenn die Ströme verschieden sind. Die **Schwingfrequenz** hängt vom Lade- und Entladestrom, von der **Kapazität** und vom **Abstand** der beiden Schwellenspannungen ab.

In etwas modifizierter Form ist das Oszillatorprinzip im Bild 6.1c dargestellt (Ausschnitt aus dem IC 8038, Firma Intersil). Der integrierte Schaltkreis wird an Pin 10 extern mit dem Lade-/Entladekondensator beschaltet (rot im Bild). Obere und untere Spannungsschwelle werden durch den oberen bzw. unteren nicht gegengekoppelten Differenzverstärker realisiert, deren Kollektorspannungen über die blau gezeichneten Verbindungsleitungen zum Setzen bzw. Rücksetzen eines Flipflops dienen, das mit seiner Ausgangsspannung auf den Schalter (Transistor Q_{10}) wirkt. Die Modifikation zum beschriebenen Prinzip besteht lediglich darin, daß kein Umschalter verwendet wird: Q_{10} schaltet entweder aus, dann wird C mit dem Strom I geladen, oder ein, dann wird zwar C immer noch mit I geladen, aber gleichzeitig mit $2 \cdot I$ entladen, also überwiegt der Entladestrom mit $2 \cdot I - I = I$. Man erhält auch mit dieser Schaltung eine Dreieckspannung ohne den etwas komplizierteren Umschalter. Die Dreieckspannung kann entweder direkt an C oder, wie hier, über den Kollektor eines Transistors (hier Q_9) abgenommen werden. Zur Erzeugung einer Sinusform (synthetischer Sinus!) folgt nun ein Netzwerk zur nichtlinearen Kurvenformung. Lade- und Entladestrom können an Pin 4 bzw. 5 durch extern angeschaltete Widerstände vorgegeben werden. Die zur Frequenzmodulation erforderliche Spannung (Niederfrequenz, Wobbelfrequenz oder, bei Verwendung als phasengerastete Schleife, die Regelspannung) wird bei Pin 8 eingegeben.

Da die FM nicht nur als Modulationsverfahren zur Nachrichtenübertragung gebraucht wird, sondern insbesondere im Zusammenhang mit der phasengerasteten Schleife (PLL, s. S. 111) zur De-

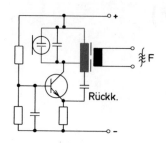

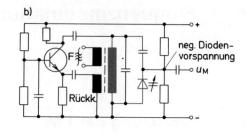

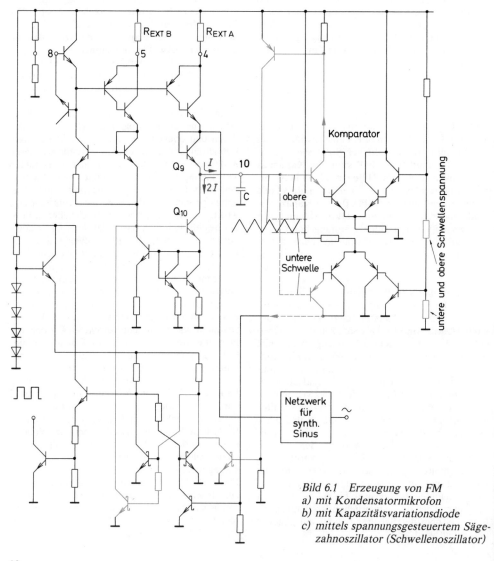

Bild 6.1   Erzeugung von FM
a) mit Kondensatormikrofon
b) mit Kapazitätsvariationsdiode
c) mittels spannungsgesteuertem Säge-
    zahnoszillator (Schwellenoszillator)

modulation, als aktives Filter, zum Pilotnachweis in der Stereotechnik, in der Frequenzaufbereitung („Synthesizer"), hat dieses Oszillatorprinzip in zahlreichen integrierten Schaltungen Eingang gefunden.

LC-Oszillator mit Reaktanzröhre

Zur Erzeugung größerer Leistungen verwendet man die Reaktanzröhre. Ihre Anoden-Katoden-Strecke wird parallel zum frequenzbestimmenden Schwingkreis geschaltet. Sie wirkt wie eine Spule oder wie ein Kondensator, deren L bzw. C mittels der Steilheit gesteuert werden kann. Die prinzipielle Wirkungsweise ist die, daß die Anodenwechselspannung über einen festen Spannungsteiler, der 90°-Phasen-Verschiebung macht, auf das Gitter zurückgeführt wird. Die gleiche Phasenverschiebung besteht dadurch auch zwischen Anodenwechselstrom und Anodenwech-

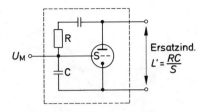

Bild 6.2   Reaktanzröhre

selspannung, weshalb man die Anoden-Katoden-Strecke als Blindelement (Reaktanz) betrachten kann. Da die Steilheit bei der Ersatzkapazität bzw. Ersatzinduktivität als Faktor eingeht, ergibt sich durch Steilheitssteuerung eine entsprechende Kapazitäts- bzw. Induktivitätsänderung (Bild 6.2).

6.2   Modulations- und FM-Schwingung

Die Auswirkung von Amplitude und Frequenz der Modulationsschwingung auf die FM-Schwingung läßt sich am besten an einem Versuch zeigen.

Versuch: Ein frequenzmodulierbarer Generator soll mit einem sinusförmigen Signal moduliert werden.
a) Bei konstanter Signalfrequenz soll die Signalamplitude erhöht werden.
b) Bei konstanter Signalamplitude soll die Signalfrequenz erhöht werden.

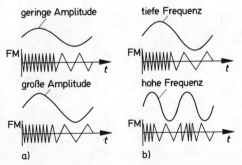

Bild 6.3   Wirkung von Amplitude und Frequenz der Modulationsschwingung auf die FM-Schwingung

Das Oszillogramm ist zu untersuchen. Der Versuch soll mit rechteckförmiger Modulationsspannung wiederholt werden!

Beobachtung: Wird eine größere Anzahl von Hochfrequenzschwingungen auf dem Oszilloskop dargestellt (langsame Zeitablenkung, Triggerung mit Modulationsspannung), so erkennt man Gebiete von „Verdichtungen" und „Verdünnungen", die sich abwechseln. In Verdichtungsgebieten drängen sich sehr viele Hochfrequenzschwingungen zusammen, in Verdünnungsgebieten verhältnismäßig wenige (Bild 6.3 und Bild 6.4). Der Abstand zweier Verdichtungsgebiete oder zweier Verdünnungsgebiete ist konstant. Er entspricht der Periodendauer der Informationsspannung, T_M.

Zu a) Je größer die Signalamplitude wird, um so enger drängen sich die **Hochfrequenzschwingungen** in den Verdichtungsgebieten zusammen und um so weniger Schwingungen bleiben daher in den Verdünnungsgebieten übrig. Die Frequenz des Trägers, f_T, tritt lediglich bei den Nulldurchgängen der Modulationsschwingungen kurzzeitig auf, wie dies aus Bild 6.4 zu entnehmen ist.

Zu b) Je höher die Modulationsfrequenz f_M wird, um so enger rücken die **Verdichtungs-** und **Verdünnungsgebiete** zusammen. Da der Abstand zweier Verdichtungs- oder Verdünnungs-

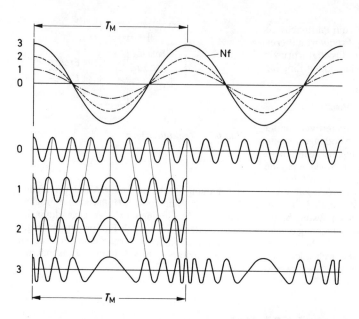

gebiete gleich der Periodendauer T_M der Modulationsschwingung ist, läßt sich damit aus dem Liniendiagramm der FM-Schwingung leicht die Frequenz der Informationsschwingung ermitteln:

$$f_M = 1/T_M.$$

Noch deutlicher zeigen sich die Verdichtungs- und Verdünnungsgebiete bei Rechteckmodulation. Während der positiven Amplitude der Modulationsspannung wird hohe Frequenz f_2, während der negativen tiefe Frequenz f_1 erzeugt. Der Übergang von f_1 auf f_2 und umgekehrt ist so plötzlich, daß sich f_T im Oszillogramm überhaupt nicht zeigt.

Augenblicksfrequenz: Nur bei rechteckförmiger Modulationsschwingung bleibt die Modulationsspannung längere Zeit auf einem Wert stehen. Bei allen anderen Kurvenformen sind die Augenblickswerte der Spannung verschieden. Insbesondere gilt dies natürlich bei Sinusform. Da die Modulationsspannung nie längere Zeit auf einem Wert stehenbleibt, wird sich innerhalb der FM-Schwingung auch nie eine volle Periode einer bestimmten Frequenz einstellen können. Die „Frequenz" ist in jedem Augenblick anders. Man spricht daher von **„Augenblicksfrequenz".** Ist keine volle Periode der augenblicklich erzeugten Frequenz vorhanden, so kann auch nicht mehr exakt nach der Formel $f = 1/T$ mit Hilfe der Periodendauer T die Augenblicksfrequenz be-

stimmt werden. Allenfalls kann man aus der Steigung der Schwingungen im Nulldurchgang auf die augenblickliche Frequenz schließen (Definition der Augenblicksfrequenz S. 94).

Frequenzhub: Durch die Modulationsspannung wird die zunächst unmodulierte Trägerfrequenz f_T verändert, und zwar so, daß sie proportional zur **Modulationsspannung** zwischen einem Höchstwert f_2 und einem Tiefstwert f_1 im Rhythmus der Modulationsfrequenz pendelt. Die Auslenkung zu höherer oder tieferer Frequenz, von f_T aus

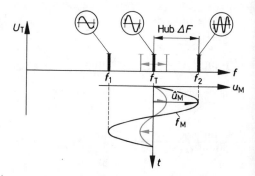

Bild 6.5   Schematische Darstellung der Frequenzmodulation (keine Spektraldarstellung, da f_1, f_T und f_2 nur Augenblicksfrequenzen sind!)

gerechnet, bezeichnet man mit **Frequenzhub** (Bild 6.5):

> Der Frequenzhub ist proportional zur Amplitude der Modulationsspannung.

Bei Modulation mit Sprache und Musik gilt folglich:

> Der Frequenzhub ist proportional zur Lautstärke.

Die maximale Auslenkung nennt man analog zum Spitzenwert der Modulationsspannung den **Spitzenhub** ΔF. Die **Eckfrequenzen** f_2 bzw. f_1 lassen sich exakt bestimmen, wenn der FM-Generator nicht mit Wechselspannung, sondern mit einer dem Spitzenwert der Modulationsspannung gleichen Gleichspannung angesteuert wird. Dann ist ΔF leicht zu bestimmen:

$$\Delta F = \frac{1}{2}\,(f_2 - f_1)$$

Der zugehörige „**Effektivhub**" ist entsprechend proportional zum Effektivwert der Modulationsspannung. D.h., bei Sinusform ist der Effektivhub um den Faktor $\sqrt{2}$ kleiner als der Spitzenhub.

Der Versuch hat gezeigt, daß hohe und tiefe Frequenzen in Form von Verdichtungsgebieten und Verdünnungsgebieten um so häufiger auftreten, je höher die Modulationsfrequenz f_M ist. Bei Modulation mit Sprache und Musik gilt daher:

> Die Tonhöhe bestimmt die Häufigkeit des Wechsels zwischen maximaler und minimaler Augenblicksfrequenz.

Modulationsgrad: Analog zum Modulationsgrad bei AM, $m = \Delta\hat{u}_T/\hat{u}_T$, kann man auch bei FM einen Modulationsgrad definieren, und zwar $m = \Delta F/f_T$. Abgesehen davon daß er ein Maß für die relative Trägeränderung ist, hat er im Gegensatz zum **Modulationsindex**

$$\eta = \frac{\Delta F}{f_M}$$

(s. S. 96) praktisch keine Bedeutung. Keinesfalls darf er mit diesem verwechselt werden.

6.3 Zusammenhang zwischen Frequenz und Phasenwinkel

Der Phasenwinkel einer unmodulierten Schwingung (Bild 6.6) beträgt nach einer Periode 2π, nach der zweiten Periode 4π, nach der dritten Periode 6π usw. Zwischen Phasenwinkel und Zeit besteht somit ein linearer Zusammenhang. Das gleiche gilt für den Zusammenhang zwischen Phasenwinkel und Frequenz. Je höher die Frequenz ist, um so größer ist die Zunahme des Winkels φ. Bekanntlich wird dieser Zusammenhang durch die Formel $\varphi = \omega t$ zum Ausdruck gebracht. Umgekehrt kann man aus der Steigung der Phasenverläufe (Dreiecke in Bild 6.6) die Kreisfrequenz und die Frequenz selbst bestimmen.

Aufgabe: Die in Bild 6.6 dargestellten Frequenzen sind 1 kHz, 2 kHz und 3 kHz. Wie hängen diese mit den Größen $\Delta\varphi$ und Δt der kleinen Steigungsdreiecke zusammen?

Lösung: Zwischen $\Delta\varphi$ und Δt muß derselbe Zusammenhang bestehen wie zwischen φ und t.

Demnach ist

$$\frac{\Delta\varphi}{\Delta t} = \omega$$

die Kreisfrequenz. Durch 2π geteilt, ergibt sich die Frequenz:

schwarzes Dreieck

$$\omega = \frac{\pi}{0{,}5\ \text{ms}}\ ;\quad f = \frac{\pi}{2\,\pi\cdot 0{,}5}\ \text{kHz} = 1\ \text{kHz}$$

blaues Dreieck

$$\omega = \frac{2\,\pi}{0{,}5\ \text{ms}}\ ;\quad f = \frac{2\,\pi}{2\,\pi\cdot 0{,}5}\ \text{kHz} = 2\ \text{kHz}$$

rotes Dreieck

$$\omega = \frac{3\,\pi}{0{,}5\ \text{ms}}\ ;\quad f = \frac{3\,\pi}{2\,\pi\cdot 0{,}5}\ \text{kHz} = 3\ \text{kHz}$$

Die Lösung zeigt, daß man aus der Steigung die Frequenz bestimmen kann. $\Delta\varphi/\Delta t$ wird mit **Ände-**

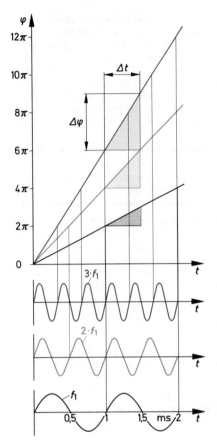

Phasenwinkel bei FM: Mit Hilfe von Bild 6.7 soll nun der Winkel untersucht werden. Zunächst sei eine hohe Frequenz $f_2 = \frac{3}{2}\cdot f_T$ vorhanden. Ihr Phasenwinkel steigt linear an. Man erhält den Winkel in Bogenmaß recht einfach dadurch, daß man die Perioden innerhalb des interessierenden Zeitraums zählt und mit $2\,\pi$ multipliziert. Zum Zeitpunkt t_1 möge sich durch eine sprunghafte Änderung der Modulationsspannung u_M die Frequenz sprunghaft auf den Wert f_T verringern. Da der Phasenverlauf um so flacher ist, je tiefer die Frequenz ist, knickt er im Zeitpunkt t_1 ab und geht flacher weiter.

Aus dem gleichen Grund entsteht zum Zeitpunkt t_2 ein Knick, wenn nämlich die Frequenz auf den noch tieferen Wert $f_1 = \frac{1}{2}\cdot f_T$ springt. Läßt man

Bild 6.6   Zusammenhang zwischen Frequenz und Phasenwinkel

rungsgeschwindigkeit des Phasenwinkels bezeichnet.

Auch bei nichtlinearem Phasenverlauf kann man hiermit die Winkelgeschwindigkeit bzw. Kreisfrequenz berechnen:

$$\omega = \frac{\Delta\varphi}{\Delta t}$$

Teilt man durch $2\,\pi$, so erhält man die Frequenz. Bei FM ist der Phasenverlauf nichtlinear. Die mit Hilfe obiger Formel ermittelte Kreisfrequenz gilt bei nichtlinearem Verlauf nur in einem bestimmten Zeitpunkt. Die nach Teilung durch $2\,\pi$ berechnete Frequenz kann also nur die **Augenblicksfrequenz** sein. Es gilt die Definition

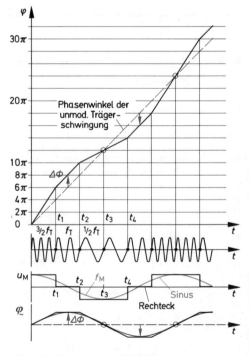

Bild 6.7   Phasenwinkel bei FM

danach (t_4) die Frequenz wieder zu höheren Werten springt, steigt auch die Phasenkurve wieder stärker an. Bei periodischer Wiederholung verläuft der Phasenwinkel um den gestrichelt dargestellten Mittelwert, der sich bei unmodulierter Frequenz f_T ergeben hätte. Läßt man den Mittelwert unberücksichtigt, so bleibt der im Bild unten dargestellte trapezförmige φ-Verlauf übrig. Der Phasenwinkel der modulierten Schwingung weicht um den sogenannten maximalen Phasenhub $\Delta\Phi$ vom Mittelwert ab. $\Delta\Phi$ ist in Bild 6.7 durch rote Pfeile dargestellt.

Eine Vergrößerung der Modulationsspannung ergibt noch mehr Schwingungen im Bereich der hohen und noch weniger im Bereich der tiefen Frequenzen, was bekanntlich einem größeren Frequenzhub entspricht. Die Ermittlung des Phasenverlaufs wie vorher durch Summieren (Integrieren) würde zeigen, daß jetzt der Phasenhub $\Delta\Phi$ auch größer geworden ist. Es besteht der grundlegende Zusammenhang:

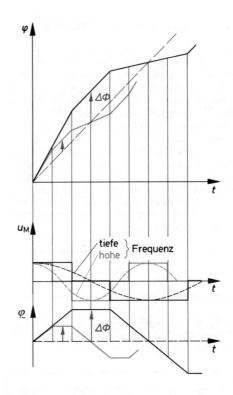

Bild 6.8   Verhalten des Phasenhubs bei zunehmender Frequenz

> Maximaler Phasenhub und maximaler Frequenzhub sind zueinander proportional.

Die Untersuchungen wurden zunächst an rechteckförmiger Modulationsspannung gemacht, da sich hier der Phasenverlauf, der sonst mathematisch durch Integration ermittelt werden müßte, leicht grafisch finden läß. Es ist aber einzusehen, daß durch feinere Stufung ein Kosinusverlauf der Modulationsspannung angenähert werden könnte (blau im Bild). Entsprechend wäre dann auch der Frequenzhub kosinusförmig. Aus dem trapezförmigen Phasenverlauf würde schließlich ein sinusförmiger (rot im Bild, unten). Interessant dabei ist, daß maximaler Frequenz- und maximaler Phasenhub nicht gleichzeitig auftreten. Es besteht eine Phasenverschiebung.

> Bei FM mit sinusförmiger Modulationsspannung ist auch der Phasenhub sinusförmig, jedoch um 90° nacheilend.

Die Abhängigkeit des maximalen Phasenhubs von der Modulationsfrequenz wird in Bild 6.8 gezeigt. Die Modulationsspannung ist wieder rechteckförmig, so daß der Phasenverlauf wieder grafisch ermittelt werden kann. Der Fall tiefer Modulationsfrequenz ist schwarz gezeichnet. Geht der Vorgang doppelt so schnell vor sich (blau), so kann sich wegen der halben zur Verfügung stehenden Zeit nur ein geringerer maximaler Phasenhub ausbilden. Das gleiche gilt auch bei sinusförmiger Modulationsspannung (gestrichelt). Doppelte Modulationsfrequenz bedeutet halber maximaler Phasenhub. Allgemein gilt:

> Der maximale Phasenhub ist umgekehrt proportional zur Modulationsfrequenz.

6.4 Modulationsindex

Die Kenntnis des Phasenverhaltens einer FM-Schwingung ist deshalb von Bedeutung, weil erstens der Einfluß von Störungen immer in bezug auf den Phasenhub und nicht auf den Frequenzhub gesehen werden muß und zweitens die Übertragungsbandbreite für FM nicht in erster Linie vom Frequenz-, sondern vom Phasenhub abhängt.

Im vorigen Abschnitt wurde gezeigt, daß der Phasenhub direkt proportional zum Frequenzhub und indirekt proportional zur Modulationsfrequenz ist. Daraus ergibt sich für den maximalen Phasenhub $\Delta\Phi$ das Verhältnis $\Delta F/f_M$. Dieses wird auch mit Modulationsindex bezeichnet und erhält das Formelzeichen η:

$$\eta = \frac{\Delta F}{f_M}$$

Er hat eine ähnliche Bedeutung wie der Modulationsgrad bei AM, denn er ist ein Maß für die Intensität der FM.

> Modulationsindex und maximaler Phasenhub sind gleichbedeutend.

Als Frequenzverhältnis aufgefaßt, hat η die Einheit 1, als Phasenhub die Einheit Radiant.

Der Zusammenhang zwischen Frequenz, Phasenwinkel und Phasenhub bzw. Modulationsindex soll auch noch mittels Zeigern veranschaulicht werden. Es soll der Zeiger einer modulierten mit dem einer unmodulierten Schwingung verglichen werden. Der der unmodulierten Schwingung (schwarz in Bild 6.9) rotiert mit konstanter Winkelgeschwindigkeit ω_T, so daß sein Phasenwinkel gleichmäßig zunimmt. Der Zeiger der FM-Schwingung (blau im Bild) läuft wegen seiner sich ändernden Frequenz schneller oder langsamer als der unmodulierte. Dabei überholt er diesen, wenn seine Frequenz größer ist, oder er wird von diesem überholt, wenn seine Frequenz kleiner ist als die Trägerfrequenz f_T. Der maximale Abstand vom unmodulierten Zeiger ist der maximale Phasenhub. Bei Voreilung ist er positiv, bei Nacheilung negativ.

Eigenartig ist dabei, daß die Frequenz **im Augenblick des Überholens** am größten ist bzw. im Augenblick des Überholtwerdens am kleinsten, während im Augenblick **größter** positiver oder negativer **Phasenabweichung** beide Zeiger gleiche Frequenz haben. Dies bestätigt wieder, daß größter Frequenzhub und größter Phasenhub nicht gleichzeitig auftreten.

Man mache sich dies am Beispiel zweier Fahrzeuge klar, von denen eines, dem unmodulierten Zeiger entsprechend, mit konstanter Geschwindigkeit fährt, während das andere durch Beschleunigung und Verzögerung rhythmisch das konstant fahrende überholt oder von ihm überholt wird. Größte Geschwindigkeit tritt während der Beschleunigungsphase, geringste während der Verzögerungsphase auf, immer aber, wenn beide Fahrzeuge auf gleicher Höhe sind. Gleiche Geschwindigkeit haben die beiden bei größtem voreilenden bzw. nacheilenden Abstand.

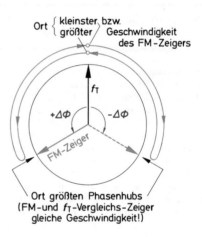

Ort { kleinster bzw.
 { größter } Geschwindigkeit
 des FM-Zeigers

f_T

$+\Delta\Phi$ $-\Delta\Phi$

FM-Zeiger

Ort größten Phasenhubs
(FM- und f_T-Vergleichs-Zeiger
gleiche Geschwindigkeit!)

Bild 6.9   FM-Zeiger

Soll der Vorgang des Überholens und des Sich-überholen-Lassens häufiger geschehen (das bedeutet bei der FM-Schwingung: höhere Modulationsfrequenz f_M), so ist dies bei gleicher Überholgeschwindigkeit wie im vorigen Fall nur dann möglich, wenn der vor- bzw. nacheilende Abstand zum konstant fahrenden Fahrzeug geringer wird.

96

Auf die FM-Schwingung bezogen, bedeutet dies, daß bei konstantem Frequenzhub (konstante maximale und minimale Augenblicksfrequenz) eine höhere Modulationsfrequenz eben einen geringeren Phasenhub zur Folge haben muß. Man kann sagen: je höher die Modulationsfrequenz f_M ist, um so weniger Zeit steht für die modulierten Hf-Schwingungen zur Verfügung, so daß der Weg, d.h. der Phasenhub, geringer sein muß.

Im Gegensatz zu AM, bei der der Modulationsgrad maximal gleich 1 sein darf, kann der Modulationsindex der FM fast beliebig groß werden. Dies ist ein entscheidender Vorteil gegenüber AM. Bei Modulation mit Sprache und Musik gilt hinsichtlich der Dynamik (Lautstärke):

> Bei FM darf der Dynamikbereich nahezu beliebig groß sein.

Die Beschränkung liegt nur beim Bandbreitenbedarf, und die untere Eckfrequenz darf sich nicht mit der höchsten Modulationsfrequenz überschneiden.

Modulationsindexbestimmung: Es sollen hier drei Verfahren angegeben werden (vierte Möglichkeit bei $\eta \leqq 0,5$ siehe S. 103).

1. Ermittlung der **Trägernullstelle:** Wie noch gezeigt wird (Abschn. 6.5) bleibt der Träger bei FM mit zunehmendem Modulationsindex nicht konstant. Vielmehr nimmt er ab und wird bei $\eta = 2,4$ Null, erscheint wieder, um bei $\eta = 5,5$ erneut Null zu werden usw., in bestimmten Abständen wechselnd. Dieses Nullwerden des Trägers macht man sich zunutze. Man stellt diejenige Modulationsspannung U_M fest, bei der der Träger zum Beispiel zum erstenmal Null wird, und weiß damit, daß hierfür der Modulationsindex

$\eta = 2,4$ ist. Ist die tatsächliche Modulationsspannung im Betriebsfall geringer, so ist auch der Modulationsindex geringer, und zwar um das Verhältnis der Spannungen (Voraussetzung ist natürlich, daß die Modulationskennlinie linear ist). Der Träger muß diskret gemessen werden, und zwar entweder mit einem selektiven Pegelmesser oder mit einem Spektrumanalysator, da das FM-Spektrum sehr viele Frequenzen enthält.

Beispiel: Die Messung ergibt, daß der Träger bei $U_M = 4,8$ V verschwindet. Also ist bei 4,8 V der Modulationsindex 2,4. Im Betrieb soll nur mit $U_M = 1,6$ V ausgesteuert werden. Also ist im Betriebsfall

$$\eta = \frac{1,6 \text{ V}}{4,8 \text{ V}} \cdot 2,4 = 0,8.$$

2. Ermittlung von ΔF und f_M: Aus der **Zeitfunktion** der FM-Schwingung (Schirmbild) muß die höchste Frequenz f_2 und die tiefste Frequenz f_1 aus den Periodendauern der kürzesten bzw. längsten Hf-Periode bestimmt werden. Daraus errechnet sich $\Delta F = (f_2 - f_1)/2$. f_M ergibt sich als der Reziprokwert des zeitlichen Abstands zweier Verdichtungen bzw. Verdünnungen im Schirmbild. Der Modulationsindex ist $\Delta F/f_M$.

3. Ermittlung des **maximalen Phasenhubs:** Bestimmung des während einer viertel Periode der Modulationsfrequenz f_M zurückgelegten Winkels der modulierten Hf-Schwingungen (z.B. beginnend von der Mitte einer Verdichtung aus) im Bogenmaß: Zahl der Schwingungen mal 2π. Davon wird derjenige Winkel (in Bogenmaß) abgezogen, den der unmodulierte Träger in der gleichen Zeit zurückgelegt hätte. Das Ergebnis, der Phasenhub, entspricht dem Modulationsindex.

6.5   Spektrum der FM

Versuch: Das Spektrum einer FM soll in Abhängigkeit vom Modulationsindex gemessen werden. Benötigt wird dazu ein FM-modulierbarer Generator und ein Spektrumanalysator oder wenigstens ein selektiver Pegelmesser zum Aufsuchen der Spektrallinien. Die Bandbreite des selektiven Pegelmessers muß geringer sein als die Modulationsfrequenz. Bei niedriger Trägerfrequenz (Tonfrequenzbereich oder bei etwa 50 Hz) läßt sich als Frequenzanalysator ein Zungenfrequenzmesser zur qualitativen Messung verwenden. Die Modulationsfrequenz darf in diesem Fall nur wenige Hertz betragen.

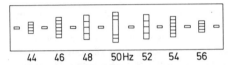

44   46   48   50Hz 52   54   56

Bild 6.10   Zungenfrequenzmesser, Spektrum der FM („Träger" 50 Hz, $f_M = 2$ Hz)

Beobachtung: Bei geringer Amplitude der Modulationsspannung ist der Modulationsindex klein. Man findet den Träger und zwei Seitenschwingungen (Bild 6.10). Die Amplituden der beiden Seitenschwingungen sind zunächst wesentlich kleiner als die Trägeramplitude. Der **Frequenzabstand** der beiden Seitenschwingungen rechts und links des Trägers ist nicht gleich dem Hub, denn sonst müßte sich der Frequenzabstand mit zunehmender Modulationsspannung vergrößern, sondern entspricht der **Modulationsfrequenz.** Es entsteht also außer dem Träger noch $f_T + f_M$ und $f_T - f_M$. Die Modulationsfrequenz f_M selbst ist jedoch im Spektrum **nicht** enthalten. Das reine Amplitudenspektrum (nicht das Phasenspektrum, das hier nicht gemessen wird) ist offenbar sehr ähnlich dem der AM, allerdings nur bei kleinem Hub ($\eta \leq 0,5$). Mit zunehmender Modulationsspannung und damit größer werdendem Modulationsindex werden die Amplituden der Seitenschwingungen größer, wie das auch bei AM der Fall ist; gleichzeitig aber wird, im Gegensatz zur AM, die Trägeramplitude kleiner.

Noch eine weitere Eigenart des FM-Spektrums stellt man in diesem Versuch bei zunehmendem Modulationsindex fest, die von der AM her nicht

bekannt ist: im Abstand $2 \cdot f_M$ links und rechts des Trägers kommen neue Seitenschwingungen hinzu. Erhöht man den Modulationsindex noch weiter, so nehmen die ersten beiden Seitenschwingungen im Abstand f_M vom Träger bis zu einem Maximalwert von etwa 60% der unmodulierten Trägeramplitude zu ($\eta = 1,8$); die nächsten Seitenschwingungen (Abstand $2 \cdot f_M$) nehmen ebenfalls zu, während der Träger gleichmäßig abnimmt und (bei $\eta = 2,4$) ganz verschwindet, um bei $\eta > 2,4$ wieder zuzunehmen (Trägerreduzierung).

Außerdem entstehen weitere Seitenschwingungen im Abstand $3 \cdot f_M$, $4 \cdot f_M$ usw. rechts und links des Trägers. Bei $\eta = 2,4$ haben die Seitenschwingungen $f_T \pm 3 f_M$ je eine Amplitude von rund 20% des unmodulierten Trägers, die Schwingungen $f_T \pm 4 f_M$ nicht ganz 10%.

Folgerung: Das Spektrum einer sinusförmigen FM ist sehr stark vom Modulationsindex abhängig und, insbesondere bei großem Modulationsindex, vom AM-Spektrum sehr verschieden. Folgende wichtigen Merkmale sollen hier zusammengefaßt werden und können anhand von Bild 6.11 und Bild 6.12 überprüft werden.

1. $\eta < 0,5$: Träger und zwei Seitenschwingungen $f_T \pm f_M$ ähnlich AM-Spektrum. Die Phase ist allerdings anders als bei AM (s. hierzu Bild 2.5 und Bild 6.13).
2. $\eta > 0,5$: Mit zunehmendem Modulationsindex treten im Abstand $\pm 2 f_M$, $\pm 3 f_M$, ··· $\pm n \cdot f_M$ neue Seitenschwingungen auf. Man nennt sie Seitenschwingungen höherer Ordnung.
3. Der Abstand der Spektrallinien entspricht der Modulationsfrequenz (nicht dem Hub!).
4. Die Breite des Spektrums kann infolge der vielen Seitenschwingungen mit zunehmendem Modulationsindex beliebig groß werden.
5. Der Träger bleibt nicht wie bei AM konstant, sondern wird mit zunehmendem Modulationsindex pendelnd kleiner, wobei er abwechselnd in bestimmten Abständen an diskreten Stellen ganz verschwindet (man vergleiche Bild 6.12, $\eta = 2,4$; 5,5 usw., Kurve $J_0(\eta)$). Negative Trägeramplitude bzw. auch Seitenschwingungsamplitude in Bild 6.12 bedeutet eine 180°-Verschiebung des Trägers bzw. der betreffenden Seitenschwingung.

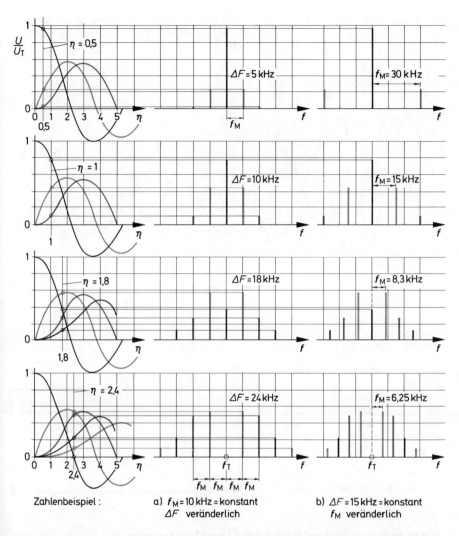

Zahlenbeispiel: a) $f_M = 10\,kHz = konstant$ b) $\Delta F = 15\,kHz = konstant$
ΔF veränderlich f_M veränderlich

Bild 6.11 Spektrum bei FM bei verschiedenen Modulationsindizes

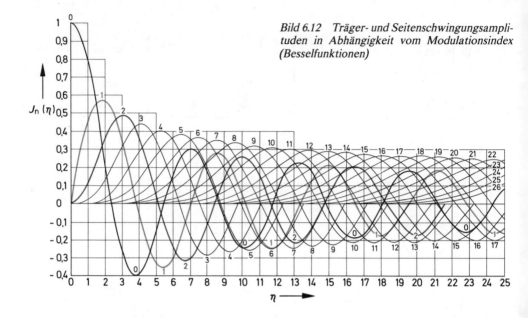

Bild 6.12   Träger- und Seitenschwingungsamplituden in Abhängigkeit vom Modulationsindex (Besselfunktionen)

6. Die Seitenschwingungsamplituden können (im Gegensatz zu AM) größer sein als der Träger. Seitenschwingungen höherer Ordnung können u.U. größer sein als solche geringerer Ordnung.

7. Es soll hier betont werden (um jeden Irrtum auszuschließen), daß die Hubfrequenz $f_1 = f_T - \Delta F$ und $f_2 = f_T + \Delta F$ **nicht** im Spektrum vertreten sind, es sei denn, daß der Hub ΔF **zufällig** ein ganzzahliges Vielfaches der Modulationsfrequenz f_M ist. Dies ist einleuchtend, wenn man bedenkt, daß die Hubfrequenzen bei Sinusmodulation überhaupt nur während eines Augenblicks vorhanden sind, also den Schwingkreis des selektiven Pegelmessers gar nicht anstoßen können. Zusammenfassend gilt:

> Das Spektrum der FM-Schwingung enthält oberhalb und unterhalb des Trägers eine große Anzahl von Seitenschwingungen, deren Abstände vom Träger ganzzahlige Vielfache der Modulationsfrequenz sind und deren Amplituden wie auch die des Trägers vom Modulationsindex abhängen.

6.6   Betrachtung der FM als Überlagerung

Aufgabe: Addiere die 3 Schwingungen u_T, u_{OS} und u_{US} (blau bzw. schwarz gezeichnet in Bild 6.13). Es handelt sich um die Frequenzen $f_T = 100\,\text{kHz}$, $f_{OS} = 110\,\text{kHz}$ und $f_{US} = 90\,\text{kHz}$. Die Summenschwingung soll in das Diagramm für u_T rot eingetragen werden (u_{FM}).

Lösung: Um die mühsame Arbeit der Addition der Augenblickswerte etwas zu vereinfachen, soll zunächst nur u_{OS} und u_{US} addiert werden. Bekanntlich ergibt dies eine Schwebung, wie Bild Mitte zeigt (Schwingungen eng benachbarter Frequenzen, 90 und 110 kHz, und gleicher Amplitude). Im nächsten Schritt werden die Augenblickswerte der Schwebung mit denen von u_T addiert. Das Ergebnis ist eine neue Schwingung (rot im Bild unten) u_{FM}, die gegenüber der Schwingung u_T positive (Anfang!) und negative (Mitte) Phasenverschiebung aufweist. Offenbar haben wir es hier mit einer FM-Schwingung zu tun, denn die Amplitude ist praktisch konstant (die unvermeidliche geringe Stör-AM bei dieser Näherungsbetrachtung ist in der Summenschwingung nicht dargestellt).

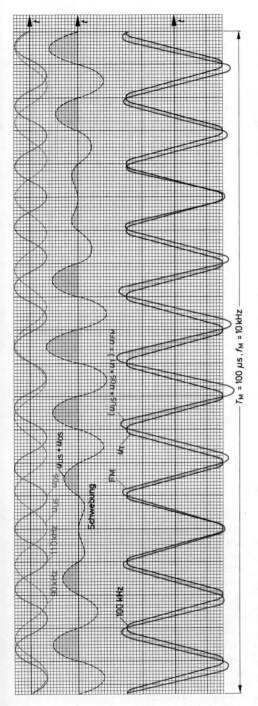

Bild 6.13   FM als Überlagerung

Ergebnis: Man kann sich die FM-Schwingung bei geringem Hub als die Überlagerung dreier sinusförmiger Schwingungen denken. Dieses merkwürdige Ergebnis scheint zunächst im Widerspruch zu stehen mit AM (Bild 2.5), denn dort entsteht durch Überlagerung dreier Schwingungen eine amplitudenmodulierte Schwingung. Ein Vergleich von Bild 6.13 und Bild 2.5 zeigt jedoch, daß es auf die Phasenanlage der zu addierenden Schwingungen ankommt! AM bedeutet, daß die Summenschwingung der beiden Seitenschwingungen (= Schwebung) mit der Trägerschwingung gleichphasig ist. FM bedeutet offenbar dann, daß die Schwebung gegenüber u_T um 90° nach- oder voreilend verschoben ist. Man beachte die Verschiebung der (roten) positiven Halbschwingungen der Schwebung gegenüber denen von u_T. Man vergleiche auch die Phasenlage der drei Schwingungen in Bild 2.5 im Nullpunkt (gleichphasig!) und die in Bild 6.13 (die Seitenschwingungen eilen um 90° vor!).

Was läßt sich über **Modulationsfrequenz, Phasen-** und **Frequenzhub** dieser FM-Schwingung aussagen? Am Anfang und am Ende hat die Hf-Schwingung maximalen positiven, in der Mitte negativen, bei rund 25 und 75 µs keinen Phasenhub. Die Niederfrequenz, die einen solchen Phasenhub erzeugt, muß kosinusförmig sein und eine Periodendauer von 100 µs haben. Daraus ergibt sich die **Modulationsfrequenz** $f_M = 1/(100\ µs)$ = 10 kHz. Daraus folgt, daß die drei Schwingungen f_T, f_{OS} und f_{US} Frequenzen des FM-Spektrums sind, und zwar Träger und die beiden Seitenschwingungen, denn zwischen ihnen besteht der Abstand $f_M = 10$ kHz = 110−100 bzw. 110 −90 kHz! (vgl. Bild 6.11). Es sind die Seitenfrequenzen 1. Ordnung.

Der **maximale Phasenhub** läßt sich aus Bild 6.14 nur abschätzen, genau beträgt er $\Delta\Phi = 33{,}7°$, in Bogenmaß sind dies 0,59 rad. Also ist der Modulationsindex $\eta = 0{,}59$.

Über den **Frequenzhub,** der diese FM-Schwingung hervorbringt, ist bisher nichts gesagt worden. Auch kommt die Hubfrequenz ΔF nirgends als solche in den Liniendiagrammen von Bild 6.13 vor. Man kann aber den Frequenzhub ausrechnen, nachdem f_M und η bekannt sind: $\Delta F = \eta \cdot f_M$ = 0,59 · 10 kHz = 5,9 kHz.

Im vorigen Absatz wurde gesagt, daß es sich bei f_{OS} und f_{US} um Seitenschwingungen 1. Ordnung des Spektrums handelt. Es erhebt sich die Frage nach den **Seitenschwingungen höherer Ordnung.** In der FM-Schwingung des Bildes 6.13 bzw.

101

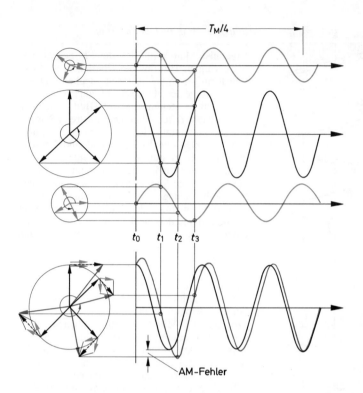

$T_M/4$

t_0 t_1 t_2 t_3

AM-Fehler

*Bild 6.14 Einzel- und
Summenzeiger (FM,
kleiner Modulationsindex,
t_0 hier im Bild entspricht
im Bild 6.13 die Bildmitte)*

6.14 ist eine geringe Amplitudenmodulation enthalten, was theoretisch nicht sein dürfte. Dies
rührt daher, daß die Seitenschwingungen höherer
Ordnung bei der Überlagerung **nicht berücksichtigt** wurden. Bei einem Modulationsindex $\eta = 0{,}6$,
wie in diesem Beispiel, sind nämlich die Seitenfrequenzen 2. Ordnung (rot im Bild 6.12) bereits
etwas vertreten. Man kann sie streng genommen
nur dann vernachlässigen, wenn $\eta \leqq 0{,}5$ ist
(Bild 6.11, oberes Spektrum!).

6.7   Zeigerdarstellung der FM

Bild 6.14 zeigt, wie mittels der Zeigerdarstellung
die FM-Schwingung konstruiert werden kann. Es
wurden wie bei Bild 6.13 die drei Schwingungen
wieder so gewählt, daß 11, 10 und 9 Perioden auf
eine volle Periode T_M der Modulationsfrequenz
treffen. Träger- wie Seitenzeiger rotieren im
mathematisch positiven Sinn, der obere Seitenzeiger mit 10% größerer, der untere mit 10%
geringerer Geschwindigkeit als der Träger.
Durch vektorielle Addition erhält man den Summenzeiger (rot).

Es zeigt sich, daß die beiden Seitenzeiger, an die
Spitze des Trägerzeigers gesetzt, für sich addiert
einen resultierenden Zeiger (schwarz gestrichelt)
ergeben, der grundsätzlich einen Winkel von 90°

zum Trägerzeiger hat. Wegen der unterschiedlichen Geschwindigkeit der beiden (blauen) Seitenzeiger wird der Winkel zwischen ihnen mit zunehmender Zeit t_1, t_2, t_3 immer größer, so daß die
Resultierende immer kürzer wird. Dadurch wird
der, – zunächst negative – Phasenhub, nämlich
der Winkel zwischen dem roten FM-Zeiger und
dem schwarzen Trägerzeiger, zunehmend kleiner
und bei $T_M/4$ Null. Darüber hinaus würde er
wieder positiv und zunehmen.

Da auch in diesem Bild die Seitenschwingungen
höherer Ordnung vernachlässigt wurden, ebenso
die Trägerreduzierung, obwohl der Modulationsindex rund 0,7 ist, ergibt sich der AM-Fehler, der
mit einem Phasenfehler einhergeht (Bild 6.15 und
6.16).

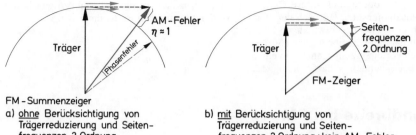

AM-Fehler
η ≈ 1
Träger
Phasenfehler

FM-Summenzeiger
a) ohne Berücksichtigung von
Trägerreduzierung und Seitenfrequenzen 2.Ordnung

Träger
Seiten-
frequenzen
2.Ordnung
FM-Zeiger

b) mit Berücksichtigung von
Trägerreduzierung und Seitenfrequenzen 2.Ordnung : kein AM-Fehler
kein Phasenfehler

Bild 6.15   FM-Summenzeiger

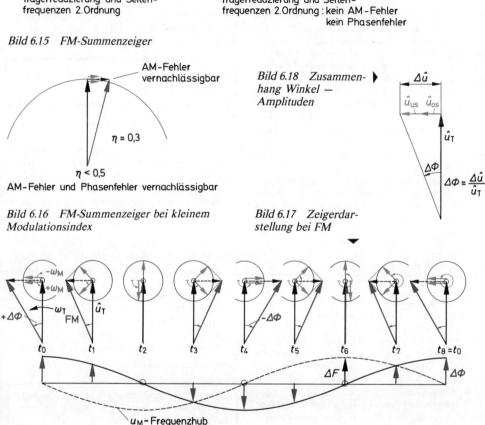

AM-Fehler
vernachlässigbar

η ≈ 0,3

η < 0,5
AM-Fehler und Phasenfehler vernachlässigbar

*Bild 6.16   FM-Summenzeiger bei kleinem
Modulationsindex*

*Bild 6.18   Zusammen-
hang Winkel —
Amplituden*

$\Delta\hat{u}$

$\hat{u}_{US}$ $\hat{u}_{OS}$

$\hat{u}_T$

$\Delta\Phi$

$\Delta\Phi \approx \dfrac{\Delta\hat{u}}{\hat{u}_T}$

*Bild 6.17   Zeigerdar-
stellung bei FM*

$-\omega_M$
$+\omega_M$

$+\Delta\Phi$ ω_T $\hat{u}_T$
FM

$-\Delta\Phi$

t_0 t_1 t_2 t_3 t_4 t_5 t_6 t_7 $t_8 = t_0$

ΔF $\Delta\Phi$

$u_M \sim$ Frequenzhub

Zur Vereinfachung der Zeigerdarstellung verwendet man, wie bei AM, die Methode des
ruhenden Zeigers (Bild 6.17). Da sich die blauen
Seitenzeiger auf den Träger beziehen, rotieren sie
jetzt nicht mehr, wie in Bild 6.14, beide im mathematisch positiven Sinn, sondern, wie von AM her
bekannt, in entgegengesetzter Richtung mit der
Winkelgeschwindigkeit ω_M der Modulationsfrequenz. Wegen der konstanten 90°-Verschiebung

der Summe der beiden hat der rote FM-Zeiger
praktisch immer die gleiche Länge (gilt auch
wieder nur für $\eta \leq 0,5$). Lediglich sein Phasenwinkel in bezug auf den Träger ändert sich.
**Ermittlung des Modulationsindex aus dem Zei-
gerdreieck** für $\eta \leq 0,5$ (Bild 6.18): Bei kleinem
Modulationsindex, bei dem sich der FM-Zeiger
praktisch nur aus Träger $\hat{u}_T$ und Seitenschwingungen   erster   Ordnung,   nämlich

$\Delta\hat{u} = \hat{u}_{OS} + \hat{u}_{US}$ (= obere und untere Seitenschwingung), zusammensetzt, läßt sich der Phasenhub $\Delta\Phi$ direkt aus dem rechtwinkligen Dreieck entnehmen nach der Beziehung $\tan(\Delta\Phi) = \Delta\hat{u}/\hat{u}_T$. Da es sich voraussetzungsgemäß um einen kleinen Winkel handelt, darf man für

$\tan(\Delta\Phi) \approx \Delta\Phi$ setzen, und weil $\Delta\Phi$ gleich dem Modulationsindex η ist, ist für $\eta \leq 0{,}5$:

$$\eta = \frac{\Delta\hat{u}}{\hat{u}_T}$$

6.8 Bandbreite bei FM

In den vorigen beiden Abschnitten wurde gezeigt, daß ein AM-Fehler und ein Phasenfehler auftreten kann, wenn Seitenschwingungen höherer Ordnung nicht berücksichtigt werden. Dieser Fall kann in der Praxis eintreten, wenn die Übertragungsbandbreite zu klein ist.

Der AM-Fehler ist unkritisch, da er durch Amplitudenbegrenzung im Empfänger leicht entfernt werden kann. Der mit ihm zusammenhängende Phasenfehler hingegen äußert sich in der Hf-Lage als zusätzliche Störfrequenzmodulation und nach der Demodulation als nichtlineare Verzerrung der Nf-Schwingung, d.h. als erhöhter Klirrfaktor. Um ihn klein zu halten, müssen streng genommen alle Spektralanteile amplituden- und phasengetreu übertragen werden. Praktisch ist dies nicht möglich. Man rechnet mit einer endlichen Bandbreite nach der Faustformel

$$B \approx 2 \cdot (\Delta F + f_M)$$

Bei Anwendung dieser so errechneten Bandbreite werden Spektralanteile, deren Amplituden (je nach Modulationsindex) kleiner als etwa 10 bis 13% der Maximalamplitude sind, nicht mehr übertragen. Bei Verwendung der ebenfalls in der Literatur zu findenden Formel $B \approx 2(\Delta F + 2 \cdot f_M)$ vernachlässigt man nur Spektralanteile, die kleiner als etwa die Hälfte des hier angegebenen Prozentsatzes sind. Es soll hier betont werden, daß die an sich naheliegende Annahme, die Bandbreite erstrecke sich nur

innerhalb des vom Frequenzhub begrenzten Bereichs, keinesfalls zutreffend ist. Es gilt der Satz:

> Die Bandbreite bei FM ist größer als der doppelte Frequenzhub.

Aufgabe: Im UKW-Bereich wird FM mit einem Hub von 75 kHz erzeugt.
a) Berechne für die höchste Modulationsfrequenz von 15 kHz die erforderliche Bandbreite.
b) Vergleiche mit AM.
c) Welche Seitenschwingung wird nicht mehr erfaßt?

Lösung:
a) $B = 2(75 + 15)$ kHz $= 180$ kHz.
b) AM: $B = 2 \cdot 15$ kHz $= 30$ kHz. Bei AM käme man mit einer um den Faktor 6 geringeren Bandbreite aus!
c) Die Seitenschwingungen 7. Ordnung, ± 15 kHz $\cdot 7 = \pm 105$ kHz, werden nicht mehr erfaßt. Laut Bild 6.12 ergibt sich ($\eta = 75/15 = 5$), daß sie nur rund 9% der unmodulierten Trägeramplitude betragen.

Zusammenfassend läßt sich sagen:

> FM erfordert, insbesondere bei großem Modulationsindex, eine um ein Vielfaches größere Bandbreite als AM.

6.9 Störunterdrückung durch FM und Übertragungsfehler

Es fragt sich, warum überhaupt FM gemacht wird, wenn hier ein derart großer Aufwand an Bandbreite getrieben werden muß. Die Antwort gibt die Kenntnis des Störverhaltens. Es soll mittels einer **diskreten Störfrequenz** mit dem Effektivwert U_{St} untersucht werden. Man wählt hierzu am besten die Zeigerdarstellung. Störspannungen kommen von außen auf den Empfänger (z.B. Zündfunken) oder entstehen im Empfänger selbst (z.B. Rauschen).

Als Nutzspannung (Bild 6.19) wird in Vereinfachung die **unmodulierte** Trägerspannung U_T gewählt. Da nur der Fall sinnvoll ist, bei dem $U_{St} < U_T$ ist, wird der Nutzzeiger U_T als ruhender Zeiger betrachtet, um dessen Spitze der Störzeiger U_{St} rotiert. Für die Untersuchung ist auch weniger die absolute Störfrequenz $f_{St\ abs.}$ von Interesse, sondern die Stördifferenzfrequenz f_{St}, die in den Nf-Bereich fällt: $f_{St} = f_{St\ abs.} - f_T$, und als Störton hörbar ist.

Die von der Störung erzeugte Amplitudenmodulation kann leicht durch entsprechend starke Begrenzung im Empfänger entfernt werden. Was nicht entfernt werden kann, ist der (rote) Störphasenhub $\Delta\psi$. Dieser errechnet sich aus dem blauen rechtwinkligen Dreieck als das Verhältnis von Stör- zu Nutzspannung, wenn man anstelle von $\sin(\Delta\psi) \approx \Delta\psi$ schreibt, was für kleine Winkel (also bei kleinen Störamplituden) statthaft ist:

$$\Delta\psi = \frac{U_{St}}{U_T}$$

Der ursprünglich unmodulierte Nutzzeiger muß nun außer seiner konstanten Drehbewegung ω_T

$= 2\pi f_T$ eine Pendelbewegung machen, wobei der maximale Störphasenschub $\pm\Delta\psi$ bei konstanter Störamplitude unabhängig von der Störfrequenz ist. Bei dieser Pendelbewegung muß der Zeiger (Bild 6.19) zwischen einer höchsten und einer tiefsten Geschwindigkeit wechseln, die der höchsten und tiefsten Augenblicksfrequenz der hier vorliegenden Stör-FM entspricht. Ihre halbe Differenz ist der Störfrequenzhub ΔF_{St}. Würde die Störamplitude größer, so würde auch der Störphasenhub und mit ihm der Störfrequenzhub größer. Der Störfrequenzhub ist proportional zum Störphasenhub.

Nun kommt aber noch der Einfluß der Stördifferenzfrequenz hinzu. Es ist einzusehen, daß der Störfrequenzhub, der ja proportional der Zeigergeschwindigkeit ist, größer sein muß, wenn bei gleichem zurückgelegten Weg $\pm\Delta\psi$ der Vorgang häufiger erfolgen soll. Die Häufigkeit wird von der Stördifferenzfrequenz bestimmt. Es besteht folgender proportionaler Zusammenhang:

$$\Delta F_{St} = \Delta\psi \cdot f_{St}$$

Die Kenntnis dieses (hochfrequenten) Störfrequenzhubs ist sehr wichtig, denn er wird im Empfänger an der Diskriminatorkennlinie in die niederfrequente Störspannung umgesetzt. ΔF_{St} ist **nicht** der am Empfängerausgang hörbare Störton! Die Frequenz des Störtons ist nämlich gleich der Stördifferenzfrequenz f_{St} (Bild 6.20). Störfrequenzen wirken sich somit nur dann niederfrequent aus, wenn sie in der Hf-Lage nicht weiter vom Träger f_T entfernt sind, als es der höchsten Modulationsfrequenz entspricht. Weiter entfernte Frequenzen liefern Stördifferenzfrequenzen, die nicht mehr durch den dem Diskriminator nachgeschalteten Tiefpaß kommen.

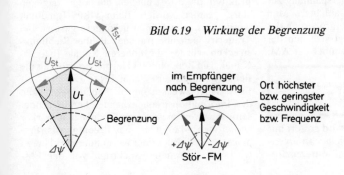

Bild 6.19 Wirkung der Begrenzung

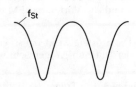

Bild 6.20 Form der Störung nach dem Diskriminator

Ersetzt man $\Delta\psi = U_{St}/U_T$, so erhält man aus der vorigen Formel

$$\Delta F_{St} = \frac{U_{St}}{U_T} \cdot f_{St}$$

Das besagt: Die Störung ist am Empfängerausgang einerseits proportional zum Verhältnis der hochfrequenten Amplituden. Das ist jedoch, verglichen mit AM, nichts Neues, denn es gilt auch dort. Von Bedeutung ist jedoch, daß die Störspannung am Empfängerausgang proportional zur Stördifferenzfrequenz ist. Es gilt der Satz über die zunehmende Störwirkung:

> Die Störwirkung steigt mit zunehmendem Abstand der Störfrequenz vom Träger.

Umgekehrt bedeutet dies: Je näher die Störfrequenz $f_{St\ abs.}$ eines Hf-Störers an die Trägerfrequenz heranrückt, um so geringer wirkt er sich in der Niederfrequenzlage aus! Im Extremfall, wo beide Frequenzen gleich sind, bräuchte der Trägerzeiger, wie leicht einzusehen ist, keine störungsbedingten Pendelbewegungen machen, also: keine Nf-Störung.

Nun sollen Nutzsignal und Störsignal am Empfängerausgang verglichen werden. Hierzu setzt man den Nutzfrequenzhub ΔF und den Störfrequenzhub ΔF_{St} ins Verhältnis und logarithmiert, um den Störabstand in dB zu erhalten:

$$a_{St} = 20 \lg \frac{\Delta F}{\Delta F_{St}}\ dB$$

bzw. $\quad a_{St} = 20 \lg \left(\frac{\Delta F}{f_{St}} \cdot \frac{U_T}{U_{St}} \right)\ dB.$

Der Zusammenhang gibt die selbstverständliche Tatsache wieder, daß der Störabstand vom Verhältnis der hochfrequenten Trägerspannung zur hochfrequenten Störspannung abhängt. Man kann ihn aber erhöhen durch Vergrößerung des Nutzfrequenzhubs ΔF! Hier zeigt sich nun der wesentliche Vorteil der FM gegenüber der AM:

> Die Störung wirkt um so geringer, je größer der Nutzhub ΔF gemacht wird.

Beispiel: Ein Träger $U_T = 1$ mV wird gestört mit einer Spannung $U_{St} = 0,1$ mV. Die hochfrequente Störspannung liegt um die Stördifferenzfrequenz $f_{St} = 15$ kHz von der Trägerfrequenz entfernt. Nun wird mit einem Frequenzhub von 15 kHz frequenzmoduliert.

a) Wie groß ist in diesem Fall der Störabstand?
b) Wie groß ist er, wenn man den Hub auf 75 kHz erhöht?

Lösung:

a) $a_{St} = 20 \lg \left(\dfrac{15\ kHz}{15\ kHz} \cdot \dfrac{1\ mV}{0,1\ mV} \right) dB = 20$ dB.

b) $a_{St} = 20 \lg \left(\dfrac{75\ kHz}{15\ kHz} \cdot \dfrac{1\ mV}{0,1\ mV} \right) dB = 34$ dB.

Hinweis: Der Fall a entspricht auch etwa einer AM von 100 % Modulationsgrad, die von einer „diskreten" Frequenz (also von einer **einzelnen** Schwingung, nicht von **Rauschen**!) gestört wird. Anhand des Beispiels b ist nun leicht ersichtlich, wie man bei FM durch Erhöhen des Frequenzhubs eine wesentliche Verbesserung des Störabstands erzielen kann. In dem Beispiel sind es 14 dB mehr; d. h., man hat gegenüber einer AM ein um den Faktor $5 \triangleq 14$ dB größeres Nutz-Stör-Verhältnis durch Erhöhung des Frequenzhubs erzielt. Allerdings geht das auf **Kosten der Bandbreite**, die ja dadurch auch etwa um den Faktor 5 größer sein muß. Zum Verhalten der FM gegenüber **Rauschstörungen** siehe Kapitel 7.4.

Pre- und Deemphasis

Soweit es sich bei Störungen um weißes Rauschen handelt (z.B. Rauschen des Empfangsvorverstärkers), haben die Frequenzanteile gleiche Amplitude. Nach dem Satz über die zunehmende Störwirkung würden sich die Rauschanteile mit zunehmendem Abstand vom Träger nach der Demodulation immer stärker bemerkbar machen. Dies hätte zur Folge, daß tiefe Signalfrequenzen praktisch ungestört blieben, die hohen dagegen stark gestört würden. Beim UKW-Rundfunk würden also die Höhen besonders gestört. Bei Trägerfrequenzübertragung z.B. über Richtfunkstrecken würden die höheren Kanäle (bei 120 Kanälen im Bereich 500 kHz) mehr gestört als die tiefen (beispielsweise bei 50 kHz).

Es ist daher zweckmäßig, die hohen Frequenzen des Informationsfrequenzbandes bereits sendeseitig durch einen größeren Frequenzhub stärker zu betonen. Man nennt dies **Preemphasis** (Emphase = Nachdruck oder Akzentuierung). Hierzu wird das Informationsspektrum vor der FM-

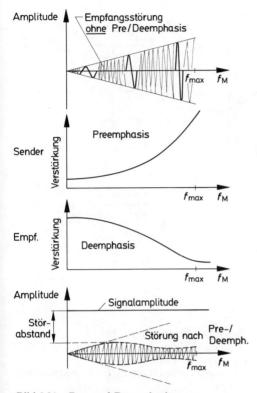

Bild 6.21 Pre- und Deemphasis

Modulatorstufe mittels eines Netzwerks mit frequenzabhängigem Amplitudengang so geändert, daß die hohen Frequenzen mehr verstärkt werden als die tiefen. Im Empfänger wird durch ein entsprechend gegenläufiges Netzwerk die Betonung der Amplituden hoher Frequenz wieder rückgängig gemacht (Bild 6.21). Man spricht hier von **Deemphasis** oder Deakzentuierung. Das Deemphasisnetzwerk, das nach dem Diskriminator kommen muß, dämpft damit auch die Störamplituden herunter, so daß der Störabstand über das ganze Band praktisch gleich bleibt.
Wichtig ist, daß Pre- und Deemphasis-Netzwerk zueinander passen, damit innerhalb des Signalbandes kein Amplitudengang durch die Maßnahme entsteht. In der Rundfunktechnik geschieht die Deemphasis z.B. durch einen RC-Tiefpaß. In der kommerziellen Technik wird hinsichtlich der Pre- und Deemphasisnetzwerke mehr Aufwand getrieben.

Übertragungsfehler

Übertragungsfehler entstehen, wenn die Seitenschwingungen des Spektrums oder der Träger nach Betrag und Phasenwinkel auf dem Übertragungsweg bzw. im Gerät gestört werden infolge von Dämpfungs- und Laufzeitverzerrungen.
Bild 6.22 zeigt Auswirkungen reiner **Dämpfungsverzerrungen.** In Bild a wird die völlige, in b die teilweise symmetrisch zum Träger wirkende Dämpfung auf die Seitenschwingungen infolge beidseitiger Bandbegrenzung (z.B. Filter, Schwingkreise) und ihre Auswirkung auf den Summenzeiger (Ist) mit dem Sollzeiger verglichen. Der Amplitudenfehler ist unkritisch, da er durch Begrenzung im Empfänger eliminiert wird. Die Auswirkung auf den Phasenhub zeigt sich jedoch nach Umwandlung FM-AM im Diskriminator als einer Amplitudeneinbuße des Signals am Empfängerausgang. Bild c zeigt, daß unsymmetrische Dämpfungsverzerrung sogar außerdem noch einen Kurvenformfehler (Klirrfaktor) hervorruft. Der FM-Summenzeiger bewegt sich, bei Darstellung mit der Methode des ruhenden Zeigers, mit seiner Spitze auf einer Ellipse. Ähnlich wirken sich **Laufzeitverzerrungen** auf den Summenzeiger aus.

Schwund (Fading)

Bei FM ist die Energie zum großen Teil in den Seitenlinien konzentriert, insbesondere bei großem Hub, so daß sich Selektivschwund längst nicht so auswirken kann wie bei AM. Wenn Schwunderscheinungen auftreten, wirken sie auf das gesamte Signal. Beim Überreichweiten-Richtfunk z.B. sucht man Schwundausfälle durch Mehrwegeausbreitung und **Mehrfachempfang** (Diversity-Betrieb) nach Möglichkeit zu vermeiden.

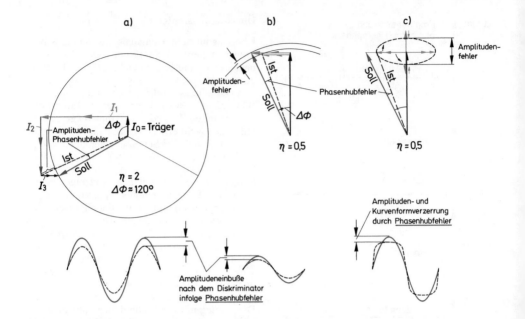

6.10 Demodulation der FM

Grundprinzip der Demodulation beim Flanken-, Gegentakt-, Phasen- und Verhältnisdiskriminator ist a) Umwandlung der Frequenz- (bzw. Phasenmodulation) in eine Amplitudenmodulation und b) Gleichrichtung der Amplitudenmodulation.

Flankendiskriminator (Resonanzkreisumformer):
Die FM wird auf einen Resonanzkreis gegeben (Bild 6.23). Der Resonanzkreis ist jedoch nicht auf die Trägerschwingung abgestimmt, sondern man arbeitet auf einer der beiden Flanken. Die sich ändernde Frequenz hat dadurch eine sich ändernde Amplitude zur Folge. Diese so entstandene AM wird gleichgerichtet.
Der Arbeitspunkt muß im linearen Bereich der Flanke, das ist beim Bandbreitenpunkt des Resonanzkreises, liegen. Der maximale Frequenzhub muß kleiner sein als der Abstand Arbeitspunkt — Resonanzkreismaximum. Verzerrungen entstehen durch den gekrümmten Verlauf der Flanke.

Gegentaktdiskriminator (Differenzdiskriminator, Gegentaktflankendiskriminator):
Größere Linearität erhält man, wenn man zwei Flankendiskriminatoren gegeneinanderschaltet, deren Resonanzkurven gegeneinander versetzt

Bild 6.22 Übertragungsfehler
a) Beschneidung der Seitenschwingung 3. Ordnung (symm.: beide J_3 [η]),
b) symmetrische Dämpfung beider Seitenschwingungen,
c) einseitige Dämpfung (nur eine der beiden Seitenschwingungen)

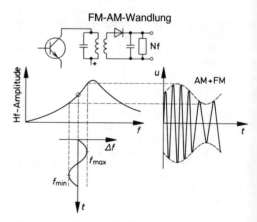

Bild 6.23 Flankendiskriminator

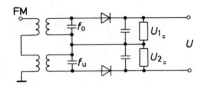

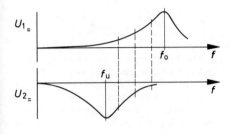

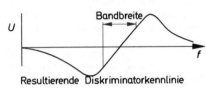

Resultierende Diskriminatorkennlinie

Bild 6.24   Gegentaktdiskriminator

Phasendiskriminator:

Die Gegentaktgleichrichtung schließt sich beim Phasendiskriminator direkt an den Sekundärkreis des Zf-Bandfilters an (Bild 6.25). Gleichgerichtet wird jedoch nicht die jeweils halbe Sekundärspannung $U_s/2$ allein, sondern es wird zuvor die Primärspannung U_p hinzuaddiert. U_p gelangt über einen zusätzlichen Kondensator, der die Wirkungsweise des Bandfilters nicht beeinflußt, auf die Mittelanzapfung der Sekundärspule und fällt nahezu voll an der Hf-Drossel ab (Rieger-Schaltung).

Zum Verständnis der Arbeitsweise des Phasendiskriminators ist folgende Tatsache sehr wichtig. Bei einem Bandfilter herrscht zwischen Primärspannung $\underline{U}_p$ und Sekundärspannung $\underline{U}_s$ eine Phasenverschiebung von genau 90° bei Mittenfrequenz. Weicht die Frequenz von der Mitte ab, so wird die Phasenverschiebung größer oder kleiner als 90°. In der Umgebung der Mittenfrequenz ist die Phasenänderung zur Frequenzänderung nahezu proportional.

Die an den beiden Gleichrichterzweigen wirksamen Wechselspannungen $\underline{U}_1$ bzw. $\underline{U}_2$ sind die vektoriellen Summen aus $\underline{U}_s/2$ und $\underline{U}_p$ (Bild 6.25).

Bild 6.25   Phasendiskriminator

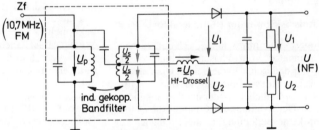

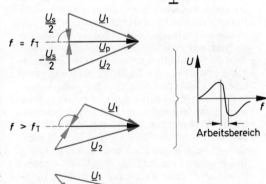

sind (Bild 6.24). Der eine Resonanzkreis wird etwas oberhalb der oberen, der andere etwas unterhalb der unteren Bandgrenze des zu übertragenden Bandes abgestimmt. Nach der Gleichrichtung wird die Spannungsdifferenz gebildet. Sie ist proportional zur gesendeten Informationsspannung.

Der Vorteil des Gegentaktdiskriminators ist, daß sich die Nichtlinearitäten der gekrümmten Flanken zum Teil aufheben. Die Überschneidung der Resonanzkurven darf jedoch auch hier nicht zu weit vom Bandbreitenpunkt $(0,7 \cdot U_{max})$ entfernt liegen.

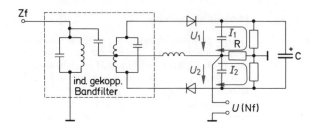

Bei Mittenfrequenz sind wegen der Phasenverschiebung 90° sowohl die Wechselspannungen $\underline{U}_1$ und $\underline{U}_2$ als auch die daraus resultierenden Gleichspannungen U_1 und U_2 einander gleich. Ihre Differenz $U = U_1 - U_2$ am Nf-Ausgang ist somit Null. Bei höherer Frequenz nimmt die Phasenverschiebung zu, die Zeigerdreiecke sind nicht mehr symmetrisch, es überwiegt $\underline{U}_2$. Nach der Gleichrichtung ist wegen $U_2 > U_1$ am Nf-Ausgang eine negative Spannung, bei abnehmender Frequenz und damit verbundener abnehmender Phasenverschiebung wegen $U_1 > U_2$ eine positive Spannung am Nf-Ausgang.

Bei nicht zu großen relativen Frequenzänderungen, und dies ist beispielsweise im UKW-Bereich gewährleistet, ist die Spannungsänderung am Nf-Ausgang proportional zur Frequenzänderung.

Verhältnisdiskriminator (Ratiodetektor):

Schaltungsmäßig unterscheidet sich der Verhältnisdiskriminator vom Phasendiskriminator im Prinzip nur dadurch, daß die beiden Dioden antiparallel eingebaut sind und daß die Nf in der Mitte an einem zusätzlichen Widerstand R abgenommen wird. Der Kondensator C hat für die Demodulation keine Bedeutung; er dient lediglich zur Unterdrückung von Störspannungen (Bild 6.26). In der Arbeitsweise unterscheidet sich der Verhältnisdiskriminator vom Phasendiskriminator dadurch, daß nicht die **Spannungs**differenz, sondern die **Strom**differenz nach der Gleichrichtung gebildet wird. Infolge der antiparallelen Lage der beiden Dioden fließen durch den gemeinsamen Widerstand R die Ströme I_1 und I_2 entgegengesetzt. Das Zeigerbild des Phasendiskriminators für die Wechselspannungen gilt jedoch auch hier. Bei Mittenfrequenz sind U_1 und U_2 und somit auch I_1 und I_2 gleich groß, und es ist $I_1 - I_2 = 0$. Bei höherer Frequenz als der Mittenfrequenz überwiegt I_2, und die Ausgangsspannung ist positiv, bei tieferer Frequenz als der Mittenfrequenz überwiegt I_1, und die Ausgangsspannung ist negativ.

Vorteil des Verhältnisdiskriminators ist seine Fähigkeit, plötzliche Störspannungen (Spannungsspitzen) zu unterdrücken. In einem solchen Fall lädt sich der große Kondensator C auf, wobei der Ladestrom die beiden Dioden in den niederohmigen Bereich steuert, so daß dadurch das Bandfilter zusätzlich bedämpft wird; die Störspannung bricht zusammen. Nach Beendigung der Aufladung sorgt die Kondensatorspannung für eine Verschiebung der Arbeitspunkte der Dioden in den negativen Bereich solange, bis der Kondensator wieder auf seine ursprüngliche Spannung vor der Störung entladen ist.

Sonderformen des Phasen- und des Verhältnisdiskriminators entstehen, wenn $\underline{U}_p$ auf die Hf-Drossel nicht kapazitiv, sondern induktiv überkoppelt wird. Die Hf-Drossel wird in diesem Fall eng mit der Primärspule des Bandfilters induktiv gekoppelt.

Weniger Bauelemente werden beim unsymmetrischen Verhältnisdiskriminator (Bild 6.27) benötigt. Seine Begrenzerwirkung ist jedoch weniger gut.

Gewöhnlich ist den Nf-Ausgängen der Diskriminatoren ein RC-Tiefpaß nachgeschaltet zwecks Deakzentuierung der höheren Frequenzen.

Diskriminator mit phasengerasteter Schleife (PLL-Diskriminator): Die phasengerastete Schleife (wörtl. Übersetzung von Phase-Locked-Loop = PLL) ist eine Regelschleife gemäß Bild

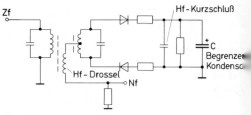

Bild 6.27   Unsymmetrischer Verhältnisdiskriminator

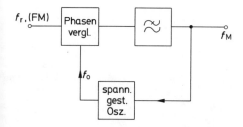

f_r, (FM) — Phasen vergl. — f_M

f_0

spann. gest. Osz.

Bild 6.28   Diskriminator mit phasengerasteter Schleife (PLL)

6.28. Die Einrichtung besteht aus einem Phasenvergleicher (Phasenkomparator, Multiplizierer), wobei man sich z.B. einen Schalter oder einen Ringmodulator vorstellen möge. Daran schließt sich ein Tiefpaß, z.B. ein RC-Glied an. Schließlich enthält die Regelschleife einen steuerbaren Oszillator (in der deutschen Literatur gern als VCO = Voltage Controlled Oscillator bezeichnet). Man stelle sich hier einen frequenzmodulierbaren Oszillator vor.

Da der Phasenvergleicher als Multiplizierer arbeitet, liefert er am Ausgang Summen- und Differenzfrequenz der an den beiden Eingängen liegenden Frequenzen f_0 und f_r. f_r ist die sogenannte Referenzfrequenz.

Liegt die Differenzfrequenz über der Grenzfrequenz f_g des Tiefpasses, so ist dessen Ausgangsspannung sehr gering. Der spannungsgesteuerte Oszillator wird in seiner Frequenz nur schwach beeinflußt. Die Differenzfrequenz am Ausgang des Tiefpasses moduliert den Oszillator in der Frequenz. Diese wird dabei in Richtung zu f_r verstimmt (Ziehbereich). Erst wenn nach Durchlaufen des relativ lang dauernden Ziehvorgangs $|f_r - f_0| \leq f_g$ wird, erreicht das Tiefpaß-Ausgangssignal einen ausreichend großen Wert, um f_r auf f_0 „zu fangen" (Fangbereich). Wird daraufhin $f_r = f_0$, so tritt am Phasenvergleicher eine Spannung auf, die die Frequenzen $f_r + f_0 = 2f_r$ und $f_r - f_0 = 0$ enthält. Frequenz Null bedeutet einen Gleichanteil. Je nach Phasenlage der beiden Komparatorspannungen zueinander tritt dieser Gleichanteil als positive, negative oder Spannung Null am Tiefpaßausgang auf und erhält den Synchronismus $f_r = f_0$ aufrecht (Bild 6.29).

Ändert man f_r, so ändert sich die Gleichspannung. Die Spannungsänderung ist proportional zur Änderung der Frequenz. Liegt am Eingang also anstelle von f_r eine FM, so ändert sich die Gleichspannung entsprechend der Modulationsspan-

nung der FM. Die Regelspannung am Tiefpaßausgang ist also identisch mit dem Modulationssignal. Die Einrichtung arbeitet als Diskriminator.

Der Haltebereich ist durch das Produkt „VCO-Konstante mal maximale Gleichspannung" gegeben.

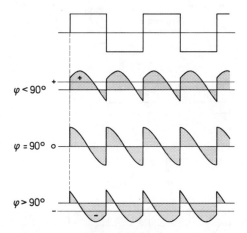

$\varphi < 90°$

$\varphi = 90°$

$\varphi > 90°$

Bild 6.29   Ausgangssignal des Phasenvergleichers

Koinzidenzdemodulator: Der Koinzidenzdemodulator läßt sich weitgehend in integrierter Technik aufbauen und ist daher gegenüber dem herkömmlichen Ratiodetektor bzw. dem Phasendiskriminator im Vorteil. Man findet ihn auch unter der Bezeichnung Phasendemodulator, Produktdetektor oder φ-Detektor. Die Wirkungsweise geht aus Bild 6.30a bis f hervor. Nach Begrenzung wird die FM wie folgt weiterverarbeitet.

Das Netzwerk aus Parallelschwingkreis mit L_p und C_p und dem Koppelkondensator C_s (wobei $C_s \ll C_p$), bei integrierten Schaltungen extern angeschaltet, wird z.B. mittels Kern von L_p auf u_2-Maximum bei Zf-Mittenfrequenz abgestimmt. C_s liegt über den niederohmigen Innenwiderstand des Verstärkers wechselstrommäßig praktisch parallel zu C_p und wird dabei mit eingestimmt. Daher gilt bei Zf-Mitte:

$$f_{Zf} = 1/(2\,\pi\,\sqrt{L_p \cdot (C_p + C_s)}).$$

Der Schwingkreis allein betrachtet hat

$$f_{res} = 1/(2\,\pi\,\sqrt{L_p \cdot C_p})$$

111

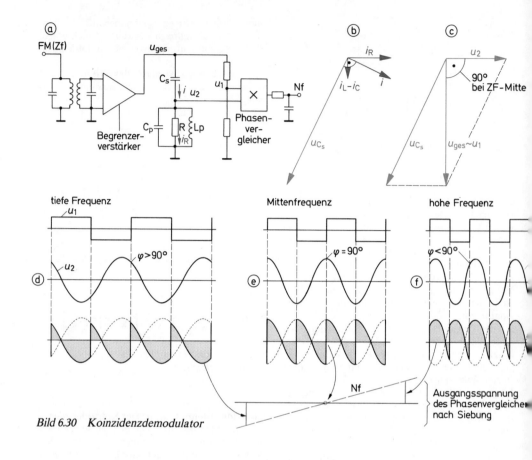

Bild 6.30   Koinzidenzdemodulator

und ist daher bei Zf-Mitte leicht induktiv verstimmt. Dies muß man berücksichtigen, um zu verstehen, daß bei Zf-Mitte eine Phasenverschiebung von genau 90° zwischen Gesamtspannung und Teilspannung u_2 ist. Aus dem ersten Zeigerdiagramm (b) geht hervor, daß i_R und u_{C_s} infolge des nacheilend (induktiv) verschobenen Gesamtstroms i um mehr als 90° gegeneinander verschoben sind. Das zweite Diagramm (c) zeigt, daß die mit i_R in Phase liegende Teilspannung u_2 der Gesamtspannung u_{ges} um 90° voreilt.

Die induktive Verstimmung und damit die Phasenabweichung vom 90°-Zustand wird mit abnehmender Frequenz größer, mit zunehmender Frequenz kleiner. Frequenz- und Phasenabweichung sind innerhalb der Zf-Bandbreite praktisch proportional. Man vergleiche hierzu das Bandfilter: die Entstehung der beim Ratiodetektor ausgenützten Phasenverschiebung ist bei kapazitiver

Bandfilterkopplung ganz genau so, dagegen beim induktiv gekoppelten mit kapazitiver Schwingkreisverstimmung (Bild 6.25) zu erklären.

Der Koinzidenzdemodulator benötigt noch eine zweite, nicht phasenverschobene Spannung (u_1), die über einen ohmschen Spannungsteiler aus der Gesamtspannung gewonnen wird. Die frequenzabhängige Phasenabweichung zwischen u_1 und u_2 wird nun mittels eines Phasenvergleichers in eine dazu proportionale Gleichspannung umgewandelt. Häufig wird hierzu in integrierter Technik ein Produktmodulator gemäß Bild 3.16 eingesetzt.

Der Name „Koinzidenzdemodulator (coincidentia, lat., = das Zusammenfallen) läßt sich damit erklären, daß die erzeugte Gleichspannung vom gleichzeitigen Zusammentreffen beider Schwingungen abhängt und mit zunehmender Phasengleichheit größer wird (Bild 6.30 d, e, f). Da bei

112

diesem Demodulator zwei Spannungen miteinander verglichen werden, die im Mittel um 90°, d.h. „in Quadratur" zueinander stehen, spricht man auch häufig von **„Quadraturdemodulator"**. Eigentlich müßte man den altbekannten Ratiodetektor deshalb auch dazu rechnen!

Zähldiskriminator: Die FM-Schwingung wird begrenzt. Ein Differenzierglied bildet bei den Nulldurchgängen Impulse gleicher Dauer, von denen infolge einer nachgeschalteten Einweggleichrichtung z.B. nur die positiven weiterverarbeitet werden. Die Impulse sind in ihrem Abstand zueinander entsprechend dem Modulationssignal moduliert. Ihr Mittelwert entspricht dem Modulationssignal und kann durch einen RC-Tiefpaß leicht gewonnen werden. Spulen sind in der Gesamtschaltung nicht erforderlich. Sie eignet sich zum Aufbau in integrierter Technik.

6.11 Mathematische Zusammenhänge bei FM

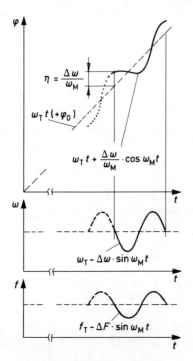

Bild 6.31   Frequenz und Winkel

Frequenzmodulation bedeutet in Wirklichkeit eine Änderung der Nulldurchgänge der Trägerschwingung und damit des Phasenwinkels. Daher ist FM als Winkelmodulation aufzufassen. Bild 6.6 zeigt, daß bei konstanter Kreisfrequenz ω_T der Winkel linear ansteigt: $\varphi = \omega_T\, t$. Man vergleiche hierzu auch Bild 6.7 bis 6.9. Bei sinusförmiger Frequenzmodulation nimmt der Winkel cosinusförmig zu:

$$\varphi = \omega_T\, t + \frac{\Delta\omega}{\omega_M} \cdot \cos \omega_M\, t.$$

Dies ergibt sich daraus, daß der Winkel das zeitliche Integral der Kreisfrequenz ist. Wie bereits die Bilder 6.7 und 6.8 anschaulich zeigen, ist eine cosinusförmige Winkeländerung mit einer (negativen) sinusförmigen Frequenzänderung verknüpft. Wird also die **Frequenz** sinusförmig moduliert:

$$f = f_r \mp \Delta F \cdot \sin \omega_M\, t$$

bzw.

$$\omega = \omega_T \mp \Delta\omega \cdot \sin \omega_M\, t$$

so ergibt sich wegen des Integrals $\varphi = \int [\omega_T \mp \Delta\omega \cdot \sin \omega_M\, t]\, dt$ ein Winkelverlauf

$$\varphi = \omega_T\, t \pm \frac{\Delta\omega}{\omega_M} \cdot \cos \omega_M\, t$$

(hier müßte noch die Integrationskonstante, nämlich ein fester Phasenwinkel φ_0, erscheinen; er wird jedoch hier wie auch im Bild 6.13 nicht berücksichtigt).

Damit lautet die Zeitfunktion der FM-Schwingung, die hier im Vergleich zur AM-Schwingung angeschrieben werden soll:

113

FM: $\quad u = \hat{u}_T \cos \underbrace{\left(\omega_T\, t + \dfrac{\Delta\omega}{\omega_M} \cos \omega_M\, t \right)}_{\text{Winkelmodulation}}$

AM: $\quad u = \underbrace{(\hat{u}_T + \Delta\hat{u} \cos \omega_M\, t)}_{\text{Amplitudenmodulation}} \cos \omega_T\, t$

Ersetzt man in der FM-Schwingung

$$\frac{\Delta\omega}{\omega_M} = \frac{2\,\pi\,\Delta F}{2\,\pi\, f_M} = \eta,$$

so ist

$$u = \hat{u}_T \cos (\underbrace{\omega_T\, t}_{\alpha} + \underbrace{\eta \cos \omega_M\, t}_{\beta})$$

Unter Verwendung der trigonometrischen Formel

$$\cos (\alpha + \beta) = \cos \alpha \cos \beta - \sin \alpha \sin \beta$$

ergibt sich daraus

$$u = \hat{u}_T\, [\cos (\omega_T\, t) \cos (\eta \cos \omega_M\, t) -$$
$$- \sin (\omega_T\, t) \sin (\eta \cos \omega_M\, t)]$$

Hierin tritt der Kosinus einer Kosinusfunktion bzw. der Sinus einer Kosinusfunktion auf. Um zunächst zu einer einfachen Lösung zu gelangen, wird die Formel für $\eta \ll 1$ ausgewertet. Dann kann nämlich für

$$\cos (\eta \cos \omega_M\, t) \approx 1,$$

für

$$\sin (\eta \cos \omega_M\, t) \approx \eta \cos \omega_M\, t$$

gesetzt werden.

Modulationsindex $\eta \ll 1$

$$u = \hat{u}_T\, (\cos \omega_T\, t - \eta \sin \omega_T\, t \cos \omega_M\, t)$$

Das zweite Glied der Klammer wird nun mit der trigonometrischen Formel

$$\sin \alpha \cos \beta = + \frac{1}{2} \sin (\alpha + \beta) + \frac{1}{2} \sin (\alpha - \beta)$$

noch weiter ausgerechnet, und man erhält

$$u = \hat{u}_T \left(\cos \omega_T\, t - \eta\, \frac{1}{2} \sin (\omega_T + \omega_M)\, t \right.$$
$$\left. - \eta \cdot \frac{1}{2} \sin (\omega_T - \omega_M)\, t \right)$$

Dieser Ausdruck besagt, daß die FM-Schwingung (für $\eta \ll 1$) sich aus drei Schwingungen zusammensetzt mit den Frequenzen: Trägerfrequenz (ω_T), Summenfrequenz aus Träger und Information ($\omega_T + \omega_M$) und Differenzfrequenz ($\omega_T - \omega_M$). Es bedeutet also genau das, was bereits im Abschnitt 6.6 dargelegt wurde, daß nämlich die FM für kleine Hübe als Überlagerung dreier sinusförmiger Schwingungen betrachtet werden kann.

Vergleicht man mit dem mathematischen Ausdruck für die AM-Schwingung (s. S. 52), so sind beide nahezu identisch, wenn man davon absieht, daß bei FM der Modulationsindex η, bei AM der Modulationsgrad m steht. Lediglich die Ausdrücke für die Summenfrequenz und die Differenzfrequenz haben negatives Vorzeichen und in bezug auf die Trägerschwingung (cos) andere Phase (sin)! Hierin drückt sich aus, daß die Summe der Seitenschwingungen nicht wie bei AM zum Träger gleichphasig, sondern um 90° verschoben ist.

Modulationsindex η beliebig

Dieser Fall läßt bei der Zeitfunktion der FM-Schwingung keine Auswertung mit einfachen mathematischen Mitteln zu. Die Auswertung führt zu Besselfunktionen (vgl. Abschn. 6.5, Bild 6.11 und 6.12). Es läßt sich die Zeitfunktion der Spannung wie folgt darstellen:

$$u = \hat{u}_T \cdot \begin{cases} I_0(\eta) \cos \omega_T\, t \\ -I_1(\eta)\, [\sin (\omega_T + \omega_M)\, t + \sin \\ \qquad (\omega_T - \omega_M)\, t] \\ -I_2(\eta)\, [\cos (\omega_T + 2\,\omega_M)\, t + \\ \qquad \cos (\omega_T - 2\,\omega_M)\, t] \\ +I_3(\eta)\, [\sin (\omega_T + 3\,\omega_M)\, t + \\ \qquad \sin (\omega_T - 3\,\omega_M)\, t] \\ + \ldots \end{cases}$$

Dabei sind die Amplituden $I_0(\eta)$, $I_1(\eta), \ldots I_n(\eta)$ der Spektralanteile durch die Besselfunktionen gegeben.

6.12 Fragen und Aufgaben

1. Wie kann FM im Prinzip erzeugt werden?

2. Welcher Zusammenhang besteht zwischen Frequenzhub und Lautstärke?

3. Wie beeinflußt bei FM die Tonhöhe der Modulationsschwingung die Augenblicksfrequenz?

4. Warum spricht man bei FM von Augenblicksfrequenz?

5. Eine Schwingung legt in 1 s einen Winkel von 31,4 rad ($= 10\,\pi$) zurück. Welche Frequenz hat sie?

6. Eine Sinusschwingung wird mit $\Delta F = 75$ kHz (25 kHz) frequenzmoduliert. Die Modulationsfrequenz beträgt 12 kHz. Wie groß ist der Winkel, mit dem der FM-Zeiger maximal ausgelenkt wird (max. Phasenhub)?

7. Welcher Zusammenhang besteht zwischen Phasenhub und Modulationsfrequenz?

8. Ein Träger wird mit $f_M = 15$ kHz frequenzmoduliert und das Spektrum am Spektrumanalysator bei zunehmendem Hub untersucht. Der Träger verschwindet zum zweitenmal bei $\hat{u}_M = 1,1$ V.
a) Wie groß ist der Frequenzhub in diesem Fall?
b) Wie groß ist er im Betriebsfall, wenn im Betrieb $\hat{u}_M = 1$ V ist?

9. Im Liniendiagramm (Schirmbild) einer FM tritt als höchste Augenblicksfrequenz 10,775, als tiefste 10,625 MHz auf. Der Abstand zweier Verdichtungen bzw. Verdünnungen beträgt 0,1 ms. Wie groß ist der Modulationsindex?

10. Wie groß ist bei einem Modulationsindex $\eta = 3$ (4, 5, 6, ...) die Amplitude der 4. (5., 6., 7., ...) Seitenlinie?

11. Aus Aufgabe 10 ergibt sich, daß die Seitenlinien der Ordnung $n = (\eta + 1)$ noch größer als 10% sind. Wenn diese gerade noch erfaßt werden sollen, so ist wegen des Abstandes f_M der einzelnen Seitenlinien eine Bandbreite von $B = 2 \cdot n \cdot f_M$ erforderlich. Wie kommt man durch Verwendung beider Beziehungen auf die Bandbreitenformel $B = 2\,(\Delta F + f_M)$?

12. Wievielter Ordnung sind diejenigen Seitenlinien, die bei Anwendung der in Aufgabe 11 angegebenen Bandbreitenformel nicht mehr erfaßt werden?

13. Der unmodulierte Träger einer FM sei 100%. Der Hub sei 50 kHz, die Modulationsfrequenz 10 kHz (Fernsehton!). Wieviel % der unmodulierten Trägeramplitude beträgt die Amplitude der bei Anwendung der Bandbreitenformel $2 \cdot (\Delta F + f_M)$ im Abstand (50 + 10) kHz vom Träger gerade noch übertragenen Seitenschwingung? Wieviel % hat die nicht mehr übertragene Seitenschwingung?

14. Durch die Bandbegrenzung können zwei Seitenlinien rechts und links des Trägers, deren Amplituden je 5% der unmodulierten Trägeramplitude betragen, nicht mehr übertragen werden. Wieviel % der Gesamtleistung sind dies?

15. Worin entsprechen und worin unterscheiden sich die Zeigerdarstellung einer AM und einer FM ($\eta < 0,5$)?

16. Wie groß sind bei einer FM mit $\eta = 0,4$ und einer AM mit $m = 0,4$ die Seitenschwingungsamplituden? (Der unmodulierte Träger soll 1 V betragen.)

17. Eine FM-Schwingung $\Delta F = 75$ kHz habe eine Amplitude von 2 mV. Die Störspannung betrage 0,2 mV. Die Störfrequenz liegt so dicht beim Träger, daß sie im Nf-Bereich a) bei 1,5, b) bei 15 kHz stört. Wie groß ist in beiden Fällen der Störfrequenzhub und das Verhältnis $\Delta F/\Delta F_{St}$? Um welchen Faktor müßte der Hub bei $f_M = 15$ kHz angehoben oder bei 1,5 kHz abgesenkt werden durch Preemphasis, wenn die Störung bei 1,5 und bei 15 kHz gleich stark wirken sollte?

18. Warum kann eine Spule bei eingeprägtem Strom als breitbandiger linearer Frequenzdemodulator verwendet werden?

19. Die Arbeitsweise des Resonanzkreisumformers soll erläutert werden.

20. Wodurch unterscheiden sich Phasen- und Verhältnisdiskriminator in Schaltung und Wirkungsweise?

21. Die Wirkungsweise des phasengerasteten Diskriminators (PLL-Diskr.) soll erläutert werden!

Literatur: [1, 3, 4, 5, 7, 8, 13 bis 17].

7 Phasenmodulation*

7.1 Unterschied Phasenmodulation — Frequenzmodulation

Die Phasenmodulation ist wie die Frequenzmodulation unter dem Oberbegriff „Winkelmodulation" zu betrachten. Da Modulationsindex und Phasenhub gleichwertig sind, ist es bei konstanter Modulationsfrequenz f_M wegen des Zusammenhangs

$$\Delta\Phi = \frac{\Delta F}{f_M}$$

gleichgültig, ob man eine frequenzmodulierte Schwingung als · Phasenmodulation oder eine phasenmodulierte Schwingung als Frequenzmodulation betrachtet. Läßt man f_M außer acht, so gilt immer

$$\Delta\Phi \sim \Delta F$$

und es ergibt sich der Satz:

> Frequenzmodulation und Phasenmodulation entsprechen sich bei konstanter Modulationsfrequenz.

Lediglich wegen der Abhängigkeit von f_M macht man einen Unterschied. Wird mittels einer Schaltung FM erzwungen, so heißt das, daß der erzeugte **Frequenzhub** proportional zur Modulationsamplitude ist. Dann ist der zugehörige Phasenhub

$$\Delta\Phi \sim \frac{1}{f_M}$$

und es gilt der Satz:

> Bei Frequenzmodulation ist der Frequenzhub unabhängig von der Modulationsfrequenz, während der Phasenhub mit zunehmender Modulationsfrequenz abnimmt.

Wird dagegen Phasenmodulation erzwungen, so heißt das, daß der erzeugte **Phasenhub** proportional zur Modulationsamplitude ist. In diesem Fall ist der zugehörige Frequenzhub

$$\Delta F \sim f_M$$

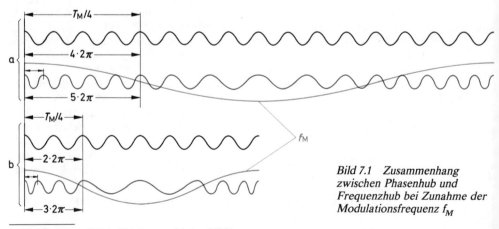

Bild 7.1 Zusammenhang zwischen Phasenhub und Frequenzhub bei Zunahme der Modulationsfrequenz f_M

---

* Abk. gelegentlich „ΦM", bei Pulsphasenmodulation „PPM"

116

und es gilt der Satz:

> Bei Phasenmodulation ist der Phasenhub unabhängig von der Modulationsfrequenz, dagegen nimmt der Frequenzhub mit zunehmender Modulationsfrequenz zu.

Dieser Satz wird anhand von Bild 7.1 verdeutlicht. Es handelt sich bei a und bei b um den gleichen Träger, der jedoch bei b mit der doppelten Modulationsfrequenz moduliert wird. Die Modulations-

amplitude bringt in beiden Fällen gleichen Phasenhub hervor; durch Abzählen der Perioden erhält man:

a) $5 \cdot 2\pi - 4 \cdot 2\pi = 2\pi$
b) $3 \cdot 2\pi - 2 \cdot 2\pi = 2\pi$

Daß bei b in der Hälfte der zur Verfügung stehenden Zeit, $T_M/4$, der gleiche Phasenhub hervorgebracht werden kann wie bei a, ist nur dadurch möglich, daß die Frequenz innerhalb dieser Viertelperiode entsprechend höher ist. Man beachte bei b das engere Zusammenrücken der Schwingungen im Gebiet der Verdichtung — ein Zeichen größeren Frequenzhubs.

7.2 Erzeugung der Phasenmodulation

Von den zahlreichen Verfahren der Phasenmodulationserzeugung sollen nur einige im Prinzip gezeigt werden, um dem Verständnis der Phasenmodulation zu dienen und den Unterschied zur FM zu kennzeichnen.

1. Überlagerung 90° verschobener AM-Schwingungen

Diese Methode ist zwar wenig gebräuchlich, zeigt aber das Prinzip der Phasenmodulation deutlich, nämlich die Proportionalität zwischen Modulationsamplitude und Phasenhub (Bild 7.2). Zwei im Gegentakt AM-modulierte Schwingungen werden überlagert. Wichtig ist, daß die Hf-Schwingungen beider gegeneinander 90° phasenverschoben sind. Der Summenzeiger läge im unmodulierten Fall dadurch unter 45° und ist um den Faktor $\sqrt{2}$ größer als die Trägeramplituden der einzelnen AM-Schwingungen; er pendelt winkelmoduliert um diese Lage. Es ist aus der Zeichnung leicht zu entnehmen, daß (bei kleinen Hüben) der Phasenhub proportional zur AM-Modulationstiefe, also zu u_M, ist. Wir haben es also mit Phasenmodulation zu tun. Es entsteht gleichzeitig eine mit zunehmendem Hub wachsende unerwünschte Amplitudenmodulation.

2. Überlagerung 90° verschobener Seitenschwingungen zum Träger

Auch bei diesem Verfahren (Bild 7.3) ist ein 90°-Phasenschieber notwendig. Ein fester Träger, der quarzstabilisiert sein darf, dient gleichzeitig nach Durchlaufen eines 90°-Phasenschiebers zur Herstellung zweier Seitenbänder der Modulationsspannung in einem Ringmodulator. Er wird mit den so um 90° verschobenen Seitenbändern überlagert. Es ergibt sich eine winkelmodulierte

Schwingung. Der Winkel ist proportional zur Amplitude der Summe der Seitenschwingungen und diese ihrerseits zu U_M, also: Phasenmodulation! Es versteht sich, daß dieses Verfahren auch wieder nur für kleine Phasenhübe gilt, werden hier doch nur die Seitenschwingungen 1. Ordnung des Spektrums zum Träger addiert.

3. Nachgeschalteter Phasenschieber

Einem Festfrequenzgenerator wird ein Netzwerk nachgeschaltet, dessen Phase durch u_M variiert werden kann. Im einfachsten Fall kann dies ein Schwingkreis sein, der auf die Festfrequenz abgestimmt ist. Beeinflußt u_M die Kapazität (z.B. Kondensatormikrofon), so verschiebt sich die

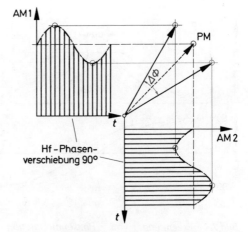

Bild 7.2 Überlagerung 90° verschobener amplitudenmodulierter Hf-Schwingungen

117

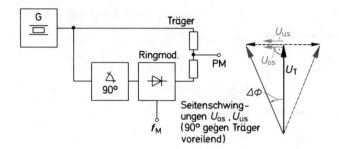

Bild 7.3 Überlagerung von
Träger und 90° verschobener
Seitenschwingungen

Resonanzkurve (rote und blaue Kurve in Bild 7.4a) und mit ihr die Phasenkurve (Bild a, unten). Abgesehen davon, daß nun die Festfrequenz infolge der Flankendämpfung eine leichte Amplitudeneinbuße erfährt und dadurch eine unerwünschte Amplitudenmodulation mit entsteht, ergibt sich die gewünschte Winkelmodulation, weil die Ausgangsspannung in einen anderen Phasenzustand übergehen muß, der größer oder kleiner als 0° ist.

Winkelmodulation und Frequenzmodulation gehören untrennbar zusammen, gleichzeitig sperrt man sich aber hier gegen die Vorstellung des Auftretens einer anderen Frequenz, wo doch der Schwingkreis von einem Festfrequenzgenerator gespeist wird. Doch kann man den Übergang einer Schwingung von einem Phasenzustand in einen anderen auch als das Auftreten einer anderen Frequenz betrachten (Bild 7.5a). Ist der Übergang vollzogen, wird wieder die ursprüng-

liche Frequenz gemessen. Der Übergang „Winkelzunahme" ergibt Frequenzzunahme, der Übergang „Winkelabnahme" ergibt Frequenzabnahme (man vergleiche hierzu $\omega = \Delta\varphi/\Delta t$, S. 90). Bei Sinusmodulation der Phase entsteht 90° verschobene Sinusmodulation der Frequenz (Bild 7.5b). Es können auch bei dieser Schaltung nur geringe Phasenhübe erzeugt werden. Eine Verbesserung bringt ein mehrkreisiges Filter anstelle des Schwingkreises. Infolge des flachen Durchlaßdämpfungsverlaufs verringert sich die störende zusätzliche AM, und die größere Steilheit der Phasenwinkelkurve liefert größeren Phasenhub. Die Schaltung Bild 7.4b zeigt gleichzeitig einen wesentlichen Unterschied zwischen Phasenmodulations- und FM-Erzeugung. Bei Phasenmodulation wird lediglich die Phase einer Schwingung geändert. Der Vorgang geschieht **nach** Erzeugung der Festfrequenz. Diese darf quarzstabil sein. Bei FM-Erzeugung greift die Modulations-

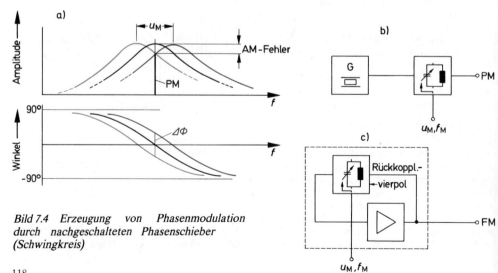

Bild 7.4 Erzeugung von Phasenmodulation
durch nachgeschalteten Phasenschieber
(Schwingkreis)

118

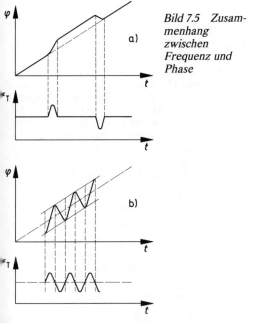

Bild 7.5 Zusammenhang zwischen Frequenz und Phase

a)

b)

spannung **in den Rückkopplungszweig** ein; dort wird die Phasenverschiebung des frequenzbestimmenden Rückkopplungsvierpols geändert. Das rückgekoppelte System muß auf eine andere Frequenz umschwingen, damit die Rückkopplungsbedingung wieder stimmt (Bild 7.4c). Auf Bild a übertragen, würde das bedeuten, daß die entstehende Frequenz dem jeweiligen Maximum der Schwingkreischrarakteristik folgt.

4. Phasenmodulation als FM mit frequenzabhängiger Modulationsspannung

Bild 7.6 zeigt das Prinzip. Bei FM nimmt der Phasenhub mit zunehmender Modulationsfrequenz ab. Gleicht man dies dadurch aus, daß man die Modulationsspannung mit Hilfe eines Netzwerks mit geeignetem frequenzabhängigen Übertragungsfaktors linear mit der Modulationsspannung ansteigen läßt, kann die Phasenhubabnahme ausgeglichen werden. Man erhält konstanten Phasenhub im Übertragungsband (Bild 7.6 rechts).

Es ist dies eine ähnliche Maßnahme wie die der Preemphasis. Praktisch werden hier FM-Oszillatorschaltungen (s. S. 90) verwendet, jedoch zusätzlich der Vierpol zur frequenzabhängigen Spannungsformung der Modulationsspannung.

Vor- und Nachteile der vier Verfahren

Die ersten drei genannten Verfahren haben den Vorteil, daß quarzstabile Trägergeneratoren verwendet werden können. Nachteilig ist, daß nur **geringe Phasenhübe** möglich sind und daß mit zunehmendem Hub störende AM auftritt.

Größere Phasenhübe müssen z.B. durch Frequenzvervielfachung gemacht werden. Bei Frequenzverdoppelung verdoppeln sich auch größte und kleinste Augenblicksfrequenz, also der Frequenzhub und mit ihm der Phasenhub.

Von praktischer Bedeutung ist das vierte Verfahren wegen des **größeren** erreichbaren **Hubs**. Der Nachteil, daß keine quarzstabile Trägerfrequenz möglich ist, muß nötigenfalls durch Frequenzregelung behoben werden.

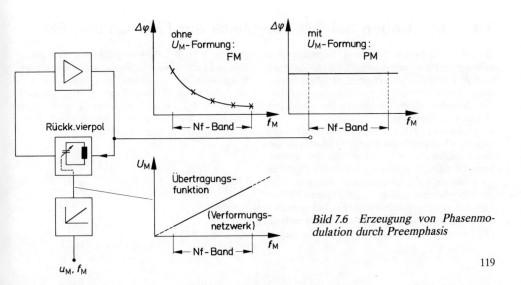

Bild 7.6 Erzeugung von Phasenmodulation durch Preemphasis

7.3 Demodulation

Hierzu können die Verfahren zur Demodulation von FM (s. S. 109 ff.) verwendet werden. Es ist jedoch zu bedenken, daß die dort dargestellten Frequenzdiskriminatoren eine dem Frequenz-, nicht dem Phasenhub proportionale Spannung abgeben. Da die Phasenmodulation aber gerade die Eigenschaft hat, daß der Frequenzhub linear mit der Modulationsfrequenz zunimmt, würde die Nf-Amplitude der so diskriminierten Phasenmodulation mit der Modulationsfrequenz zunehmen. Dies muß durch ein entsprechend entgegengesetzt wirkendes, dem Diskriminator nachgeschaltetes Netzwerk ausgeglichen werden. Man erkennt hier: ähnliche Wirkung wie die Deemphasis (S. 107).

Das Prinzip einer Phasendemodulation anderer Art zeigt Bild 7.7. Da man es mit kleinen Phasenhüben zu tun hat, läßt sich der immer und mit gleicher Phase vorhandene Träger heraussieben und nach 90°-Verschiebung als Schaltspannung verwenden. Bei positivem Phasenhub überwiegen die positiven, bei negativem die negativen blauen Flächen der dargestellten Phasenmodulation. Nach Glättung im Tiefpaß ergibt sich die Nf-Schwingung.

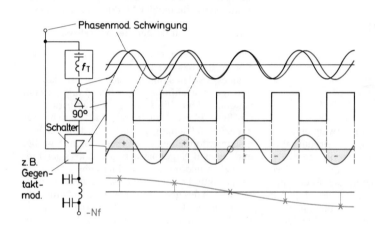

Bild 7.7 Demodulation einer phasenmodulierten Schwingung

7.4 Störungen bei ΦM, Vergleich mit FM, AM und EM

Wie schon in Bild 6.19 gezeigt, beeinflußt eine Störung die Phase und erzeugt einen Störphasenhub. Will man die Sicherheit einer Winkelmodulation gegen Störungen untersuchen, muß man den Nutzphasenhub und den Störphasenhub miteinander vergleichen.

Während bei FM der Nutzphasenhub mit zunehmender Modulationsfrequenz abnimmt und sich daher Störungen bei höheren Modulationsfrequenzen stärker bemerkbar machen, ist bei Phasenmodulation der Störabstand wegen des von der Modulationsfrequenz unabhängigen Phasenhubs im ganzen Niederfrequenzband konstant. Bei Störungen durch **Rauschen** erweist sich die FM gegenüber der PM bei gleichen Bedingungen um 4,77 dB $\triangleq$ Leistungsfaktor 3 im Rauschabstand besser, wie die Formeln für den **niederfrequenten** Rauschabstand $a_{R\,Nf}$ nach dem Demodulator und Nf-Tiefpaß mit $f_g = f_{M\,max}$ zeigen. Darin ist P_T die hochfrequente Trägerleistung und P'_R die hochfrequente Rauschleistungsdichte beidseitig des Trägers. Es gilt

bei FM:

$$a_{R\,Nf} = \left[10 \lg \left(3\,\eta^2 \cdot \frac{P_T}{2 \cdot f_{M\,max} \cdot P'_R} \right) \right] \text{dB},$$

bei ΦM:

$$a_{R\,Nf} = \left[10 \lg \left(\Delta\Phi^2 \cdot \frac{P_T}{2 \cdot f_{M\,max} \cdot P'_R} \right) \right] \text{dB},$$

bei AM:

$$a_{\mathrm{R\,Nf}} = \left[10\,\lg\left(\mathrm{m}^2 \cdot \frac{P_\mathrm{T}}{2 \cdot f_{\mathrm{M\,max}} \cdot P_\mathrm{R}'}\right)\right]\,\mathrm{dB}\quad\text{und}$$

bei EM:

$$a_{\mathrm{R\,Nf}} = \left[10\,\lg\left(\frac{P_{\mathrm{SB}}}{f_{\mathrm{M\,max}} \cdot P_\mathrm{R}'}\right)\right]\,\mathrm{dB}.$$

Der Nenner stellt jeweils das auf $f_{\mathrm{M\,max}}$ eingeschränkte Rauschen **beider** Seitenbänder dar, bei EM natürlich nur das **eines** Seitenbandes (entsprechend schmales Filter in der Hf-Lage

vorausgesetzt). FM ist gegenüber ΦM um den genannten Leistungsfaktor 3 besser (bei $\eta = \Delta\Phi$). Zwischen ΦM und AM ist für $\Delta\Phi = m \leq 1$ kein Unterschied. Da aber der Maximalwert m = 1 ist, wogegen $\eta = \Delta\Phi \gg 1$ gemacht werden kann, sind natürlich FM und ΦM gegenüber AM im Vorteil (auf Kosten der Bandbreite, versteht sich). EM ist gegen AM um 3 dB günstiger, da nur die halbe Hf-Rauschleistung in der Nf-Lage auftritt (wenn SSB-Filter in der Hf-Lage vorhanden!), ganz abgesehen von den übrigen Vorteilen der EM (halbe Bandbreite; nur P_{SB} in der Hf-Lage).

7.5 Mathematische Zusammenhänge bei Phasenmodulation

Der Winkel wird nicht wie bei FM auf dem Umweg über die Frequenz, sondern direkt moduliert:

$$\varphi = \omega_\mathrm{T}\, t + \Delta\Phi \cos \omega_\mathrm{M}\, t$$

Der darin vorkommende Phasenhub $\Delta\Phi$ ist nicht

abhängig von der Modulationsfrequenz (das zeitliche Integral über die Frequenz bzw. Kreisfrequenz ist nicht wie bei FM erforderlich!). Ersetzt man für $\Delta\Phi = \eta$, so läßt sich aus der obigen Formel die gleiche Zeitfunktion ableiten wie bei FM.

7.6 Fragen und Aufgaben

1. Wie verhält sich bei Phasenmodulation der Phasenhub mit zunehmender Modulationsfrequenz?

2. Wie hängt bei Phasenmodulation der Frequenzhub von der Modulationsfrequenz ab?

3. Warum lassen sich mit den Schaltungen Bild 7.2 und 7.3 nur geringe Phasenhübe erzielen.

4. Welchen maximalen Phasenhub erhält man, wenn man zu einem Träger $\hat{u}_\mathrm{T} = 1$ V die obere und untere Seitenschwingung mit je 0,1 V Amplitude addiert?

5. Welche zusätzliche Schaltmaßnahme ist erforderlich, um aus einer FM ein Phasenmodulation zu machen?

6. Welcher maximale Phasenhub würde sich ergeben, wenn bei Schaltung 7.4b der Schwingkreis um ± halbe Bandbreite verstimmt würde. Warum geht man in der Praxis nicht so weit?

7. Warum wirken sich bei Phasenmodulation sinusförmige Störspannungen unabhängig von der Frequenz aus?

Literatur: [1, 8, 31, 32, 74]

8 Digitale Modulation (Tastung)

8.1 Grundbegriffe

Gleich- und Wechselstromtastung

Tastung ist eine sehr einfache Art der Modulation. Bekanntlich läßt sich allein durch Ein- und Ausschalten eines Lichtstrahls eine Nachricht übertragen. Bei den elektrischen Modulationsverfahren dieser Art spricht man von Tastung. Hierbei kann ein getasteter Gleichstrom über eine Leitung übertragen werden, um am anderen Ende z.B. ein Relais zu betätigen. Man spricht dann von **Gleichstromtastung**. Man hat in der Telegrafie **unipolare** Tastung oder **Einfachstrom**betrieb, wenn der Gleichstrom lediglich aus- bzw. eingeschaltet wird, **bipolare** Tastung oder **Doppelstrom**betrieb, wenn zur Übertragung der beiden Zustände der Strom umgepolt wird.

Wird eine Wechselspannung als Träger der Information verwendet, dem durch Aus- und Einschalten die Nachricht aufmoduliert wird, hat man Wechselstromtastung. Man spricht dann von **geträgerter Übertragung** des Digitalsignals im Unterschied zur nichtgeträgerten, die man als **Übertragung im Basisband** bezeichnet. Die Trägerfrequenz kann sowohl im Ton- als auch im Hochfrequenzbereich liegen. Je nachdem, ob bei der Wechselstromtastung der Signalparameter **Amplitude, Frequenz** oder **Phase** getastet wird, spricht man von **Amplituden-, Frequenz-** oder **Phasenumtastung** (Bild 8.1). Es versteht sich, daß nur digital vorliegende Nachrichten, also z.B. Morsezeichen oder binärkodierte Fernschreibzeichen oder Daten, aufmoduliert werden können.

Bei Umtastung spricht man zuweilen auch von „Shiftung" (angelsächsische Literatur, to shift = wechseln, umspringen). Man unterscheidet

ASK = Amplitude Shift Keying
     = Amplitudentastung

FSK = Frequency Shift Keying
     = Frequenztastung

PSK = Phase Shift Keying
     = Phasentastung

Vielfach werden binäre (zweiwertige) Signale in ternäre (dreiwertige), quaternäre (vierwertige, Bild 8.2) usw., allgemein in **n-äre Digitalsignale** umgewandelt, um über einen Kanal mit gegebener Bandbreite mehr Daten übertragen zu können. Man erzeugt damit eine **höherwertige** Amplituden-, Frequenz- oder Phasentastung. Meist wird die gegen Störungen am wenigsten anfällige PSK als n-PSK oder eine Kombination aus ASK

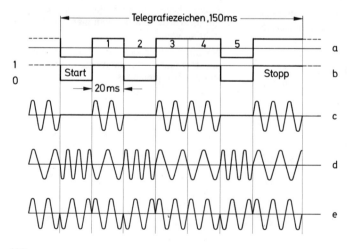

Bild 8.1 Telegrafiezeichen „F"
a) Bipolar- (Doppelstrom-),
b) Unipolar- (Einfachstrom-),
c) Amplituden-,
d) Frequenz-,
e) Phasentastung

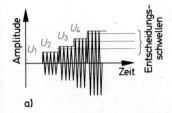
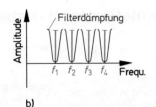
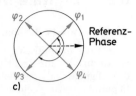

a)　　　　　　　　　　　　　b)　　　　　　　　　　　c)

Bild 8.2　Höherwertige Modulation

und PSK in Form der QAM (Quadraturamplitudenmodulation, n-QAM) eingesetzt. Beispiele:

4-PSK　= vierwertige Phasentastung
8-PSK　= achtwertige Phasentastung usw.
16-QAM = 16wertige Kombination aus
　　　　　ASK und PSK

Schrittgeschwindigkeit

Die Dauer der Schritte innerhalb des Zeichens ist gleich. Man nennt diese kürzeste Dauer ein „Bit" (bit [engl.] = Abk. für binary digit). Sie ist maßgebend für die maximal mögliche Übertragung von Zeichen pro Sekunde, da der kürzeste Impuls wegen der Anstiegszeit und durch Störspannungen am ehesten gestört oder vorgetäuscht werden kann. Je kürzer der kürzeste Impulsschritt sein darf, um so größer ist die maximale Übertragungsgeschwindigkeit.

Aufgabe: Bei einem Zeichen von 150 ms Dauer steht nach Abzug von Start- und Stoppzeit für die fünf Zeichenschritte noch die Zeit von 100 ms zur Verfügung, also pro Schritt 20 ms.

a) Wieviele Zeichen können pro Sekunde übertragen werden?

b) Wieviele Schritte (bit) pro Sekunde können maximal übertragen werden?

Lösung: a) Zahl der Zeichen: 1 s/150 ms = 6^2/$_3$ Zeichen pro Sekunde.

b) Zahl der Schritte pro Sekunde: 1 s/20 ms = 50 bit pro Sekunde.

Ein Charakteristikum für ein Telegrafie- oder Datenübertragungssystem ist die Zahl der Schritte pro Sekunde, die sogenannte **Schrittgeschwindigkeit** v_S. Hat ein Schritt (= 1 bit) die Dauer T_S, so ist die Schrittgeschwindigkeit

$$v_S = 1/T_S$$ 　　Einheit 1 Baud* = 1 Bd = 1/s

---

* nach Baudot, Erfinder des Schnelltelegrafiergeräts mit Typendrucker.

Bei zweiwertiger Tastung ist $T_S = T_{Bit}$.

Für Telegrafie und langsame Datenübertragung sind (nach CCITT) empfohlen, die Schrittgeschwindigkeiten 50, 100 und 200 Baud. Wie noch gezeigt wird, hängt die Schrittgeschwindigkeit von der Bandbreite ab und kann bei genügend großer Bandbreite noch beträchtlich größer sein.

Datenübertragungsgeschwindigkeit

Da man mit den höherwertigen Verfahren in gleicher Zeit mehr Entscheidungen übertragen kann, wächst die Datenübertragungsgeschwindigkeit v_D. Es besteht der Zusammenhang (lb = Zweierlogarithmus):

$$v_D = (\text{lb } n)\, v_S$$　　in bit/s

Sie ist gleich der „äquivalenten Bitrate" bei nicht redundantem n-ären Kode.

Punktfrequenz

Mit der Schrittdauer hängt auch die Punktfrequenz f_p, auch **Schwerpunkt-,** Schritt- oder **Nyquistfrequenz** bezeichnet, zusammen. Die Punktfrequenz ist nichts anderes als die Grundfrequenz einer 1:1-Pulsfolge, wobei Impulsdauer bzw. Impulspause der (kürzest möglichen) Schrittdauer T_{Bit} entspricht. Da die Periodendauer dieser Pulsfolge $T_p = 2\, T_{Bit}$ ist, ergibt sich für die Punktfrequenz

$$f_p = \frac{1}{2\, T_{Bit}}$$

Eine Schrittgeschwindigkeit 50 Bd (≙ 20 ms) ergibt somit f_p = 25 Hz, 100 Bd (≙ 10 ms) ergibt 50 Hz usw. Häufig genügt es, in vereinfachender Weise das Verhalten der Punktfrequenz zu berücksichtigen, um auf das Verhalten des Übertragungskanals zu schließen.

123

8.2 Digitale Modulation im Basisband

Harte und weiche Tastung

Wegen des theoretisch unendlich ausgedehnten Spektrums des aus Rechteckimpulsen bestehenden Digitalsignals empfiehlt es sich nicht, die Impulsübertragung einfach den Zufälligkeiten des Übertragungssystems zu überlassen. Es gibt Breitbandkabel mit hoher Grenzfrequenz, die die Impulsform fast nicht beeinflussen, aber auch Kabel mit kontinuierlich ansteigender Dämpfung und schließlich „pupinisierte" Kabel; letztere haben infolge künstlicher Induktivitätserhöhung einen nahezu frequenzunabhängigen Dämpfungsverlauf bei tiefen Frequenzen, aber den Nachteil einer abrupten Dämpfungszunahme oberhalb einer deutlich ausgeprägten Grenzfrequenz.

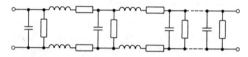

Bild 8.3   Ersatzschaltbild der (verlustbehafteten) Leitung

Eine verlustbehaftete Leitung ist ein System mit Tiefpaßcharakteristik (Bild 8.3). Ein solches hat, wie jedes schwingungsfähige Gebilde aus L und C, eine **Einschwingzeit.** Die Antwortfunktion eines solchen Gebildes auf einen Spannungssprung am Eingang ist ein Spannungssprung mit endlicher Übergangszeit.

Die **hart getasteten** Digitalsignale, wegen ihrer **Rechteckimpulsform** so bezeichnet, unterliegen aufgrund ihres Reichtums an Oberschwingungen den unterschiedlichen Systemeinflüssen ganz besonders. Daher ist es zweckmäßig, diese Oberschwingungen schon im Sender durch einen Tief-

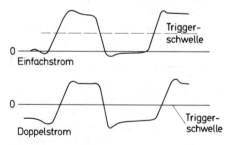

Bild 8.4   Impulsverformung

paß absichtlich in definierter Weise zu unterdrücken. Aus Gründen der Frequenzökonomie kann die Beschränkung des Bandes u.U. ohnehin notwendig sein, und schließlich lassen sich durch geeignete Wahl der Übertragungsfunktion des Tiefpasses die Impulse bewußt so verformen, daß das störende Über- und Nachschwingen in Grenzen bleibt. Ein solches Digitalsignal weist Impulse mit **weichen Übergängen** auf und wird daher als **weich getastet** bezeichnet (Bild 8.4).

Bandbreite bei Basisbandübertragung

Um eine vorgegebene Bitrate zu übertragen und um noch eine gewisse Sicherheit zu haben, wird in der Praxis eine Bandbreite des Tiefpasses (Grenzfrequenz) von

$$f_g = 1{,}6 \cdot f_p$$

angesetzt, wobei der Faktor 1,6 ein Erfahrungswert ist. Es soll hier auch darauf hingewiesen werden, daß in der Praxis die Bandbreite bei 3 dB Dämpfung (nicht bei 6 dB = Halbwertsbreite) definiert ist.

Kanalkode

Enthält ein Übertragungskanal **Trennübertrager,** so müssen die Digitalsignale durch Umkodierung „gleichstromfrei" gemacht werden.
Beim **AMI-Verfahren** werden die Einsen im binären Datenstrom abwechselnd als +1 und −1 gesendet (Bild 8.32a, b), daher auch die Bezeichnung AMI = Alternate Mark Inversion. Die Nullen bleiben 0, weshalb zwecks Taktregelung im Empfänger der Datenstrom zusätzlich einer Verwürfelung (Scrambler, Descrambler) unterzogen werden muß.

Anwendungsbeispiel: Datenanschlußgerät

Die Datenübertragung im Basisband ist aufwendiger, als man zunächst meint. Bild 8.5 zeigt als Blockdarstellung eine Vierdrahtverbindung. Die mit DEE (= Datenendeinrichtung, z.B. die Rechner) bezeichneten Blöcke bedeuten die miteinander kommunizierenden Stationen. Da

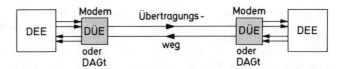

Bild 8.5   Blockdarstellung
Datenübertragungseinrichtungen

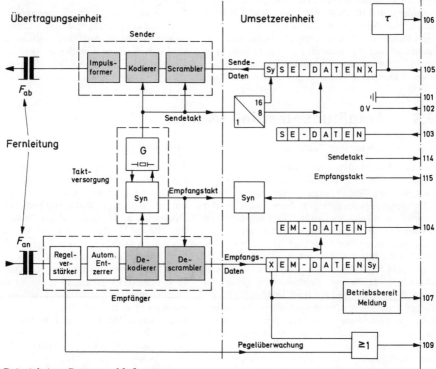

Bild 8.6   Beispiel eines Datenanschlußgerätes

die Leitungen als gleichstromfrei zu betrachten sind (Übertrager), ist an beiden Endstellen das **Datenanschlußgerät (DAGt)** notwendig. Bild 8.6 stellt das „Innenleben" eines solchen DAGt dar. Die Verbindung zur DEE geschieht über Schnittstellenleitungen und mehrpolige Stecker. Die Zahlen am rechten Bildrand bedeuten eine Numerierung der **Schnittstellenleitungen** nach CCITT, hier für die sog. **V-24-Schnittstelle** und 25polige Stecker. Am linken Bildrand sind mit F_{ab} und F_{an} die Anschlüsse zu den beiden zweidrähtigen Fernleitungen angedeutet. Das Gerät an sich kann in drei wesentliche Funktionsgruppen eingeteilt werden: oben die **Sende-,** unten die **Empfangs**baugruppen und in der Mitte die **Takt**versorgung.

Die DEE liefert die Sendedaten binär kodiert. Gemäß Empfehlung CCITT Nr. V.28 bzw. DIN 66020 entspricht der 1-Zustand (MARK) einer Spannung zwischen -3 und -15 V, der 0-Zustand (SPACE) einer Spannung zwischen $+3$ und $+15$ V. Die zu übertragenden Daten werden in Gruppen zu je 8 Bit zusammengefaßt und mit zwei zusätzlichen „Füllbits" (Sy und X) versehen. Das Sy-Bit dient der Synchronisierung, das X-Bit als Steuerkriterium für die Gegenstelle.

125

Nun folgen die drei Einheiten Scrambler, Kodierer und Impulsformer (s. auch Abschnitt 8.9 und 8.10). Durch den **Kodierer** wird das Datensignal gleichstromfrei gemacht. Bei der Bundespost hat man sich für den **AMI-Kode** entschieden. Ein **Dekodierer** im Empfänger (s. Bild 8.6 unten) erzeugt wieder den ursprünglichen Zustand. Die AMI-Kodierung ist bei Nullfolgen unwirksam, so daß der Verwürfler/Entwürfler (Scrambler/Descrambler) erforderlich ist. Der **Impulsformer** schließlich dient zur Weichtastung.

Verbleibende Verzerrungen als Folge der frequenzabhängigen Dämpfungs- und Gruppenlaufzeitschwankungen können zum Teil durch einen **Entzerrer** im Empfänger reduziert werden (Bild 8.6 unten). Es bleibt noch zu erwähnen, daß wie bei praktisch allen Nachrichtenübertragungssystemen ein **Regelverstärker** im Empfänger Leitungsdämpfungsänderungen (z. B. temperaturbedingte) auszugleichen hat. Die entfelten Empfangsdaten stehen der Datenendeinrichtung nach Abtrennung der Füllbits Sy und X an der Schnittstellenleitung Nr. 104 zur Verfügung.

Der linke, mit „Übertragungseinheit" bezeichnete Teil des Geräts bestimmt die Geschwindigkeiten. Je nach Ausführung bzw. Einstellung sind verschiedene Geschwindigkeiten zwischen 1,5 kbit/s und 12 kbit/s sowie 48 kbit/s, 64 kbit/s und 56 kbit/s möglich.

8.3 Amplitudentastung (ASK)

Tönende und tonlose Tastung

Bei der Amplitudentastung wird die Trägeramplitude im Takt des digitalisierten Zeichens aus- und eingeschaltet. Hierzu dienen mechanische oder elektronische Schalter. Man unterscheidet tönende und tonlose Tastung. Bei der tonlosen Tastung wird lediglich die konstante Hf-Amplitude zwischen Oberstrich und Null, bei der tönenden die mit z. B. 800 Hz zusätzlich sinusförmig AM-modulierte Hochfrequenz getastet (Bild 8.7). **Hüllkurvengleichrichtung** (blau) im Empfänger liefert bei tonloser Tastung im Empfänger eine Gleichstromimpulsfolge zur Betätigung beispielsweise einer Fernschreibmaschine. Bei tönender Tastung liefert sie eine getastete Tonfrequenz von z. B. 800 Hz, etwa zum Hören von Morsezeichen. Eine andere Art der Gleichrichtung ist die **kohärente Gleichrichtung** (kohärent = zusammenhängend, z. B. Phasenzusammenhang, Bild 2.15 oder Bild 8.16). Sie ist sicherer gegenüber Störungen.

Spektrum

Versuch: Ein Zungenfrequenzmesser soll an 50-Hz-Netzwechselspannung gelegt werden (Bild 8.8a). Der „Träger" 50 Hz soll mit etwa 2 Hz mittels einer Taste von Hand getastet werden.

Beobachtung: Im ungetasteten Zustand schwingt nur die 50-Hz-Zunge. Im getasteten Zustand schwingen auch noch die Zungen in 2, 6, 10 Hz usw. im Abstand rechts und links des Trägers mit. Die ursprüngliche Tastfrequenz von 2 Hz (gegebenenfalls mit einem gesonderten Zungenfrequenzmesser zu messen!) ist im Spektrum **nicht** mehr nachzuweisen.

Folgerung: Daß links und rechts des Trägers Spektralfrequenzen entstehen, deren Abstände zum Träger ungerade ganzzahlige Vielfache der Tastfrequenz sind (2 Hz, $3 \cdot 2$ Hz, $5 \cdot 2$ Hz, $7 \cdot 2$ Hz, …), deren Amplituden umgekehrt proportional zum Abstand geringer werden (Bild 8.8b), läßt vermuten, daß rechts und links des Trägers das Amplitudenspektrum der Tastfunktion erscheint (Bild 8.8c, vgl. auch Bild 1.16).

Tatsächlich läßt sich der Vorgang als **Modulationsvorgang** verstehen, mit der Taste als **Modulator**, bei der die Trägerschwingung mit der Tastfunktion **multipliziert** wird. Unter der Tastfunktion muß man sich eine rechteckförmige Funktion mit den Amplituden 0 und 1 vorstellen (rot im Bild). Würde sie nicht mit der Hand an der Taste erzeugt, könnte man sich eine Diode denken, die zum Beispiel mit den Strömen 0 A und 1 A den Träger aus- und einschalten würde. Jedenfalls enthält die Rechteckfunktion Sinusschwingungen (nach Fourier), deren Frequenzen ungerade ganz-

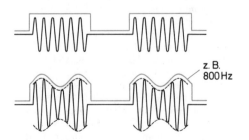

z. B.
800 Hz

Bild 8.7   Tonlose und tönende Tastung

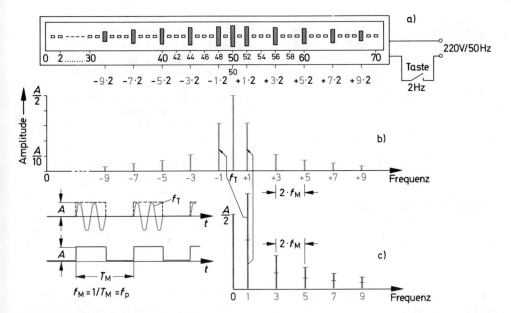

Bild 8.8   Amplitudentastung, Spektrum
a) Zungenfrequenzmesser,
b) Amplitudenspektrum bei Amplitudentastung,
c) Spektrum der Tastfunktion

zahlige Vielfache der Grundfrequenz f_p (ω_1 in Bild 1.16) sind und die mit der Trägerschwingung f_T zusammen Summen- bzw. Differenzfrequenzen bilden (Satz von Summen- und Differenzfrequenz bei der Multiplikation sinusförmiger Schwingungen). Die Amplituden des Tastfunktionsspektrums (rot in Bild 8.8c) teilen sich je zur Hälfte auf die Seitenlinien rechts und links des Trägers, wie bei Zweiseitenbandmodulationen bekannt, im AM-Spektrum auf (blau im Bild 8.8b).

Bandbreite bei Amplitudentastung

Es ist klar, daß ein solch ausgedehntes Spektrum, wie es das geträgerte Signal, d. h. das Signal in der Trägerfrequenzlage, aufweist, aus Gründen der Frequenzökonomie nicht erwünscht ist. Grundsätzlich ist denkbar, das Band z. B. nach der Modulation durch ein Sendefilter soweit zu beschneiden, wie es unter Berücksichtigung maximal erlaubter Verzerrungen im Empfänger noch tragbar ist. Dadurch entsteht am Filterausgang ein weichgetastetes Signal (Bild 8.9).

Wie schon gezeigt, läßt sich Weichtastung jedoch bereits vor der Modulation mittels eines

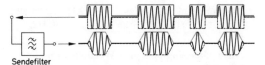

Bild 8.9   Weichgetastetes AM-Signal
(durch Sendefilter)

Tiefpasses auf das als Gleichspannungsimpuls angelieferte Digitalsignal anwenden. Dadurch läßt sich das unter Umständen aufwendige Sendefilter vermeiden. Der Modulator wird allerdings etwas aufwendiger, da er nicht mehr im Schalterbetrieb arbeiten darf, sondern die Trägerspannung kontinuierlich, ähnlich wie bei sinusförmiger AM, an- und abschwellen lassen muß (Bild 8.10). Das bedeutet, daß die Widerstandsänderung der Diode im Durchlaßbereich vom Modulationssignal voll ausgesteuert werden muß.

Hat der Tiefpaß gemäß S. 124 eine Grenzfrequenz von $1,6 \cdot f_p$, so hat das geträgerte Signal infolge der Spiegelung des Spektrums um den Träger die doppelte Bandbreite. Es gilt für die Berechnung der erforderlichen **Bandbreite** in der **Trägerfrequenzlage** die Beziehung

$$B = 2 \cdot 1,6 \cdot f_p$$

127

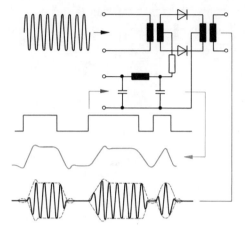

Bild 8.10   Weichtastung durch Tiefpaß

Aufgabe: Welche Bandbreite ist für ein 50-Bd-WT-System (WT = Wechselstromtelegrafie) erforderlich?

Lösung: Punktfrequenz f_p = 50/2 Hz = 25 Hz.
Bandbreite ist: $B = 2 \cdot 1{,}6 \cdot 25$ Hz = 80 Hz.

Anwendungsbeispiel: AM-Wechselstromtelegrafie

Wie in voriger Aufgabe ermittelt, beträgt die erforderliche Bandbreite bei 50 Bd Schrittgeschwindigkeit nur 80 Hz. Diese geringe Bandbreite erlaubt es, eine Reihe von Fernschreib-, Fernwirk- bzw. Datenübertragungskanäle im Frequenzmultiplexbetrieb parallel zu betreiben und sie über Fernsprechkanäle zu übertragen. Hierzu stellen die Postverwaltungen besondere Übertragungsnetze zur Verfügung (Telex-, Da-

tex-Netze). Wechselstrom-Telegrafie mit Amplitudentastung wird allerdings praktisch nur noch bei 50 Bd betrieben.
Es gelten für **WT-Systeme mit 50 Bd und Amplitudenmodulation** folgende CCITT-Empfehlungen:
Abstand der Kanalfrequenzen 120 Hz.
Soll-Schrittgeschwindigkeit 50 Bd.
Erforderlicher Frequenzbereich auf der Leitung 300 Hz···3,4 kHz.

Kanalzahl 24 bei folgenden Kanalträgerfrequenzen:

420	1140	1860	2580
540	1260	1980	2700
660	1380	2100	2820
780	1500	2220	2940
900	1620	2340	3060
1020	1740	2460	3180

Die Kanalträgerfrequenzen wurden als Vielfache von 60 Hz gewählt. Oberschwingungen der Kanalträger sollen, wegen Interferenzstörungen, möglichst nicht in höhere Kanäle fallen. Der Frequenzabstand der Kanäle von 120 Hz ist erforderlich, da die Empfangsfilter zur Trennung der frequenzmultiplex übertragenen Kanäle nicht beliebig steile Flankendämpfungen erlauben. Die Frequenzabweichung der Kanalträger soll < 3 Hz sein. Ruhestrombetrieb (d. h. Strom bzw. Trägerspannung im Ruhezustand vorhanden) ist zweckmäßig, um Störungen vom Ruhezustand unterscheiden zu können.
Ein **Nachteil** der Amplitudentastung ist, daß einer der beiden binären Zustände „kein Strom" oder „keine Spannung" ist, der von einer Störung, wie z. B. Leitungsunterbrechung oder Senderausfall, nicht unterschieden werden kann. Diesen Nachteil hat die Frequenztastung nicht.

8.4   Frequenztastung (FSK)

Prinzip der FSK

Bei der Frequenztastung ist unabhängig vom Digitalsignal stets Trägerspannung vorhanden. Hier wird die Frequenz zwischen zwei Zuständen f_1 und f_2 (bei höherwertigen Kodes entsprechend mehr als zwei Frequenzen) umgetastet. Bei der harten Frequenztastung geht der Übergang sehr schnell vor sich, bei der weichen Tastung erfolgt ein kontinuierliches Umschwingen von der einen auf die andere Frequenz. FSK hat

wie FM den Vorteil, daß die Empfangspegelschwankungen keine automatische Verstärkungsregelung brauchen, sondern einfach mit einem Begrenzerverstärker unterdrückt werden können.

Erzeugung von FSK

Bild 8.11 zeigt einen **FM-Generator** für **harte Tastung**. Lediglich durch Zu- oder Abschalten eines Teils der frequenzbestimmenden Schwingkreiskapazität mittels eines Schalttransistors oder, wie im Bild, einer Diode werden die beiden Frequenzzustände erzeugt. Denkbar ist auch eine Änderung der Schwingkreisinduktivität. Nachteilig bei der harten Tastung ist, daß gleichzeitig ein unerwünschter Phasensprung auftreten kann. Man spricht von inkohärenter Schwingung. Bei der weichen Tastung, wie sie z. B. mittels eines im Bild 8.12 dargestellten Generators hergestellt wird, besteht diese Gefahr nicht. Sie liefert eine kohärente Schwingung (Verfahren nach *Armstrong*).

Bei dem **FM-Generator** gemäß Bild 8.12 wird wie bei der **weichen** Amplitudentastung das aus Rechteckimpulsen bestehende Signal zuerst in einem Tiefpaß so verformt, daß die Impulsflanken abgeflacht werden. Eine um 90° gegenüber der Schwingkreisspannung phasenverschobene Spannung, die an einem kleinen, z. B. in den Kapazitätszweig des Schwingkreises gelegten Widerstand auftritt, wird mit Hilfe eines Ringmodulators tastzeichenproportional in den Rückkopplungszweig übertragen. Sie addiert sich hier vektoriell zu der mittels einer Kaltleiterbrücke stabilisierten Rückkopplungsspannung und ergibt eine um einen bestimmten Winkel gedrehte Summenspannung, die verstärkt wird. Die Drehung um den genannten Winkel ist identisch mit dem Umschwingen auf eine andere Frequenz.

Wie man sieht, setzt die Erzeugung weicher FM-Tastung einen komplizierteren Generator voraus, der übrigens auch zur Erzeugung sinusförmiger FM bei kleinem Hub geeignet ist. Der Vorteil der Weichtastung, nämlich der Verzicht auf das aufwendige Sendefilter, wird klar, wenn man das Amplitudenspektrum der getasteten FM kennt (Bild 6.11, die beiden oberen Spektren).

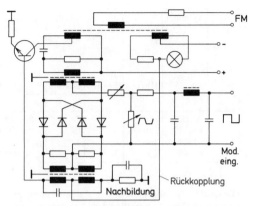

Bild 8.12   FM-Generator für weiche Tastung

Demodulation von FSK

Nach Selektion (bei frequenzmultiplex übertragenen Signalen mit einem auf die jeweilige Kanalmittenfrequenz abgestimmten Filter) durchläuft das Signal einen Verstärker mit anschließendem Begrenzer. Der Begrenzer bringt das Signal auf einen von den Leitungsdämpfungsschwankungen unabhängigen Pegel. Außerdem eliminiert er Amplitudenstörungen der Leitung. Das Signal geht dann auf einen Diskriminator, der ähnlich aufgebaut sein kann, wie in Bild 6.24. Da es sich um getastete FM mit nur zwei Kennzuständen handelt, genügen zur Demodulation bei geringeren Anforderungen zwei auf die Kennfrequenzen abgestimmte Schwingkreise. Um jedoch Spulen zu vermeiden, wendet man bei integrierten „FSK-Demodulatoren" meist das Prinzip der phasengerasteten Schleife an (Bild 6.28) oder die Zähldiskriminatormethode (S. 113).

Anwendungsbeispiele für FSK

1. *Wechselstromtelegrafie:*
Laut CCITT-Empfehlungen gelten für den Frequenzmultiplexbetrieb schmalbandiger **WT-Systeme mit 50, 100 und 200 Bd mit Frequenzmodulation** folgende Werte (s. Tabelle S. 130).
In einem Fernsprechkanal (300 Hz bis 3,4 kHz) sind gemäß Tabelle Spalte 6

bei 50 Bd: $n = 24$ Kanäle
bei 100 Bd: $n = 12$ Kanäle
bei 200 Bd: $n = $ 6 Kanäle

gleichzeitig möglich.

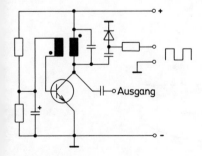

Bild 8.11   Generator für Frequenzumtastung

Lfd. Nr.	System[1]	Nennschrittgeschwindigkeit (Bd)	max. Kanalzahl 2Dr-Betrieb	4Dr-Betrieb	Kanal-Träger- bzw. -Mittenfrequenz Hz n = Kanal-Nr.	Hub Hz	Kanalsende- und Empfangspegel 2Dr-Betr. dBm	4Dr-Betr. dBm	Arbeitsbereich der Empfänger dB bez. Sp. 9
1	2	3	4	5	6	7	8	9	10
1	AM120	50	–	24	$f_{Tr} = 420 + (n-1)\,120$	–	–	–20,5	±6
2	FM120	50	–	24	$f_0 = 420 + (n-1)\,120$	± 30	–	–22,5	+9....–17
3	FM240	100	6	12	$f_0 = 480 + (n-1)\,240$	± 60	–4,5	–19,5	+9....–17
4	FM480	200	3	6	$f_0 = 600 + (n-1)\,480$	±120	–4,5	–16,5	+9....–17

Die in der Tabelle genannten Zahlen lassen erkennen, daß bei Schmalband-WT relativ geringe Hübe auftreten. Der Modulationsindex ist entsprechend gering, ebenso die Übertragungsbandbreite.

Aufgabe: Berechne für 50, 100 und 200 Bd (Punktfrequenzen 25, 50 und 100 Hz) mit den oben genannten Hüben den Modulationsindex (Weichtastung, Sinusmodulation vorausgesetzt).

$$\text{Lösung: } \eta = \frac{\Delta F}{f_p} = \frac{30}{25} = \frac{60}{50} = \frac{120}{100} = 1,2$$

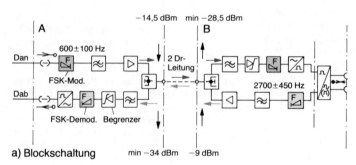

a) Blockschaltung

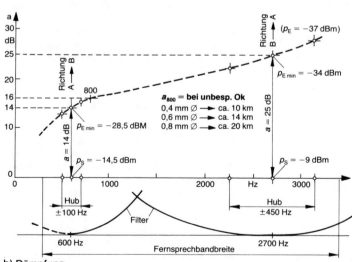

b) Dämpfung

Bild 8.13 Blockschema der Einkanal-Datenübertragungseinrichtung ED300F

Bei einem Modulationsindex dieser geringen Größe spielen die Seitenschwingungen 2. Ordnung, insbesondere bei Weichtastung, gemessen an der Gesamtleistung des Signals, kaum eine Rolle. Man kann daher ähnlich wie bei Amplitudentastung noch mit der Formel $B = 2 \cdot 1{,}6 \cdot f_p$ rechnen. Diese gilt für die Auslegung der Sende-, Empfangsfilter, des Diskriminators usw.

2. Datenübertragungseinrichtung für 300 bit/s und 1,2 kbit/s:

● Bild 8.13a stellt das Blockschema einer Datenübertragungseinrichtung (ED 300 F) für den Anschluß von Fernschreib- und Datenendstellen bis 300 Bd über Ortskabel dar. Wegen des großen Abstands der Mittenfrequenzen der beiden unterschiedlichen Übertragungsrichtungen können relativ einfache Filter verwendet werden. Bild 8.13b gibt einen Eindruck über den starken frequenzabhängigen Dämpfungsverlauf des **Ortskabels** und veranschaulicht, daß in beiden

Kanälen unterschiedliche absolute Frequenzhübe verwendet werden müssen. Sämtliche Frequenzen werden durch Frequenzteilung aus einem Mutterquarz 4,032 MHz abgeleitet. Empfangsseitig wird das Zähldiskriminatorprinzip angewendet.

● Das Modem D 1200 S (1200 bit/s) arbeitet mit den Kennfrequenzen 1300 Hz und 2100 Hz und nimmt den Frequenzbereich von ca. 900 Hz bis 2500 Hz in Anspruch, so daß ein Hilfskanal bei 420 Hz die Übertragung von Steuer- und Quittungssignalen mit 75 bit/s und ± 30 Hz Hub erlaubt.

3. Akustikkoppler:

Die rufende Station speist die digitalen Nullen akustisch als Frequenz 1180 Hz, die Einsen als 980 Hz in den Telefonhörer ein (Orginate-Mode). Die gerufene Station empfängt diese FSK und kann ihrerseits mit den beiden Frequenzen 1650 und 1850 antworten (Answer-Mode).

8.5   Phasentastung (2-PSK und 2-DPSK)

Phasenmodulation ist das gegenüber Störspannungen am wenigsten empfindliche Verfahren und hat daher für die Datenübertragung die größte Bedeutung. Bei der Phasentastung wird die Phase der Trägerschwingung sprungartig geändert. Man spricht daher auch von Phasensprungmodulation. Im Bild 8.14 sind einige Möglichkeiten der Phasensprungmodulation gezeigt. Die Umtastung muß nicht grundsätzlich im Nulldurchgang der Trägerschwingung vor sich gehen. Der sprungartige Übergang wird, wie bei allen harten Tastungsverfahren, bei Bandbegrenzung durch die Eigenschaften der Übertragungsstrecke bzw. des Empfängers verschliffen. Die Umtastung zwischen nur zwei Phasenzuständen (z. B. 0° und 180°) wird als 2-PSK bezeichnet.

Modulator für 2-PSK

Die Erzeugung eines Phasensprungs von 180° läßt sich leicht anhand eines Ringmodulators zeigen. Selbstverständlich sind hier besonders Bausteine der integrierten Technik (Multiplizierer, Produktmodulatoren, Bild 3.13), geeignet. Werden die Dioden (Bild 8.15) rechteckförmig entsprechend dem Binärsignal geschaltet, so wird der Träger z. B. bei positivem Binärsignal in der Originalphasenlage (Bezugsphasenlage)

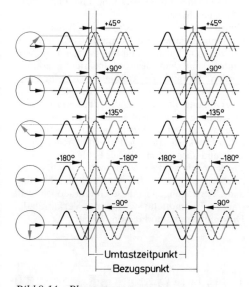

Bild 8.14   Phasenumtastung

durchgeschaltet, bei negativem Binärsignal umgepolt durchgeschaltet, also mit einer Phasenverschiebung von 180°.

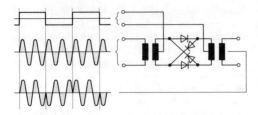

Bild 8.15 Phasensprungmodulator

Demodulator für 2-PSK

Will man das Binärzeichen in seiner ursprünglichen Form wiedergewinnen, so muß im Empfänger (Bild 8.16) **Demodulation mittels Bezugsphase** gemacht werden. Die Bezugsphase ist z. B. sendeseitig der Binärziffer 1 zugeordnet. Im Empfänger ist also der Träger phasenrichtig zu erzeugen, wenn nicht die Binärzustände vertauscht empfangen werden sollen. Die Trägererzeugung kann, wie im Bild 3.18 gezeigt, etwa durch Doppelweggleichrichtung, Heraussieben der darin enthaltenen Grundschwingung doppelter Frequenz, Frequenzteilung und Phasenkorrektur geschehen.

Hierin besteht der entscheidende **Nachteil der Phasenmodulation mit Bezugsphase:** Die Information kann auf der Empfangsseite nur in Verbindung mit dem Bezugssignal richtig erkannt werden. Es muß die **Anfangsphase** beim Empfänger bekannt sein, und es darf während der Übertragung der Daten die Phasenlage keine wesentliche **Verschiebung** erleiden. Wird bei blockweiser Datenübertragung zu Beginn eines jeden Blocks die richtige Polarität wieder eingestellt und nach automatischer Fehlerkennung ein Block gegebenenfalls wiederholt, läßt sich dem Nachteil begegnen. Bei längeren durchlaufenden Übertragungen ist diese Gefahr jedoch nicht tragbar. Es empfiehlt sich hier das Verfahren der Differenzphasenmodulation (DPSK).

Spektrum

Im Blick auf die Erzeugung der 2-PSK erinnert das Verfahren an die Zweiseitenbandmodulation mit **unterdrücktem Träger** (ZM, S. 54). Tatsächlich enthält das Spektrum den Träger nicht, wenn das Digitalsignal so kodiert ist, daß es **gleichstromfrei** ist (z. B. AMI-Kodierung). Die Signalenergie ist also voll in den Seitenbändern enthalten (Bild 8.17). Damit läßt sich das vorteilhafte Verhalten der PSK gegenüber ASK und FSK in bezug auf Störungen begründen.

Differenzphasenmodulation DPSK

Während bei 2-PSK die Information in der absoluten Phase enthalten ist (1 = Bezugsphase, 0 = Gegenphase), steckt man sie bei der DPSK in die Differenz aufeinanderfolgender Schritte: 1 = kein Phasenunterschied, 0 = Phasenunterschied gegenüber dem zum vorausgehenden Bit gehörenden Phasenzustand. Daher bezeichnet man diese PSK entweder mit Phasendifferenz- oder Differenzphasenmodulation mit dem Zusatz „D", also DPSK. Ihr Vorteil ist, daß im Empfänger auf die absolute Phasenlage des Trägers verzichtet werden kann.

Modulation von 2-DPSK

Bild 8.18 zeigt, daß sendeseitig nur bei jeder Null des Digitalsignals (Tastfunktion) ein Phasensprung bewirkt wird. Solange Einsen folgen, ändert sich am Phasenzustand nichts.

Demodulation von 2-DPSK

Nach dem Synchrondemodulator ergibt sich ein binäres Signal, dessen Flankenwechsel die Nullen der sendeseitigen Tastfunktion markieren (Bild 8.18: DPSK nach kohärenter Demodulation). Hätte der empfangsseitige Hilfsträger 180° Phasenverschiebung, so würde das Signal nach

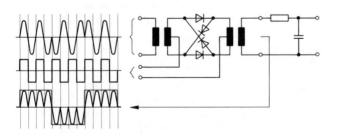

Bild 8.16 Phasendemodulation mit Bezugsphase

132

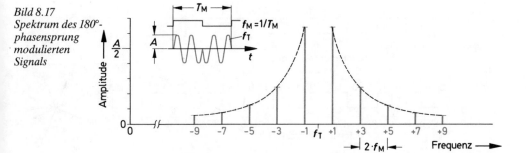

Bild 8.17
Spektrum des 180°-
phasensprung
modulierten
Signals

dem Synchrondemodulator invers auftreten, was aber keinen Einfluß hätte. Denn eine Vergleicherschaltung (Äquivalenz-Glied) im Empfänger, auf die man das genannte binäre Signal einmal direkt und am zweiten Eingang um T_{Bit} verzögert gibt, liefert bei Gleichheit (1−1 oder 0−0) jeweils die Eins, bei Ungleichheit (0−1 oder 1−0) die Null und somit das Originalsignal (verzögert) wieder (Bild 8.18 unten).

Eine andere **Variante** der **2-DPSK-Demodulation** ist die direkte Demodulation in der geträgerten Lage (Phasendifferenzdemodulation): Dem Syn-

chrondemodulator (Produktdemodulator) wird am einen Eingang das geträgerte Signal wie üblich angeboten, der andere Eingang erhält jedoch das geträgerte Signal um T_{Bit} zeitlich verschoben, wodurch das Originalsignal direkt aus dem Synchrondemodulator folgt. In beiden Varianten der Demodulation muß offenbar im Empfänger die genaue Taktzeit T_{Bit} bekannt und auf den Sendetakt synchronisiert sein (als Verzögerung um T_{Bit} ist beispielsweise in der Hf-Lage, DPSK im 140-MHz-Bereich, eine Laufzeitleitung denkbar).

Bild 8.18   Modulation und
Demodulation bei DPSK

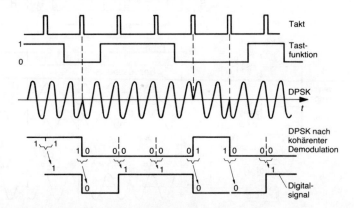

8.6   Höherwertige Phasentastung (*n*-PSK)

In Abschnitt 8.1 wurde bereits darauf hingewiesen, daß es höherwertige Kodierung gibt. Ein Modulationsverfahren mit Amplitudentastung bei vierwertiger Kodierung müßte vier Amplitudenstufen, U_1, U_2, U_3 und U_4 haben, wobei eine Stufe auch den Wert 0 haben kann (Bild 8.2a). Es ist klar, daß hierzu im Empfänger gegenüber binärer Modulation zwei **zusätzliche Entscheidungsschwellen** nötig sind. Vierwertige Frequenztastung würde vier verschiedene Sendefrequenzen erfordern, die im Empfänger bei Demodulation mit der Schwingkreismethode vier auf die verschiedenen Mittenfrequenzen $f_1 \ldots f_4$ abgestimmte Schwingkreise bzw. Filter voraussetzt (Bild 8.2b). Die größte Bedeutung, insbesondere in der Datenübertragungstechnik, hat die Übertragung mehrwertiger Kodierung mittels Phasenumtastung erlangt (Bild 8.2c).

133

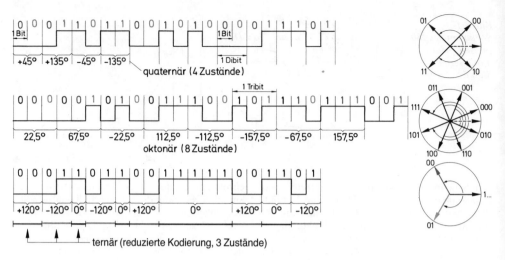

Bild 8.19   Umformung von Binärkodierung in höherwertige Kodierung*

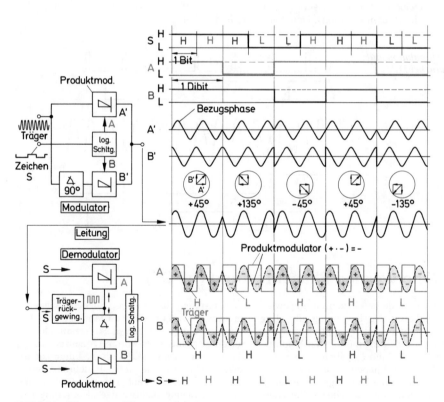

Bild 8.20   Vierwertige Phasenmodulation

Zweck der höherwertigen Tastung

Durch die Umformung der Binärkodes auf höherwertige Kodes können Kanäle, die aufgrund ihrer Bandbreite nur eine bestimmte maximale Schrittgeschwindigkeit erlauben, auch für wesentlich höhere Datenübertragungsgeschwindigkeiten genützt werden, so daß heute z. B. über 9600 bit/s auf Fernsprechkanälen mit einer Bandbreite von 3100 Hz übertragbar sind. Allerdings geht dies auf Kosten des Störabstands bzw. der Fehlerquote. Die höherwertige Frequenzmodulation kommt aus technischen Gründen wegen des Aufwands an Diskriminatoren bzw. Filtern (Schwingkreisen) kaum in Frage, während die **Phasenmodulation** alle **Vorteile** der digitalen Schaltungstechnik auszunützen erlaubt.

Prinzip der *n*-PSK

1. Umwandlung des binär kodierten Signals in ein ternäres, quaternäres oder oktonäres usw. mittels einer entsprechenden logischen Schaltung.
Jede beliebige binär kodierte Impulsfolge läßt sich grundsätzlich durch geeignete Zusammenfassung von Bitgruppen in ein Signal mit mehr als zwei Wertigkeiten umwandeln (Beispiele Bild 8.19).

2. Aufmodulation (z. B. durch Phasenumtastung) auf die Trägerschwingung (Bild 8.20).
Jeder Bitkombination muß eine bestimmte Phase der Trägerschwingung (in Bezug auf eine „Referenzphase") zugeordnet werden.

Beispiel zur Erzeugung von 4-PSK

Anhand eines Beispiels (Bild 8.20 oben) soll die **Erzeugung von Vierphasenumtastung** (quaternäre Kodierung) gezeigt werden. Die im allgemei-

nen beliebige Impulsfolge (binär kodiert!) wird in zwei separate Datenströme halber Bitrate zerlegt (Bild 8.21). Hierzu dient ein Serien-Parallel-Wandler mit einem Schieberegister aus 2 D-Flipflops (Bild 8.22, im Bild 8.20 mit „logische Schaltung" bezeichnet), der das Digitalsignal in

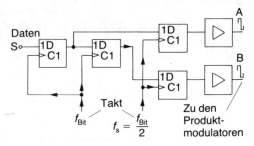

Bild 8.22   Serien-Parallel-Wandler

zwei Signalfolgen *A* und *B* mit doppelter Schrittlänge (Dibit) aufspaltet. Beide tasten den aus zwei Produktmodulatoren bestehenden **I-Q-Modulator.** Er wird so bezeichnet, weil der eine der beiden Produktmodulatoren mit einer I-, der andere mit einer Q-Komponente des Trägers gesteuert wird: I = In-Phase, Q = Quadratur $\cong 90°$. Die so gewonnenen beiden 2-PSK-Signale werden summiert. Im Summensignal können die vier Phasenzustände ($\pm 45°$ und $\pm 135°$) auftreten, es liegt also 4-PSK vor (man vergleiche hierzu die Zeiger- und Liniendiagramme).

Demodulation von 4-PSK

Eine Möglichkeit der Demodulation (hier mittels Bezugsphase) zeigt Bild 8.20 unten. Man erkennt die Entsprechung zur Modulation: **zwei** getrennte **Produktmodulatoren**, die mit um 90° verschobenen Trägern gespeist werden, liefern wieder die Teilimpulsfolgen *A* und *B*. Diese erzeugen je nach ihrem Binärzustand in einem Parallel-Serien-Wandler (logische Schaltung) aus den vier möglichen Bitmustern LL, LH, HL und HH das ursprüngliche Signal *S*. Entscheidend für die Funktionsfähigkeit des Demodulators ist die richtige Phasenlage des Trägers, den man aus dem Empfangssignal, z. B. durch zweimalige **Quadrierung** und **Frequenzteilung**, zurückgewinnen muß.
Bild 8.23 zeigt die Oszillogramme einer im Laborpraktikum modulierten und demodulierten 4-PSK.

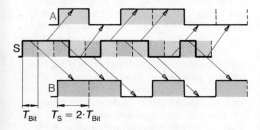

Bild 8.21   Zerlegung eines Datenstroms S (Mitte) in zwei Datenströme halber Bitrate

135

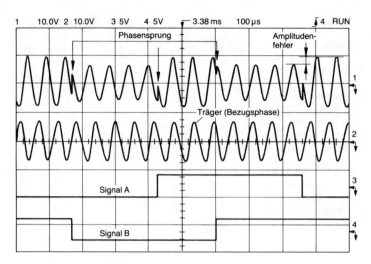

*Bild 8.23   4-PSK-Oszillogramm und demodu-
lierte Datenströme (Signal A und B)*

Anwendungsbeispiele

1. **8-PSK-Modem für 4800 bit/s** im Fernsprech-
kanal: Bild 8.24 zeigt das Blockschaltbild eines
Modems nach CCITT-Empfehlung V.27. Die
Schrittgeschwindigkeit ist $v_S = (4800\ \text{bit/s})/\text{lb}8$
$= 1600$ Bd. Rechts muß man sich wieder die
DEE vorstellen, von wo aus die zu sendenden
Daten bei der **Anschlußleitung 103** auf den
Scrambler und **Kodierer** gehen. Der anschließende **Modulator** erhält seinen Träger aus der-
selben Baueinheit, die auch für die **Taktversorgung** zuständig ist. Ein Impulsformer ist hier
nicht zu finden. Die Aufgabe wird in diesem Fall
vom **Sendefilter** nach dem Modulator, also in der
geträgerten Lage, ausgeführt. Es versteht sich,
daß zu diesem Zweck der Dämpfungs- und Phasengang des Filters nach ähnlichen Kriterien ent-
worfen sein muß wie beim Basisbandverfahren
der impulsformende Tiefpaß (Roll-off-Faktor
usw. Näheres Abschnitt 8.9). Nach Verstärkung
kann das geträgerte Signal wahlweise entweder
auf eine Vierdrahtleitung oder über die **Gabel-
schaltung auf die Zweidrahtleitung** zur Gegenstation gegeben werden.
Die Empfangseinheiten der **Gegenstation** sind
die gleichen wie die im Bild 8.24 unten dargestellten; d. h., das empfangene Signal durchläuft
nach **Verstärkung** und **Selektion** (Filter) einen

Verstärker mit **automatischer Pegelregelung** und
gelangt dann auf den **Demodulator**. Nach der
Demodulation werden Impulsverzerrungen infolge Laufzeit- und Dämpfungsschwankungen
des Übertragungswegs in einem **Entzerrer** ausgeglichen. Nach **Dekodierung** und Entwürfelung
im **Descrambler** steht das Empfangssignal an der
Schnittstellenleitung 104 dem Teilnehmer als Digitalsignal zur Verfügung.
Nicht nur der Descrambler und der Dekodierer,
auch der adaptive (= automatische) Entzerrer
erfordert Taktsteuerung. Hierzu muß der Takt
in der Empfänger-Taktversorgung vom Empfangssignal synchronisiert werden. Das gleiche
gilt für den Empfangsträger.
2. **Richtfunksystem DRS 34/1900** und O-4-DPSK-
Modulation: Bild 8.25 zeigt das Blockschaltbild
von Sender und Empfänger eines um 1,9 GHz
arbeitenden Richtfunksystems, das eine Bitrate
von 34,368 MBit/s überträgt und in der Zf-Lage
70 MHz mit Differenzphasentastung moduliert
wird. Der Buchstabe „O" bei **O-4-DPSK** bedeutet, daß den beiden Datenströmen zur 4-PSK-
Erzeugung ein „Offset" zueinander gegeben
wird, und zwar werden sie den beiden Modulatoren um eine halbe Schrittdauer versetzt zugeführt. Man vermeidet dadurch, daß im 4-DPSK-
Signal Phasensprünge von 180° direkt aneinan-
dergrenzen. Beim Umschwingen auf eine andere

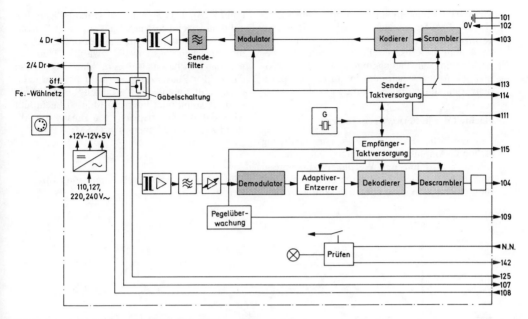

Bild 8.24   Beispiel eines Modems (Modulator – Demodulator)

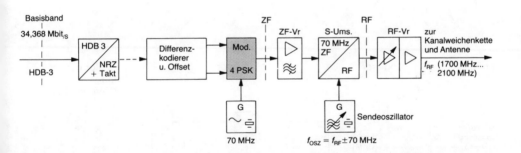

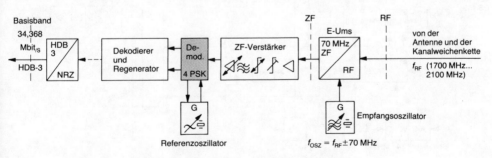

Bild 8.25   Richtfunksystem DRS 34/1900 mit Offset-4-DPSK-Modulation

Phasenlage können nämlich Amplitudeneinbrüche im PSK-Signal auftreten. Sie sind um so geringer, je geringer der Phasensprungwinkel ist. Durch die Offset-Maßnahme treten bei benachbarten Schwingungszügen nur noch maximal 90° auf, was sich günstig auf das Amplitudenverhalten der PSK auswirkt.

Nachteil der höherwertigen Tastung

Der bei ASK, FSK oder PSK zur Verfügung stehende Amplituden-, Frequenz- oder Phasen-„Raum" wird mit der Wertigkeit zunehmend unterteilt. Am Beispiel PSK ist ersichtlich, daß die Zeigerspitzen immer enger zusammenrücken

(Bild 8.26). Das Signal wird **störanfälliger**: Ein auf dem jeweiligen Nutzzeiger sitzender Störzeiger überschreitet bereits bei geringerem Pegel die Entscheidungsschwelle zwischen den benachbarten Phasenzuständen. Man erhöht also die Zahl n Phasenzustände nicht beliebig, sondern wählt ein anderes Verfahren, bei dem Phase und Amplitude durch Tastung so beeinflußt wird, daß die Zeigerspitzen den günstigsten Abstand zueinander haben (s. n-QAM).

Bild 8.26   Vergleich 16-PSK- und 16-QAM-Zeiger

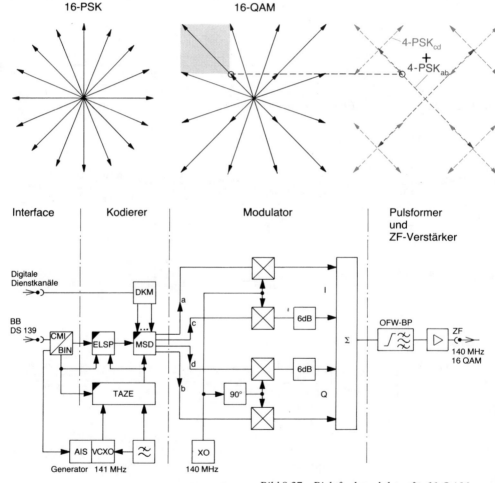

Bild 8.27   Richtfunkmodulator für 16-QAM

138

8.7   *n*-QAM

Die Sicherheit gegenüber Rauschen usw. läßt sich bei höherwertiger Modulation durch günstigere Verteilung der PSK-Zeiger erhöhen. Dies erfordert aber eine Kombination aus Phasen- und Amplitudentastung, im Grunde genommen eine **Quadraturamplitudenmodulation** (QAM), wie sie auch aus der Farbfernsehtechnik als analoges Modulationsverfahren bereits bekannt ist und verwendet wird (Bild 11.3). Bei der Digitalsignal-Modulation gibt die Summe aus Phasen- und Amplitudensprüngen eine Anzahl *n* verschiedener Zeigerzustände, nach der man diese Art der Tastung als *n*-QAM bezeichnet (Bild 8.26 zeigt die Zeigerzustände einer 16-QAM im Vergleich zur 16-PSK).

Anwendungsbeispiel zu 16-QAM

Richtfunkgerät mit 16-QAM-Tastung der Zf 140 MHz (Bild 8.27): Das mit knapp 140 Mbit/s ankommende CMI-kodierte Digitalsignal (im Bild links) wird nach Umsetzung in ein binäres NRZ-Signal in der Einheit MSD (Multiplexer, Scrambler und Differenzkodierer) in **vier Digitalsignale** (a, b, c und d) der Schrittgeschwindigkeit (140 Mbit/s)/lb16 = 35 Mega-Baud aufgespalten: Sowohl a und b als auch c und d bilden jeweils für sich genommen ein 4-PSK-Signal (rot und blau in Bild 8.26 rechts). Die aus c und d gebildete 4-PSK hat wegen der 6-dB-Dämpfungsglieder nur die halbe Amplitude. Dadurch ergibt sich nach Überlagerung (Summe Σ) die in Bild 8.26, Mitte, dargestellte 16-QAM (wegen der Schrittgeschwindigkeit von 35 MBd treffen auf einen Schritt jeweils nur vier Schwingungen des 140-MHz-Zwischenfrequenzträgers). Diese so modulierte Zf wird nun auf eine Radiofrequenz von einigen GHz aufmoduliert und übertragen. Eine **andere Variante** der 16-QAM-Erzeugung ist die Modulation mit nur zwei Modulatoren. Das ankommende Digitalsignal wird dabei in **nur zwei Signale** aufgespalten, die aber nicht binär, sondern in vier Amplitudenstufen digitalisiert sind (analog zu Bild 8.2a, blau). Auch damit ergeben sich nach Summation der 0°-Komponente (I) und der 90°-Komponente (Q = Quadraturkomponente) $4 \cdot 4 = 16$ unterschiedliche Zeiger gemäß Bild 8.26 Mitte. Den hier nicht gezeigten Demodulator muß man sich so vorstellen: Die ankommende 140-MHz-Zf wird in zwei Ring-Demodulatoren in die I- und die Q-Komponente mit 35 MBd, aber je vier Amplitudenstufen zerlegt. In einem geeigneten Bewertungsnetzwerk und nachgeschalteter Parallel-Serien-Wandlung wird daraus wieder das 140-Mbit/s-Basisband-Datensignal.

8.8   Eigenschaften des Digitalsignals

Kode und Bezeichnungen

Der Kode ist eine Art Liste zweier Alphabete, nämlich der zu übertragenden Schriftzeichen und der für die Übertragung benutzten elektrischen Zeichen. Ursprünglich wurde das **Morsealphabet** verwendet, bei dem die einzelnen Zeichen aus verschiedenen Kombinationen von kurzen und langen Impulsen (Punkten und Strichen) zusammengesetzt sind. Dabei wurde festgelegt, daß häufig vorkommende Zeichen aus möglichst wenig Impulsen bestehen. Dadurch entstanden Zeichen **unterschiedlicher** Dauer. Bei den **modernen Alphabeten**, z. B. dem internationalen Fernschreibalphabet Nr. 2 (Bild 8.28; Festlegung des CCITT = Comité Consultatif International Téléphonique et Télégraphique), ist jedem Zeichen die **gleiche Zeitdauer** zugeordnet. Jedes Zeichen wird in eine bestimmte Anzahl von Schritten gegliedert, die Binärzustände $0-1$ annehmen können. Sieht man vom Start- und Stoppschritt ab, so bleiben für die reine Zeichenkodierung fünf Schritte übrig, mit denen $2^5 = 32$ Zeichenkombinationen dargestellt werden können. Für Buchstaben **und** Ziffern sowie sonstige Zeichen reicht diese Zahl zwar nicht aus, jedoch kann durch einen Umschaltbefehl von Buchstaben auf Ziffern bzw. sonstige Zeichen übergegangen werden.

Ein in der **Datenübertragung** häufig verwendeter Kode ist der ISO-7-Bit-Code, auch als **ASCII-Code** bezeichnet (American Standard Code of Information Interchange). Nach der CCITT-Empfehlung V.3 trägt er auch die Bezeichnung „Internationales Alphabet Nr. 5". Er umfaßt 128 Zeichen. Die im Kode vorkommenden Übertragungssteuerzeichen, für zeichenorientierte Prozeduren wichtig, werden mit TC 1 ... TC 10 gekennzeichnet (Transmission Control), die Formatsteuerzeichen (Format Effectors) mit

Bu	Zi	1	2	3	4	5
A	-	•	•			
B	?	•			•	•
C	:		•	•	•	
D	Wer da	•			•	
E	3	•				
F		•		•	•	
G			•		•	•
H				•		•
I	8		•	•		
J	Klingel	•	•		•	
K	(	•	•	•	•	
L	)		•			•
M	.			•	•	•
N	,			•	•	
O	9				•	•
P	0		•	•		•
Q	1	•		•	•	•
R	4		•		•	
S	'	•		•		
T	5					•
U	7	•	•	•		
V	=		•	•	•	•
W	2	•	•		•	
X	/	•		•	•	•
Y	6	•		•		•
Z	+	•				•
Wagenrücklauf					•	
Zeilenwechsel			•			
Buchstaben		•	•	•	•	•
Ziffern		•	•		•	•
Zwischenraum				•		

Bild 8.28 Internationales Fernschreibalphabet Nr. 2

FE 0 … FE 5 und die Gerätesteuerzeichen (Device Control Characters) mit DC 1 … DC 4. In den meisten Fällen wird der ASCII-Code durch ein Paritätsbit ergänzt.

Die Zuordnung der Binärziffern zu den Kennzuständen bei Basisband- und bei geträgerter Übertragung ist in der folgenden Übersicht „Bezeichnung für binäre Datensignale" zusammengestellt (s. unten).

Zeitbeziehungen bei Signalen

● Der **Taktpuls**, kurz als **Takt** (timing) bezeichnet, enthält eine Folge äquidistanter Zeitpunkte, beispielsweise in Form von Impulsflanken, und dient zur Steuerung von Vorgängen in Digitalgeräten. Der **Bezugstaktgeber** (reference clock, master clock) bestimmt wegen seiner hohen Genauigkeit und Langzeitstabilität den Takt eines Digitalnetzes. Unter **Taktrückgewinnung** (timing recovery) versteht man die Ableitung des Taktes aus dem empfangenen Digitalsignal. Der Takt für Sender und Empfänger kann a) von einer übergeordneten Taktzentrale stammen, b) aus dem empfangenen Datensignal abgeleitet werden: Taktrückgewinnung, oder c) durch einen separaten Taktkanal zwischen Sender und Empfänger ausgetauscht werden: **kodirektional** bedeutet, daß Signalflußrichtung und Taktflußrichtung jeweils übereinstimmen; **kontradirektional** heißt, der Takt für Sender und Empfänger stammt nur von einem der beiden Geräte!

● Ein **Digitalsignal** ist **isochron**, wenn seine Kennzeitpunkte in einem festen Zeitraster liegen und die Anzahl der möglichen Signalwerte endlich ist. Der **Kennzeitpunkt** ist durch den Übergang von einem Signalelement zum näch-

Bezeichnungen für binäre Datensignale

Kennzustände (Bild 8.1)		
Binärziffer	0	1
Allgemeine Bezeichnung	A (Startlage)	Z (Stopplage)
Frühere deutsche Bezeichnung	Z (Zeichenlage)	T (Trennlage)
Doppelstrom (Telegrafie el. Datensysteme)	Minus / Plus	Plus / Minus
Einfach-Ruhestrom	kein Strom	Strom
Englische Bezeichnung	space	mark
Lochstreifen	kein Loch	Loch
Kennzustände bei Modulation		
Amplitudenmodulation	kein Ton	Ton
Frequenzmodulation	hohe Frequenz	tiefe Frequenz
Phasenmodulation mit Bezugsphase	Gegenphase	Bezugsphase
Differenzphasenmodulation	Phasenumkehr	keine Phasenumkehr

sten definiert. Die Abstände zwischen zwei Kennzeitpunkten sind jeweils ein ganzzahliges Vielfaches eines Schrittes. Das isochrone Signal muß also zeit- und wertdiskret sein. Jedes andere Signal, das diese Bedingung nicht erfüllt, heißt **anisochron**. Dies gilt z. B. für das Fernschreibsignal, wo ein Gleichlauf nur während einer begrenzten Dauer (z. B. nur innerhalb eines Zeichens) existiert. Die Kennzeitpunkte liegen hier nicht immer in einem festen Zeitraster (Beispiel: Fernschreibsignal, Bild 8.1 oben, die Stoppschritte können 1,5 Schritte betragen und sprengen somit den Isochronismus). Diese Betriebsweise nennt man **asynchron**: Es besteht keine dauernde feste Taktbeziehung.

● Vergleicht man **zwei separate Signale** miteinander (z. B. Digitalsignal **und** Taktsignal), dann verwendet man die Begriffe synchron, asynchron, homochron und mesochron. Haben die korrespondierenden Kennzeitpunkte zweier Signale eine bestimmte gewünschte Phasenbeziehung, so bezeichnet man die Signale als **synchron** zueinander. Ist die Phasenbeziehung zwar konstant, aber willkürlich, so sind sie **homochron**. Signale, die nur im zeitlichen Mittel synchron sind, nennt man **mesochron**. Sind die Taktfrequenzen zweier an sich isochroner Signale nicht gleich, so sind die Signale zueinander **asynchron**. Asynchrone Signale kann man einteilen in **heterochrone** (Taktfrequenzen wesentlich verschieden) und **plesiochrone** (plesio = nahezu; Taktfrequenzen zwar unabhängig voneinander, aber nominell gleich, eng tolerierte Abweichungen vom Nennwert zugelassen, z. B. Toleranz 10^{-6}).

● Entsprechend den genannten Begriffen gibt es ein **zwangssynchronisiertes Netz** (despotic synchronized network, Netz mit gerichteter Synchronisierung): In allen Einrichtungen des Digitalnetzes wird der Takt vom Bezugstaktgeber bestimmt. Bei **gegenseitiger Synchronisierung** (mutually synchronized network) entsteht durch „Phasenmittelung" aller Taktgeber des Digitalnetzes eine gemeinsame Taktfrequenz. Beim **plesiochronen** Netz wird auf Synchronisierung verzichtet (dann, wenn die voneinander unabhängigen Taktgeber eine sehr geringe Frequenzinkonstanz haben, z. B. 10^{-9} bis 10^{-11}). **Mesochrones** Netz: Mittelwerte aller Taktfrequenzen gleich, Phasenabweichungen innerhalb bestimmter Grenzen.

Spektrum des Digitalsignals

Ein wichtiges Kriterium bei der Behandlung der digitalen Modulation ist die Kenntnis der Eigentümlichkeiten des Digitalsignal-Spektrums. In den vorangegangenen Kapiteln wurde in vereinfachender Weise davon ausgegangen, daß man über das Verhalten des Digitalsignals bereits einiges aussagen kann, wenn man dieses mittels der Grundschwingung einer regelmäßigen 1010-Folge beschreibt. In Wirklichkeit besteht das Digitalsignal als Nachrichtensignal aber aus einer zufälligen (stochastischen) Verteilung unterschiedlich langer Impulse, deren Impuls- bzw. Pausenzeiten allerdings beim **isochronen** Signal, das hier in erster Linie betrachtet werden soll, jeweils ganzzahlige Vielfache von T_{Bit} sind. Daher haben diese Signale ein eigentümliches Spektrum:

– Es enthält Nullstellen bei ganzzahligen Vielfachen der Frequenz $1/T_{Bit}$.
– Es reicht im allgemeinen bis zur Frequenz Null, wenn nicht bewußt ein „gleichstromfreier" Kode gewählt wurde.
– Die Amplituden des Spektrums nehmen mit einer bestimmten Periodizität ab.
– Im allgemeinen erscheinen im Spektrum keine „diskreten" Linien.

Meßtechnisch kann man das Spektrum z. B. mit einem **selektiven** Spannungsmesser erfassen. Da dieser eine bestimmte Bandbreite aufweist, mißt man damit den Effektivwert innerhalb dieser Bandbreite. Meist gibt man jedoch die aus dem Effektivwert durch Quadrieren resultierende Leistung pro Hertz Bandbreite als **Leistungsdichte** an (Bild 8.29, unten). Einige der oben genannten Merkmale kann man mit einfachen Überlegungen trotz der Zufallseigenschaft des Signals anhand periodischer Impulsfolgen erklären.

● Im Bild 8.29 sind drei **Linienspektren** dargestellt. Die Impulse der Zeitfunktionen haben die Breite eines Bit, also T_{Bit}, oder ein ganzzahliges Vielfaches davon, wie es beim isochronen Signal üblich ist. Die Spektrallinien lassen sich mit den bei der Fourier-Analyse angegebenen Formeln (Seite 23, Bild 1.16) unter Verwendung des Tastgrads t_i/T bzw. des Tastverhältnisses T/t_i nach Frequenz und Amplitude berechnen. Die Hüllkurven der Spektren verlaufen nach einer $\sin x/x$-Funktion (blau im Bild 8.29).

141

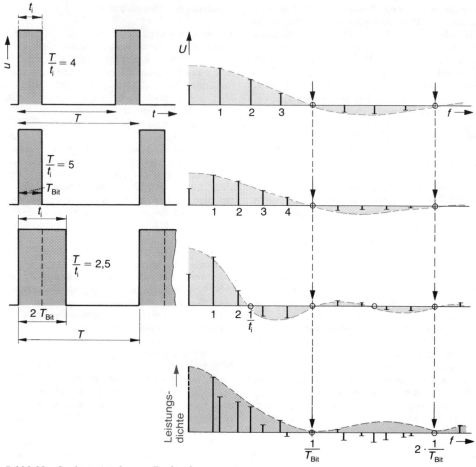

Bild 8.29   Spektren isochroner Rechteck-impulsfolgen

● Bei größerer Periodendauer (zweites Teil-bild) rücken die Spektrallinien entsprechend dem Periodendauerverhältnis enger zusammen und haben geringere Amplituden. Die Verringe-rung der Amplituden kann man sich einfach plausibel machen: Der Impuls (1 bit) hat bei beiden Zeitfunktionen die gleiche Breite und Höhe, so daß zu seiner **Superposition** aus der größeren Anzahl von Spektrallinien geringere Amplituden ausreichen. Bemerkenswert ist, daß beide Spektren in regelmäßigem Abstand Null-durchgänge aufweisen, die offenbar **nur** von der **Impulsbreite**, nicht aber von der Periodendauer abhängen! Selbst im Dichtespektrum eines Ein-zelimpulses (Periodendauer $T \to \infty$) würde man

diese Nullstellen im Abstand $1/T_{Bit}$ wieder-finden!
● Das dritte Spektrum zeigt einen Impuls dop-pelter Breite, Periodendauer wie beim zweiten Signal. Hier zeigt sich wieder, daß die Null-durchgänge der Hüllkurve bei **Vielfachen** der reziproken Impulsdauer liegen. Da nämlich hier die Impulsdauer doppelt so groß ist wie bei den oberen beiden Zeitfunktionen, liegt die erste Nullstelle bei der halben Frequenz $f = 1/(2 \cdot T_{Bit})$.
● Wegen der Periodizität stimmen nun die Nulldurchgänge der geradzahligen Vielfachen von $1/(2 \cdot T_{Bit})$ mit denen der oberen beiden Spektren überein. Entsprechendes würde man nun allgemein bei Impulsen mit $n \cdot T_{Bit}$ Breite

142

feststellen. Wenn man auch (wegen der zu berücksichtigenden Phasenlage) die Teilspektren noch nicht ohne weiteres vollständig superponieren darf, ist doch immerhin soviel zu erkennen: Die **Nullstellen** im Gesamtspektrum stammen aus denen der Teilspektren und werden durch die Bitdauer T_{Bit} bestimmt. Man kann daraus auf die Bitrate des Digitalsignals schließen: $v = 1/T_{\text{Bit}}$.

● Das periodische **Abnehmen** der Spektralanteile im Leistungsdichtespektrum (Bild unten, rot) zu höheren Frequenzen hin ist durch den $\sin x/x$-Verlauf der Teilspektren begründet.

8.9   Impulsformung und Bandausnutzung

Tiefpaß, Roll-off-Faktor

Das Pulsspektrum (Bild 8.29) zeigt bei der doppelten Punktfrequenz $f = 2 \cdot f_p = 1/T_{\text{Bit}}$ eine erste Nullstelle. Oberhalb dieser Frequenz tragen die Spektrallinien nur noch wenig zur Gesamtleistung bei. Beispiel: Eine Spektrallinie, deren Amplitude noch 10 % der Grundschwingungsamplitude ist, trägt zur Gesamtleistung nur mit 1 % bei $(0,1^2 = 0,01)$! Vom Standpunkt der Leistungsdichte gesehen kann man daher das Frequenzband des Digitalsignals oberhalb etwa der doppelten Punktfrequenz beschneiden, wodurch die „Weichtastung" entsteht: die Zeitfunktion der Digitalimpulse wird in bestimmter Weise geformt.

Ob die Impulse durch die Weichtastung Sinus-, Glockenkurven- oder trapezähnliche Form erhalten, hängt im wesentlichen vom frequenzabhängigen Dämpfungsverlauf des verwendeten **Tiefpasses** ab. Aus der Systemtheorie ergibt sich, daß der ideale Tiefpaß, also der mit rechteckförmigem Verlauf der frequenzabhängigen Übertragungsfunktion $U_2/U_1 = f(f)$, Bild 8.30, am wenigsten geeignet ist: Die Reaktion $s(t)$ des Tiefpasses auf einen Spannungssprung am Eingang zeigt erhebliche Überschwinger und, was noch störender ist, verhältnismäßig lang andauernde Nachschwinger. Nachfolgende Impulse können dadurch gestört werden: Man nennt das **Intersymbol-Interferenz.** Günstig wirkt sich dagegen ein allmählicher Übergang vom Durchlaß- in den Sperrbereich des Tiefpasses aus, also z. B. ein $\cos^2$-Verlauf, wie in der Umgebung der Bandgrenze B_N (Bild 8.30a) dargestellt. Sein Ausdehnungsbereich wird durch den **Roll-off-Faktor** angegeben. Wie aus dem Bild unten (b) zu entnehmen ist, verschwinden Über- und Nachschwinger fast vollständig bei einem Roll-off-Faktor $r = 1$ (blaue Kurve).

Einschwingzeit, Bandbreite

Die Tangente an die Übergangsfunktion $s(t)$, Bild 8.30b, liefert bei 0 % und bei 100 % Schnittpunkte, deren zeitlicher Abstand als **Einschwingzeit** definiert wird. Sie ist praktisch unabhängig vom Roll-off-Faktor und wird nur von der sog. **Nyquistbandbreite** B_N bestimmt (B_N ist in der Systemtheorie die Halbwertsbreite; sie stimmt nicht genau mit der Tiefpaßgrenzfrequenz f_g überein, da letztere definiert ist bei $U_2/U_1 = 1/\sqrt{2}$. Bei steilflankigen Tiefpässen ist der Unterschied jedoch unerheblich). Für die **Einschwingzeit** ergibt sich aus der Systemtheorie der fundamentale Zusammenhang

$$\tau_e = 1/(2B_N).$$

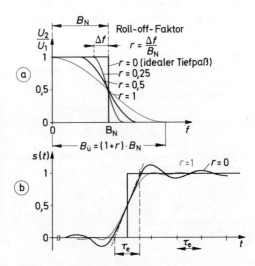

Bild 8.30   *Tiefpaßübertragungsfunktion (a) und Einschwingvorgang (b)*

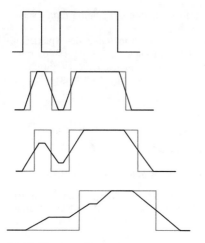

Bild 8.31   Impulsverzerrungen

Die Schrittdauer T_{Bit} darf nicht kleiner sein als die Einschwingzeit, weil sonst der Einzelimpuls nicht mehr seine volle Höhe erreicht (Bild 8.31):

$$T_{Bit} \geq 1/(2B_N).$$

Dies kann recht einfach auch anhand der Grundschwingung einer regelmäßigen 1-0-1-0-Folge mit der Punktfrequenz $f_p = 1/(2 \cdot T_{Bit})$ plausibel gemacht werden. Sofern wenigstens diese Grundschwingung übertragen wird, kann die Bitfolge im Empfänger mit einer Impulsformerstufe regeneriert werden. Somit muß der ideale Tiefpaß mindestens eine Bandbreite B_N gleich der Punktfrequenz, also

$$B_N \geq 1/(2 \cdot T_{Bit})$$

aufweisen. Daraus folgt wieder nach Umformung $T_{Bit} \geq 1/(2B_N)$!

Schrittgeschwindigkeit und Bandbreite

Aus den oben genannten Beziehungen ergibt sich ein recht einfacher Zusammenhang zwischen der maximal überhaupt möglichen Schrittgeschwindigkeit im Basisband und der Nyquistbandbreite B_N:

$$v_S < 2 \, B_N$$

Beispiel: Eine mittelschwer bespulte Pupin-Kabelleitung hat eine Grenzfrequenz $f_g = 3,4$ kHz. Nimmt man an, daß f_g ungefähr gleich der Nyquistbandbreite B_N entspricht, so ist die maximal übertragbare Schrittgeschwindigkeit $v_S < 2 \cdot 3,4$ kHz $= 6800$ bit/s.
Anmerkung: Für ein digitalisiertes Telefongespräch mit $f_{Mmax} = 3,4$ kHz müssen 64 kbit/s übertragen werden, was eine Nyquistbandbreite von 32 kHz bzw. (bei $r = 0,5$) eine Übertragungsbandbreite von 43 kHz erfordert. Dieser rund 13fache Bandbreitenbedarf ist der Preis für die höhere Störsicherheit bei der Digitalsignalübertragung!

Bandbreitenausnutzung

Bezieht man in der Formel $v_S < 2 \, B_N$ die Schrittgeschwindigkeit auf 1 Hz Bandbreite, so erhält man als Qualitätsmerkmal binärer Übertragung die sog. Bandbreite- oder kurz Bandausnutzung. Sie beträgt maximal 2 bit/s je Hz Bandbreite:

> Die Bandausnutzung bei binärer Übertragung ist maximal 2 bit/(s · Hz).

Wegen der erforderlichen höheren Bandbreite bei Impulsformung ist nur etwa 1 bis 1,5 bit/(s · Hz) erreichbar, wenn nicht besondere Methoden (z.B. Partial-Response-Kodierung, Abschnitt 8.10) angewandt werden. Bei geträgerter Übertragung (Wechselstromtastung) sind 2 bit/(s · Hz) mit Einseitenbandbetrieb und geeigneter Kodierung möglich.

8.10 Kanalkodierung

Einerlei, ob das Digitalsignal leitungsgebunden im Basisband oder geträgert oder auch im Funkkanal übertragen wird, es muß den Eigenschaften eines bestimmten Übertragungsmediums (koaxiale oder symmetrische Leitung, Schnittstellenleitung, Funkübertragung usw.) angepaßt sein. Das erfordert einen speziellen Kode. An diesen sog. Übertragungs- oder Kanalkode werden im wesentlichen folgende **Bedingungen** gestellt:

- Er muß im allgemeinen **„gleichstromfrei"** sein, weil Kupferkabel häufig zwecks Widerstandsanpassung mit Trennübertragern abgeschlossen sind und keine galvanische Verbindung gewährleisten, was zu einer laufenden Potentialverschiebung im binären Digitalsignal führen würde.
- Er darf weder lange **Null-** noch **Eins-**Folgen aufweisen, d.h., die Impulsfolge soll zwecks Taktrückgewinnung möglichst viele Flankenwechsel haben.
- Seine **Bandbreite** soll möglichst gering sein: erstens aus Gründen der Frequenzökonomie, zweitens damit keine Störungen (Nebensprechen) auf benachbarte Kanäle gelangen, drittens weil die Signalbandbreite zur Unterdrükkung von Fremdeinflüssen (Nachbarkanalstörungen und Rauschen) im Empfänger mittels Empfangstiefpässen eingeschränkt wird.
- Er soll zwecks **Fehlerüberwachung** eine gewisse bewußt eingebaute Redundanz enthalten.
- Außerdem ist der Kanalkode so zu wählen, daß **Fehlervervielfachung** vermieden wird.

Im folgenden sollen einige in der Praxis verwendete Leitungskodes erläutert werden.

AMI-Kode

Die Abkürzung für „alternate mark inversion" besagt, daß der Kode längere Eins-Folgen unterbindet („mark" = Binärwert Eins), indem jede zweite Eins invertiert wird (Bild 8.32). Es entsteht dadurch ein Kode mit drei Zuständen: +1, 0 und −1. Da aber +1 und −1 dem gleichen Binärwert entspricht, nennt man den Kode quasi- oder **pseudoternär**. Der Kode ist gleichstromfrei (siehe Leistungsdichtespektrum, Bild 8.33, RZ und NRZ) und weist auch bei langen Eins-Folgen genügend Flankenwechsel auf. Nachteilig ist das Fehlen der Flanken für die Takterzeugung bei langen Null-Folgen. Das Spektrum (Bild 8.33) liegt in der Nähe der Punktfrequenz,

reicht aber bis zu $2 \cdot f_p$. Man unterscheidet zwei Arten pseudoternärer Signale: solche, bei denen der Impuls in der Mitte eines Schritts wieder auf Null zurückgeht (engl. „Return to Zero", Abk. RZ, Bild 8.32b), und solche, bei denen der jeweilige Impuls die volle Schrittdauer einnimmt, also „nicht auf Null zurückgeht" (NRZ = „Non Return to Zero", Bild 8.32a). Gegenüber den breiten NRZ-Impulsen haben die schmalen RZ-Impulse eine geringere Leistungsdichte und verursachen daher weniger Nachbarkanalstörungen, sind aber ihrerseits anfälliger auf Störeinflüsse.

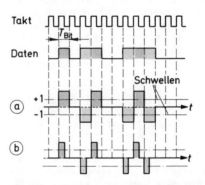

Bild 8.32   AMI-Kodierung (pseudoternär)
ⓐ *NRZ*
ⓑ *RZ*

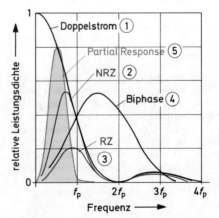

Bild 8.33   Relative Leistungsdichte digitaler Zufallssignale bei verschiedenen Kodierungsverfahren

145

HDB-n-Kode

Er ist ein verbesserter AMI-Kode, denn er unterbindet längere Null-Folgen, d. h., er läßt maximal nur n Nullen zu, indem bestimmte Null-Bits durch „falsche" Eins-Bits ersetzt werden, die im Empfänger wiedererkannt und eliminiert werden. Üblich $n = 3$: HDB-3-Kode, Abkürzung für „High Density Bipolar of Order 3" = hohe Dichte bipolarer Impulse, wobei „bipolar" auf das Vorhandensein positiver und negativer Signalzustände ($+1$ und -1) hinweist.
Das folgende Beispiel für HDB-3-Kodierung zeigt die Vorgehensweise.
Eine binäre Bit-Gruppe 0000 wird bei HDB-3-Kodierung entweder durch eine Viergruppe 000V oder eine Viergruppe B00V ersetzt. Darin ist V eine Eins mit gleicher, B eine Eins mit umgekehrter Polarität wie die letzte Eins des HDB-3-Signals. V verletzt die AMI-Regel, B nicht! Man vergleiche dies in der Tabelle (die umzukodierenden Null-Gruppen sind unterstrichen):

Binär:	... 1 1 1 0 0 0 0 1 0 1 0 0 0 0 0 1...
AMI:	...+1−1+1 0 0 0 0−1 0+1 0 0 0 0 0−1...
HDB-3:	...+1−1+1 0 0 0+1−1 0+1 −1 0 0−1 0+1...
	0 0 0 V B 0 0 V

Ist die Anzahl der seit dem vorhergehenden V-Element aufgetretenen bipolaren Einsen ungerade, so wird 000V eingesetzt, ist sie gerade oder null, so wird B00V eingesetzt. Die Verwendung der beiden unterschiedlichen Viergruppen ergibt, daß trotz der Verletzung der AMI-Regel kein Gleichanteil entsteht. Ist n größer als in dem Beispiel angegeben, dann enthalten die beiden Gruppen entsprechend mehr Nullen.

B6ZS-Kode

Abkürzung für „Bipolar with 6 Zero Substitution", was besagt, daß jede Folge von sechs Nullen ersetzt wird. Bei vorausgehendem **positiven** Impuls wird die Pseudoternär-Wertefolge 0, $+1$, -1, 0, -1, $+1$, bei vorausgehendem **negativen** Impuls die Wertefolge 0, -1, $+1$, 0, $+1$, -1 substituiert. Der Kode läßt also maximal fünf Nullen zu, ist aber nicht identisch mit HDB-5. Das Leistungsspektrum beider weicht aber von dem des AMI-Kodes nur unwesentlich ab.

4B/3T-Kode

Dieser bringt einen echten Vorteil hinsichtlich der Einsparung von Bandbreite, weil aus jeweils vier Bits des binären Signals nach einer bestimmten Vorschrift (Kodetabelle) drei ternäre Signalelemente dargestellt werden, was eine Reduzierung der Schrittgeschwindigkeit um 25 % zur Folge hat. Der ternäre Kode ist im Mittel **gleichstromfrei** und weist gegenüber dem binären Signal eine relativ hohe **Redundanz** auf, weil mit drei Schritten des ternären Signals mehr Kodewörter gebildet werden können als mit vier Schritten des binären. In die Gruppe der 4B/3T-Kodes gehört auch der **MMS-43-Kode**, der im ISDN verwendet werden soll (MMS-43: Modified Monitored Sum 4B/3T).

Partial-Response-Kode

Er bezweckt die Einsparung von Bandbreite. Beim **Partial-Response-Verfahren** wird der binären Eins des Digitalsignals im Sender ein **Impulszug** zugeordnet, der sich über **mehrere** Schrittlängen erstreckt (Bild 8.34 links). Die vom Digitalsignal ausgelösten Impulszüge überlagern sich schon auf der Sendeseite, so daß sich die jeweiligen Abtastwerte aus den Beiträgen der Einzelimpulszüge zusammensetzen. Die Rückgewinnung im Empfänger ist dadurch erschwert. Um den Kennwert eines Einzelimpulses aus dem Abtastwert richtig abzuleiten, müssen die Kennwerte der vorausgegangenen Impulse richtig erkannt worden sein. Bild 8.34 veranschaulicht dies an einem **Beispiel**: Der hier gewählte Impulszug hat gewissermaßen drei Wertigkeiten: 0, -1 und $+1$. Wie das überlagerte Sendesignal zeigt, lassen sich die Zustände $+1$ und -1 eindeutig zuordnen: $+1$ gibt im Empfänger wieder die binäre Eins, -1 die binäre Null. Welchem Binärwert aber nun der 0-Zustand des dreiwertigen Signals zuzuordnen ist, läßt sich nicht ohne weiteres sagen. Das hängt nämlich davon ab, welchen Zustand das Binärsignal $2\,T_{Bit}$ vorher gehabt hat!
Bit Nr. 7 zeigt dies deutlich: Es ist auf der Leitung deshalb Null, weil sich sein positiver Partial-Impulsanteil mit dem negativen Nachschwinger von Bit Nr. 5 durch Superposition auslöscht.
Daher muß eine Empfängerlogik folgendes auswerten: Eine 0 im dreiwertigen Signal muß als binäre Eins interpretiert werden, wenn $2\,T_{Bit}$ vorher eine binäre Eins erkannt worden ist, sie muß dagegen als binäre Null interpretiert werden, wenn $2\,T_{Bit}$ vorher eine binäre Null erkannt worden ist!
Das Beispiel zeigt, daß bei nicht fehlerfreier Erkennung vorausgehender Impulse sich Über-

Bild 8.34   Partial-Response-Verfahren

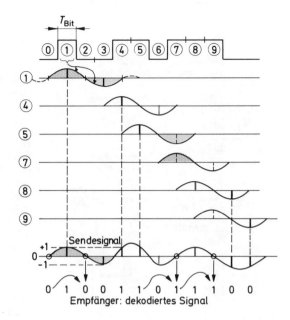

Empfänger: dekodiertes Signal

tragungsfehler fortpflanzen können. Durch eine geeignete **Vorkodierung** im Sender läßt sich dies vermeiden. Man verwendet auch andere Arten von Impulszügen und unterscheidet sie je nach Dauer und Amplitudengewichtung durch eine bestimmte Klassen-Nummer (voriges Beispiel: „PR4"-Impuls). Die Bezeichnung „Partial-Response" erinnert an eine nicht ideale Impulsantwort (engl. „response" = Antwort). Die ausgedehnten Impulszüge korrespondieren mit Tiefpaßbandbreiten, die merklich unter der Nyquistfrequenz liegen. Daher ist der besondere **Vorteil** der Partial-Response-Verfahren, daß sie dem Idealwert der **Bandausnutzung von 2 bit/s pro Hz Bandbreite** am nächsten kommen.

IRIG-standardisierte Kodes

Nach der IRIG (Inter Range Instrumentation Group) standardisiert sind die in Bild 8.35 dargestellten Kodes, deren Aufbau kurz beschrieben werden soll.

NRZ-L (Abk. von Non-Return-to-Zero-Level) ist, wie man sieht, der bekannte Binärkode: 1 wird durch einen bestimmten, 0 durch einen entgegengesetzten Pegel dargestellt.

NRZ-M (NRZ-Mark) bedeutet: Die binäre 1 wird als Pegeländerung, die binäre 0 als keine Pegeländerung dargestellt.

NRZ-S (NRZ-Space): 1 bedeutet darin „keine Pegeländerung", folgt dagegen eine 0, so ändert

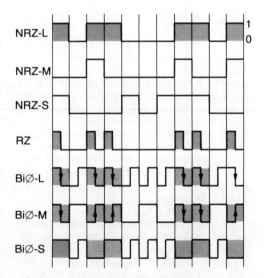

Bild 8.35   Nach IRIG standardisierte Kodes

sich der Pegelzustand (also keine absolute Zuordnung des Pegels).

RZ (Return-to-Zero-Level): Die 1 durch einen halbbitbreiten Impuls dargestellt, die 0 durch keine Pegeländerung.

BiΦ-L (Bi-Phase-Level oder Split-Phase bzw. Diphase) stellt die 1 durch einen 1-0-Sprung, die

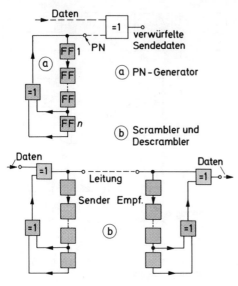

Bild 8.36   Verwürfelung

0 durch einen 0-1-Sprung dar. BiΦ-L entspricht praktisch dem **MAN**-Kode (Abk. MAN = Manchester).

BiΦ-M (Bi-Phase-Mark) weist grundsätzlich bei jedem Bit-Anfang eine Pegeländerung auf, die binäre 1 wird durch eine zweite Pegeländerung in der Bit-Intervallmitte markiert.

BiΦ-S (Bi-Phase-Space, Conditioned-Diphase-Code) hat ebenfalls bei jedem Bit-Anfang eine Pegeländerung; hier wird jedoch die binäre 0 durch einen zusätzlichen Pegelsprung in der Mitte des Bit-Intervalls markiert. Ähnlich wird der CMI-Code gebildet.

CMI-Kode (Coded Mark Inversion): Hier wird der Binärwert 1 abwechselnd durch einen positiven und einen negativen Zustand dargestellt. Der Binärwert 0 erhält unabhängig vom vorangegangenen Bit in der ersten Hälfte des Bitintervalls einen negativen, in der zweiten Hälfte einen positiven Zustand. Er ist von CCITT als Schnittstellenkode für 139-Mbit/s-Signale empfohlen.

Der **Vorteil** der genannten Bi-Phase-Kodes als auch des CMI-Kode ist, daß sie wegen ihrer vielen Zustandswechsel eine gute Taktrückgewinnung erlauben und gleichstromfrei sind. Ein **Nachteil** ist die hohe Bandbreite. Die Zustandswechsel während der Mitte der Bit-Intervalle führen nämlich zu einer großen Anzahl von Im-

pulswechseln mit halber Schrittdauer, die im Leistungsdichtespektrum höhere Frequenzanteile bis zum Vierfachen der Punktfrequenz des ursprünglichen Binärsignals verursachen (Bild 8.33).

Verwürfelung

Das „Verwürfeln" eines Datensignals ist zwar keine Kodierung, hat aber einen ähnlichen Effekt. Beispielsweise wird es dazu verwendet, in einem Datensignal längere **Null-Folgen zu verhindern** und kann daher die HDB-n-Kodierung ersetzen. Dies funktioniert im Prinzip so, daß ein von einem „Verwürfler" (Scrambler, Bild 8.36a) geliefertes sog. PN-Signal (= Pseudo-Noise = „fast" Zufallssignal) dem Datensignal genügend viele Zeichen hinzufügt, so daß längere Null-Folgen „überdeckt" werden. Ein weiterer Vorteil ist die Erzeugung einer recht **gleichmäßigen Leistungsdichte** im Übertragungsbereich. Nachteil: Das PN-Signal enthält von Natur aus pro Sequenz eine längere Eins-Folge, so daß zusätzliche AMI-Kodierung trotzdem nötig ist. Der **Verwürfler** im Sender erfordert als Gegenstück im Empfänger einen **Entwürfler** (Descrambler), der das dem Digitalsignal im Sender zugefügte PN-Signal gewissermaßen wieder entzieht.

Der Verwürfler im Sender (Bild 8.36a) und der Entwürfler im Empfänger sind gleichartig aufgebaute, in einer bestimmten Weise **rückgekoppelte Schieberegister**. Eine solche Anordnung bezeichnet man auch als PN-Generator (PN = Pseudo Noise) oder Quasizufallszahlengenerator (QZZG). Die Bezeichnung deutet darauf hin, daß das von dem rückgekoppelten Schieberegister gelieferte Signal kein „echtes" Zufallssignal ist. Es wird im Sender mit dem zu übertragenden Datenstrom in einem Exclusiv-ODER verknüpft. Der resultierende, verwürfelte Datenstrom wird im Empfänger mit dem PN-Signal des völlig **gleich** aufgebauten **Entwürflers** wieder in einem Exclusiv-ODER-Glied verknüpft, worauf das ursprüngliche Datensignal wieder erscheint. Man sagt: das Signal wird entwürfelt.

Fügt man die Exclusiv-ODER-Glieder zum Ein- und Auskoppeln der Daten in die Schleife gemäß Bild 8.36b (blau) ein, so sind zur Synchronisierung von Verwürfler und Entwürfler keine besonderen Maßnahmen mehr erforderlich, weil nach Durchgang der ersten n Bit (n = Anzahl der Flipflops) beide Schieberegister gleichen Inhalt haben, sofern kein Fehler bei der Übertragung aufgetreten ist.

Beispiel:

Sendesignal	1000	1011	1111	0100	1000	0001	1010
Verwürfler	0001	0011	0101	1110	0010	0110	1011
nach ExOR(Sender)	1001	1000	1010	1010	1010	0111	0001
Leitung	1001	1000	1010	1010	1010	0111	0001
Empfangseingang	1001	1000	1010	1010	1010	0111	0001
Entwürfler	0001	0011	0101	1110	0010	0110	1011
nach ExOR(Empfang)	1000	1011	1111	0100	1000	0001	1010

Eigenschaften des PN-Signals

Bild 8.36a stellt einen einfachen PN-Generator mit nur vier Flipflops dar. Damit kann in einer Wertetabelle das Entstehen des Pseudo-Zufallssignals noch relativ einfach gezeigt werden. Es soll angenommen werden, daß das PN-Signal am Ausgang des ExOR-Glieds abgenommen wird, welcher gleichzeitig der Eingang des 1. Flipflops ist, und es soll ein Anfangszeitpunkt gewählt werden, wo alle **Flipflop-Ausgänge** gerade den Wert „1" liefern, so daß infolge der ExOR-Verknüpfung am **Eingang** des 1. Flipflops „0" ansteht. Nun möge das Schieberegister weitergetaktet und die Ergebnisse nach jedem Takt in einer Tabelle dargestellt werden.

Die Pseudo-Zufallseigenschaft erkennt man daran, daß sich das PN-Signal nach einer bestimmten **Zeit wiederholt** (im Beispiel ab Takt-Nr. 16). Allgemein ergibt sich bei n Flipflops für die Periodendauer $T_{PN} = (2^n - 1) \cdot T_{Bit}$. In obigem Beispiel ($n = 4$) ist die Periodendauer des Pseudo-Zufallssignals $T_{PN} = 15 \cdot T_{Bit}$. Häufig wird mit $511 \cdot T_{Bit}$ gearbeitet, also mit neun Flipflops, so daß die Periodendauer in die Größenordnung „Sekunden" rückt.

Allgemeine Eigenschaft (n beliebig):
– Anzahl der 1-Bit je Periode stets um 1 höher als Anzahl der 0-Bit.
– Zusammenfassung gleicher aufeinanderfolgender Binärzeichen innerhalb einer Periode ergibt: die Hälfte der Gruppen besteht aus 1 Zeichen, ein Viertel aus 2 Zeichen, ein Achtel aus 3 Zeichen usf. (Man vergleiche mit Beispiel: 8 Gruppen, wobei 4 aus einem, 2 aus zwei, 1 aus drei Zeichen bestehen; außerdem verbleibt Restgruppe!)

Folgerung für Verwürfler/Entwürfler:
– Je mehr Flipflops, um so mehr 0-1-Übergänge wird das verwürfelte Signal aufweisen.
– Da Verwürfler und Entwürfler über die Datenleitung am gleichen Datenstrom liegen,

Tabelle:

Takt-Nr.	Ausgang: Flipflop Nr. 1	2	3	4	Ausgang: ExOR	PN-Signal	
1	1	1	1	1	0	0	
2	0	1	1	1	0	0	
3	0	0	1	1	0	0	
4	0	0	0	1	1	1	
5	1	0	0	0	0	0	
6	0	1	0	0	0	0	
7	0	0	1	0	1	1	
8	1	0	0	1	1	1	
9	1	1	0	0	0	0	
10	0	1	1	0	1	1	
11	1	0	1	1	0	0	
12	0	1	0	1	1	1	Restgruppe
13	1	0	1	0	1	1	
14	1	1	0	1	1	1	
15	1	1	1	0	1	1	
16	1	1	1	1	0	0	

sind sie bereits nach wenigen Bits auf gleiche Sequenz eingeschwungen, nämlich sobald alle beteiligten Flipflops ihren dem Datenstrom entsprechenden binären Zustand eingenommen haben (Voraussetzung: kein Bit-Fehler längs der Leitung).
– Die Restgruppe fällt zwar während einer Sequenz nur einmal an. Nachteilig ist aber, daß sie die größte Wortlänge aufweist, so daß eventuell Sicherheitsmaßnahmen zur Aufrechterhaltung der Taktsynchronisation im Empfänger getroffen werden müssen (z.B. AMI-Kodierung).

8.11 Bitfehler und Verzerrungen

Die Vorteile des Digitalsignals gegenüber Störungen im Vergleich zur Analogsignalübertragung sind folgende:
– Digitalsignale kommen mit wesentlich geringerem Störabstand aus.
– Digitalsignale können regeneriert werden, so daß sich Störungen nicht aufaddieren.
– Bitfehler können mittels geeigneter Methoden erkannt werden, sofern die Bitfehlerhäufigkeit in Grenzen bleibt.

Digitalfehler

Unter „Digitalfehler" versteht man die Verfälschung eines Signalelements bei der Übertragung. Speziell bei der Binärsignalübertragung spricht man von **Bit**fehlern. Beispiel: Umwandlung eines Binärwerts 0 in 1 oder 1 in 0 infolge einer Störung, meist Rauschen. Ist einem Binärsignal eine Störspannung überlagert, so können die positiven Störspannungsspitzen, wenn sie groß genug sind, um die Entscheidungsschwelle zu überschreiten, ein High-Signal, die negativen ein Low-Signal vortäuschen.

Fehlerhäufigkeit, Bitfehlerquote

Ein Maß für Digitalfehler ist die „Fehlerhäufigkeit". Sie gibt das Verhältnis der Anzahl der verfälscht übertragenen Signalelemente zur Gesamtzahl der Signalelemente an. Die Bitfehlerhäufigkeit oder Bitfehlerquote ist die Fehlerhäufigkeit des (äquivalenten) Binärsignals. Nach DIN 5476 ist die Fehler**rate** demgegenüber die Anzahl der fehlerfrei übertragenen Kodeelemente bezogen auf die **Zeit**, also nicht identisch mit der Bitfehler**quote**. Im englischen Sprachraum wird die Bitfehlerquote mit „bit error rate" (abgek. BER) bezeichnet.

Jitter und Wander

Störungen durch Kanalrauschen, Einschwingvorgänge in Synchronisationssystemen, Pulsstopfen, unvollkommene Taktgewinnung usw. können zu einer Schwankung der Kennzeitpunkte eines Digitalsignals um die idealen, im allgemeinen äquidistanten Zeitpunkte führen und im Extremfall Bitfehler auslösen. Dieses Schwanken bezeichnet man als „Jitter" (engl. „to jitter" = zittern). Im engeren Sinn meint man damit Phasenschwankungen mit Frequenzen oberhalb

0,01 Hz, während mit „Wander" (engl. „to wander" = wandern) derartige Phasenschwankungen unterhalb von 0,01 Hz gemeint sind, also ein langsames „Abwandern" der Kennzeitpunkte.

Entscheiderschaltung und Regenerator

Beim Durchlaufen des Übertragungskanals wird das Nutzsignal infolge der Eigenschaften des Kanals und durch das Einwirken von Störsignalen verformt, so daß es im Empfänger wieder restauriert werden muß. Hierzu dient der „Regenerator". Dieser enthält eine Entscheiderschaltung. Das ist eine Einrichtung, die durch Vergleich mit einem Entscheidungswert feststellt, welchem von zwei Wertebereichen der Signalwert zugeordnet ist. Da das Digitalsignal gewöhnlich **zeit- und wertdiskret** ist, muß die Entscheiderschaltung auf zwei Parameter reagieren: Feststellung des jeweiligen Kenn**zeit**punkts mittels des Takts und Feststellung des Spannungs**werts** mittels eines Schwellwertschalters (Triggerschwelle).

Augendiagramm

Am Eingang einer Entscheiderschaltung hat ja das übertragene Signal gewissermaßen noch „analoge" Eigenschaften. Aus diesem läßt sich entnehmen, ob Kennzeitpunkt und Signalwert die Bedingungen der Entscheiderschaltung erfüllen. Hierzu wird das Signal auf dem Oszilloskop so dargestellt, daß viele Signalelemente, die an sich zeitlich nacheinander auftreten, übereinandergeschrieben werden (Bild 8.37). Es versteht sich, daß das Oszilloskop hierzu mit einem ungestörten Taktsignal getriggert werden muß. Die Halbsinus- bzw. $\cos^2$-Leitungsimpulse liefern auf dem Schirm ein „Augenmuster". Man

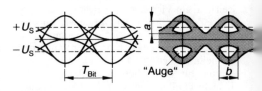

Bild 8.37 Augendiagramm eines ternären Signals (zwei Entscheidungsschwellen: $+U_S$ und $-U_S$)

bezeichnet daher das dargestellte Oszillogramm als **Augendiagramm**. Wenn die Entscheiderschaltung den Signalwert und den Zeitpunkt richtig bestimmen können soll, muß das Signal eine gewisse Augenöffnung a und Augenbreite b liefern.

Schrittverzerrung

Schritte werden als verzerrt bezeichnet, wenn sie Veränderungen in ihrer Dauer erfahren, also nicht mehr die Solllänge aufweisen. Man unterscheidet:
- Einseitige Verzerrung: Die „start"polaren Schritte sind auf Kosten der stoppolaren Schritte verlängert bzw. umgekehrt.
- Unregelmäßige Verzerrung: Die Schrittlängen T_s schwanken zwischen zwei Grenzwerten.
- Drehzahlverzerrung: Sowohl die startpolaren als auch die stoppolaren Schritte werden um den gleichen, konstanten Betrag verlängert bzw. verkürzt.
- Charakteristische Verzerrung: Die kurzen Schritte werden, unabhängig von ihrer Polarität, mehr beeinflußt als die langen Schritte (charakteristisches Einschwingen des Übertragungskanals).

Als Verzerrungsmaß verwendet man folgende Definitionen:
- Start-Stopp-Verzerrungsgrad
$$\sigma_{st} = |\Delta t|_{max}/T_s \cdot 100\%$$
- Isochron-Verzerrungsgrad
$$\sigma_{ls} = (\Delta t_{max} - \Delta t_{min})/T_s \cdot 100\%.$$

Beim **Start-Stopp-Signal** (Fernschreibapparat) hängt für **jedes** Zeichen die Sicherheit des Empfangs davon ab, wie weit die Abstände der einzelnen Kennzeitpunkte vom **Beginn** des **Start**schritts haben, von den entsprechenden Sollabständen abweichen. $|\Delta t|_{max}$ ist die größte absolute Abweichung in dem betrachteten Zeichen. WT soll noch einen Start-Stopp-Verzerrungsgrad von max. 40% verkraften. Daher können z.B. in einem 50-Bd-WT-Kanal bis zu 75 Bd übertragen werden. Im **isochronen Signal** (Datenübertragung) wird der Maximalwert Δt_{max} durch den Kennzeitpunkt bestimmt, der – bezogen auf seinen zugehörigen Sollzeitpunkt – am spätesten auftritt, der Minimalwert Δt_{min} durch den am frühesten auftretenden.

Rauschen im Basisband

Hauptursache für Bitfehler ist das unvermeidliche Rauschen. Die Augenblickswerte des Rauschens treten im allgemeinen nach einer statisti-

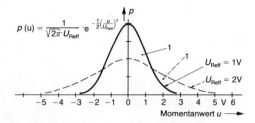

Bild 8.38   Wahrscheinlichkeitsdichtefunktionen $p(u)$

schen Verteilung auf und können mittels der „Wahrscheinlichkeitsdichte-Verteilung" dargestellt werden. Bild 8.38 zeigt dies für zwei verschiedene Effektivwerte $U_{R\,eff}$ von Rauschen, nämlich 1 V und 2 V. Da die Wahrscheinlichkeitsdichte $p(u)$ über einer Spannung dargestellt ist, ist ihre Einheit „1/V". Die **Fläche** unter einer solchen Kurve gibt einen Zahlenwert (Einheit 1) an, der die **„Wahrscheinlichkeit"** ausdrückt, mit der die Augenblickswerte im Signal enthalten sind. Die Gesamtfläche unter der jeweiligen Kurve (von $-\infty$ bis $+\infty$) ist stets 1 entsprechend 100% „Wahrscheinlichkeit". Es ist zuweilen üblich, die jeweilige Kurve zwecks Vergleich mit ihrer entsprechenden Zeitfunktion gedreht darzustellen, und zwar so, daß die positive Achse der Augenblickswerte nach oben gerichtet ist und die Wahrscheinlichkeitsdichte auf der Abszisse angetragen wird (Bild 8.39).

Beispiel: Ein Vergleich mit der Zeitfunktion des Rauschens (im Bild wurde als Beispiel $U_{R\,eff}$ = 1 V gewählt) zeigt, daß die Augenblickswerte der Spannung im wesentlichen zwischen ± 1 V auftreten. Die Wahrscheinlichkeit erhält man beispielsweise durch Abzählen der kleinen Quadrate mit ca. $28 \cdot 0,025 = 0,7 = 70\%$, genauer Wert 68%, wobei die Fläche eines einzelnen Quadrats die Wahrscheinlichkeit 0,5 V $\cdot$ 0,05 1/V $= 0,025 = 2,5\%$ darstellt. Die restlichen 30% der Augenblickswerte der Rauschspannung verteilen sich je zur Hälfte auf den Spannungsbereich $u > +1$ V bzw. $u < -1$ V.

Von besonderem Interesse sind nun die sogenannten **Rauschspitzen**, die zwar mit geringer Wahrscheinlichkeit auftreten, aber sehr große Momentanwerte annehmen können. Die Wahrscheinlichkeit des Auftretens solcher Spitzen wird durch die Restfläche (bis $u \to \infty$) angegeben („Überschreitungswahrscheinlichkeit").

Beispiel: Bei $U_{R\,eff}$ = 1 V besagt die Restfläche oberhalb 2 V (näherungsweise etwa 0,025 =

151

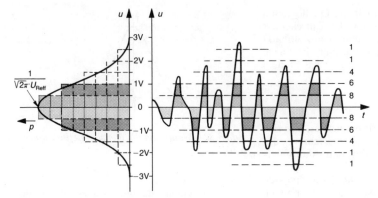

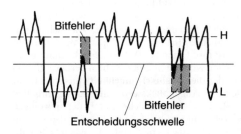

Bild 8.40 Bitfehler durch überlagertes Rauschen

2,5 %), daß immerhin mit 2,5 % Wahrscheinlichkeit Spannungsspitzen größer 2 V auftreten können: Die Überschreitungswahrscheinlichkeit des Pegels 2 V ist rund 0,025.

Ist nun ein solches Rauschen einem Digitalsignal überlagert (Bild 8.40), so können die positiven Spitzen, wenn sie groß genug sind, um die Entscheidungsschwelle zu überschreiten, ein High-Signal, die negativen ein Low-Signal vortäuschen. Es entstehen Bitfehler, deren Anzahl von der Fehlerwahrscheinlichkeit abhängt.

Beispiel: Mit $\hat{u} = 2$ V eines bipolaren Digitalsignals (entsprechend $U_{ss} = 4$ V oder $U_{eff} = 2$ V wegen Rechteckform, Bild 8.40) und einer symmetrisch liegenden Entscheidungsschwelle ist die Höhe der Entscheidungsschwelle sowohl vom Maximum (High) als auch vom Minimum (Low) aus gerechnet 2 V, und die Überschreitungswahrscheinlichkeit muß von 2 V bis ∞ berechnet werden. Ist dem bipolaren Digitalsignal mit $U_{eff} = 2$ V ein Rauschen von $U_{R\,eff} = 1$ V überlagert, so können die Werte des vorigen Beispiels verwendet werden, wo die von 2 V bis

∞ geschätzte (einseitige!) Überschreitungswahrscheinlichkeit 0,025 ist. Wir erhalten so eine entsprechende Bitfehlerquote von $2,5 \cdot 10^{-2}$ bei einem Störabstand $a_R = 20 \lg U_{eff}/U_{R\,eff}$ dB = 6 dB (Bild 8.41).

Die **subjektive Wirkung** von Bitfehlern bei der Sprachübertragung mit PCM gemäß CCITT wird wie folgt angegeben (die Zahlen sind die Bitfehlerquote):

10^{-6} ... nicht wahrnehmbar,

10^{-5} ... einzelne Knacke; bei niedrigem Sprachpegel gerade wahrnehmbar,

10^{-4} ... einzelne Knacke; etwas störend bei niedrigem Sprachpegel,

10^{-3} ... dichte Folge von Knacken, störend bei jedem Sprachpegel,

10^{-2} ... stark störendes Prasseln, Verständlichkeit merkbar verringert,

$5 \cdot 10^{-2}$ ... fast unverständlich.

Bitfehlerquote bei geträgerter Übertragung

Auch bei geträgerter Übertragung nimmt man die Bitfehlerquote des Signals als Qualitätsmaß. Man erhält für die verschiedenen zwei- und höherwertigen Tastmodulationen Kurven, die je nach Verfahren und Art der Demodulation gegenüber der in Bild 8.41 verschoben sind. Außerdem ist bei der Auswertung derartiger Darstellungen der Fehlerquote in Abhängigkeit vom Rauschabstand zu beachten, ob er auf das Rauschen **nach** der **Demodulation** (also im Basisband) oder „auf der Strecke", also in der **geträgerten Lage**, bezogen ist. Bei höherwertigen Tastverfahren muß außerdem berücksichtigt werden, ob der Rauschabstand aus dem Verhältnis Signalenergie E **je Bit** oder **je Schritt** zur Rauschleistungsdichte N_o berechnet wurde. Im

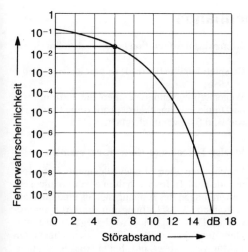

Bild 8.41 *Fehlerwahrscheinlichkeit (Bitfehlerquote) in Abhängigkeit vom Störabstand in der Basisbandlage*

letzteren Fall ist eine Größe R wie folgt definiert $R = (E/N_o) \cdot m$, wobei $m = \text{lb}n$ der Zweierlogarithmus der Wertigkeit des Tastverfahrens ist. Bei $n = 2$ ist somit kein Unterschied.

Einfluß des Demodulators

Die Bitfehlerquote ist auch von der Art der Demodulation abhängig. Die **kohärente** Demodulation ist für alle drei Fälle, nämlich ASK, FSK und PSK die günstigste, obwohl sie bei ASK und FSK nicht notwendig und wegen ihres hohen Aufwands (Trägererzeugung, Synchrondemodulatoren) nicht üblich ist. Bei der kohärenten Demodulation von FM sind sogar zwei Synchrondemodulatoren und zwei phasenrichtig schwingende Hilfsträger im Emfänger nötig (wegen der zwei Kennfrequenzen). Der Grund für den Vorteil der kohärenten Demodulation gegenüber der **Hüllkurven**demodulation ist folgender: Das Rauschen der beiden Seitenbänder wird durch den im Demodulator sich abspielenden Modulationsvorgang zur Hälfte in die doppelte Trägerfrequenzlage hochmoduliert. Der üblicherweise nach dem Demodulator folgende Glättungstiefpaß unterdrückt diesen Anteil.

Vergleich bei zweiwertiger Tastung

Bezieht man die Bitfehlerquote auf den Rauschabstand **nach** der Demodulation (und bevor die Impulse regeneriert sind), also auf das **Rauschen im Basisband**, so ergibt sich für 2-PSK und kohärente Demodulation mit Bezugsphase und für Einseitenband-Modulation eine Kurve, die identisch ist mit der in Bild 8.41. Alle anderen Verfahren und Demodulationsarten geben ein ungünstigeres Bild, d.h. die Kurven sind gegenüber der 2-PSK-Kurve nach rechts verschoben, was besagt, daß bei gleicher Bitfehlerquote das betreffende Verfahren einen höheren Rauschabstand benötigt. Z.B. ist die 2-DPSK mit Synchrondemodulation um ca. 0,3 dB und mit Phasendifferenzdemodulation um ca. 1 dB schlechter. Ihre Kurven sind um 0,3 dB bzw. 1 dB gegenüber der 2-PSK-Kurve nach rechts verschoben. Der Grund liegt in der Differenzkodierung: Ein Bit-Fehler verursacht wegen der notwendigen T_{Bit}-Verschiebung bei der Demodulation noch einen Folgefehler. Zur FSK ist zu sagen, daß bei digitaler Modulation meist mit einem Modulationsindex um 1 herum gearbeitet wird, so daß sie sich bezüglich Bitfehlerhäufigkeit praktisch kaum von ASK unterscheidet. 2-ASK und 2-FSK mit kohärenter Demodulation sind (gemäß Literaturangaben) um 3 dB schlechter und bei der üblichen Hüllkurvengleichrichtung um etwa 4 dB schlechter als 2-PSK.

Höherwertige Tastung

Wegen der Bedeutung der höherwertigen PSK bzw. QAM sollen hier noch einige praktisch erforderliche Störabstände für eine bestimmte Bitfehlerquote zum Vergleich mit 2-PSK angegeben werden (Lit. z.B. [73]). Als Störabstand ist derjenige **im Übertragungskanal** mit der oben angegebenen Definition für R in dB zugrunde gelegt: Eine Fehlerquote von 10^{-6} tritt auf im Verfahren …

2-PSK	4-PSK	8-PSK	16-PSK	16-QAM	32-QAM
bei Störabstand $R_{\text{dB}} \approx$ …					
13 dB	16 dB	22 dB	30 dB	28 dB	32 dB

Man erkennt hier deutlich, daß der Vorteil einer höheren Übertragungsgeschwindigkeit mit höherer Störabstandsforderung bezahlt werden muß.

8.12 Mathematische Zusammenhänge

Der Dirac-Impuls

In der Systemtheorie spielt der Einheitsimpuls (Dirac-Impuls) $\delta(t)$ eine wichtige Rolle. In der Praxis muß er, je nach System, durch einen Impuls möglichst geringer Breite angenähert werden. Zur Erklärung des Dirac-Impulses geht man von der Vorstellung eines sehr schmalen Impulses der Dauer ε und der Höhe $1/\varepsilon$ aus. Mit $\varepsilon \rightarrow 0$ wächst die Amplitude $1/\varepsilon$ (s. Bild 9.16a) extrem. Daher wird er auch zeichnerisch nur symbolisch durch einen senkrecht stehenden Pfeil dargestellt. Seine Fläche $\varepsilon \cdot 1/\varepsilon$ bleibt jedoch konstant gleich Eins, wie klein auch das ε gemacht wird:

$$A = \int\limits_{-\infty}^{+\infty} \delta(t) \mathrm{d}t = 1.$$

Das Besondere am Einheitsimpuls ist sein Spektrum: Die Spektraldichte ist von $-\infty$ bis $+\infty$ stets konstant gleich 1 (Einheit 1/Hz oder s). Damit man gewissermaßen das theoretische Werkzeug für den in der Praxis auftretenden Effekt, daß schmale Impulse und Pulsfolgen mit geringem Tastgrad ein sehr ausgedehntes Spektrum haben (man vergleiche Bild 1.16 und 8.29).

Die si-Funktion

Gibt man einen Dirac-Impuls auf einen idealen Tiefpaß, so entsteht am Ausgang eine Zeitfunktion, die man mit $f(x) = \sin x / x$ beschreiben kann. Sie wird mit $\mathrm{si}(x)$ abgekürzt und als si-Funktion bezeichnet. Auch die Hüllkurven der Spektren von Rechteckpulsfolgen (Bild 8.29) und das Dichtespektrum der Sprungfunktion (Einheitssprung) verlaufen beispielsweise nach dieser Funktion. Sie hat Nullstellen (Bild 8.42) wie die Sinusfunktion $\sin x$ auch, also bei $x = 3{,}14159$ (genauer: bei π) und ganzzahligen Vielfachen mit **Ausnahme** für $x = 0$. Hier geht der Grenzwert der Funktion gegen 1, d.h. $\lim \sin x / x = 1$.

Beispiel: Für $x = 0{,}1$ (rad) ist bereits $(\sin 0{,}1)/0{,}1 = 0{,}998$.

Wegen x im Nenner nehmen die Extremwerte der Funktion umgekehrt proportional zu x ab, wie Bild 8.42 veranschaulicht.

Idealer Tiefpaß und Einschwingverhalten

Durch einen Vierpol oder allgemein ein System mit idealem Tiefpaßverhalten erfahren alle Teilschwingungen des Eingangssignals eine konstante zeitliche Verschiebung um die **Gruppenlaufzeit** t_g. Die Amplitude wird wegen konstanter Dämpfung bei $\omega < \omega_\mathrm{g}$ um einen **konstanten Faktor** $k < 1$ abgesenkt, bei $\omega > \omega_\mathrm{g}$ total unterdrückt (dabei ist $\omega_\mathrm{g} = 2\pi B$; $B = $ Tiefpaßbandbreite in Hz). Bei einem Spannungssprung

$$u_\mathrm{ein}(t) = \hat{u} \cdot \left(\frac{1}{2} + \frac{1}{\pi} \int\limits_{0}^{\infty} \frac{\sin \omega\, t}{\omega} \, \mathrm{d}\omega \right)$$

am Eingang des Vierpols müssen zur Ermittlung des Ausgangssignals das Integral nur bis zur Bandgrenze ω_g, Zeitverschiebung t_g und Übertragungsfaktor $|H(\omega)| = k$ wie folgt berücksichtigt werden:

$$u_\mathrm{aus}(t) = \hat{u} \cdot k \left(\frac{1}{2} + \frac{1}{\pi} \int\limits_{0}^{\omega_\mathrm{g}} \frac{\sin \omega(t - t_\mathrm{g})}{\omega} \cdot \mathrm{d}\omega \right)$$

Ersetzt man $(t - t_\mathrm{g}) \cdot \omega = x$, $(t - t_\mathrm{g}) \cdot \mathrm{d}\omega = \mathrm{d}x$ und ω_g durch $\omega_\mathrm{g} \cdot (t - t_\mathrm{g})$, so ergibt sich

$$u_\mathrm{aus}(t) = \hat{u} \cdot k \left(\frac{1}{2} + \frac{1}{\pi} \int\limits_{0}^{\omega_\mathrm{g}(t - t_\mathrm{g})} \frac{\sin x}{x} \cdot \mathrm{d}x \right).$$

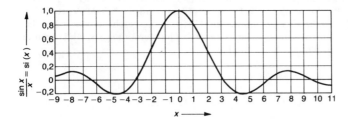

Bild 8.42
Die si-Funktion $\sin x / x$

Hierin kommt der bereits erwähnte Ausdruck si(x) = sin x/x vor, dessen Integral als „Integralsinus" bezeichnet wird: Si(x) = $\int$(sin x/x)dx. Si(x) ist eine ungerade Funktion von x, die mit zunehmendem x pendelnd auf $\pi/2$ zuläuft. Dadurch erklären sich die Überschwinger der in Bild 8.30 dargestellten Zeitfunktion. Nach Einsetzen der Grenzen erhält man

$$u_{aus}(t) = \hat{u} \cdot k \cdot \left(\frac{1}{2} + \frac{1}{\pi} \cdot \text{Si } \omega_g(t - t_g) \right).$$

Einschwingzeit des Tiefpasses

Differenzieren von $u_{aus}(t)$ liefert die Steigung und daraus bei $t = t_g$ die Einschwingzeit:

$$\frac{d\, u_{aus}(t)}{dt} = \hat{u} \cdot k \cdot \frac{1}{\pi} \cdot \omega_g \cdot \text{si } \omega_g(t - t_g)$$

Für $t \to t_g$ geht si$(x) \to 1$. Somit verbleibt für die Steigung im Zeitpunkt t_g:

$$\frac{d\, u_{aus}(t_g)}{dt} = \frac{\hat{u} \cdot k}{\pi/\omega_g}$$

Zähler und Nenner sind Kateten eines Steigungsdreiecks, wobei der Zähler den Endwert des Ausgangssignals, der Nenner die Zeit bis zum Erreichen des Endwerts angibt, also die Einschwingzeit:

$$\tau_e = \frac{\pi}{\omega_g} \,; \text{ da } \omega_g = 2\pi B \text{ ist, ergibt sich } \tau_e = \frac{1}{2\,B}.$$

8.13 Fragen und Aufgaben

1. Wie groß ist die Schrittlänge bei 200 Bd?

2. Wie groß ist die Datenübertragungsgeschwindigkeit von 200 Bd und a) binärer, b) quaternärer Kodierung?

3. Welche Punktfrequenz hat ein 1 : 1-getastetes Signal bei 200 Bd?

4. Welche Einschwingzeit hat ein Rechteckimpuls, der durch einen Tiefpaß mit der Grenzfrequenz 3,4 kHz geht?

5. Wie wirkt sich ein Tiefpaß auf die Oberschwingungen einer Rechteckimpulsfolge aus?

6. Welche Bandbreite braucht ein 200-Bd-Signal bei Gleichstromtastung?

7. Welche Bandbreite braucht ein 200-Bd-Signal, wenn es auf einen Träger mittels AM aufmoduliert ist?

8. Worin unterscheiden sich Frequenz-, Phasen- und Amplitudentastung im Prinzip?

9. Welche Gefahr besteht bei harter Tastung und Nachbarkanalbetrieb?

10. Welche Aufgabe hat das Sendefilter?

11. Welches Merkmal beim Spektrum eines 180° in der Phase getasteten Signals deutet auf die größere Störsicherheit im Vergleich zur Amplituden- und Frequenztastung hin?

Literatur: [18 bis 21, 31, 32, 65, 71 bis 75]

9 Pulsmodulation (PM)

9.1 Arten und Begriffe der Pulsmodulation

Bei den bisher behandelten Modulationsverfahren wurde immer ein **sinusförmiger** Nachrichtenträger proportional zum Modulationssignal entweder in der Amplitude, der Phase oder der Frequenz moduliert. Bei der Pulsmodulation dient dagegen ein **Puls** als Nachrichtenträger, dessen Parameter „Pulsamplitude", „Pulsphase", „Pulsdauer" oder „Pulsfrequenz" proportional zum Augenblickswert der Modulationsamplitude geändert wird (Bild 9.1). Man erhält dann

Puls**a**mplituden**mo**dulation   PAM
Puls**p**hasen**m**odulation   PPM
Puls**d**auer**m**odulation   PDM
oder Puls**f**requenz**m**odulation   PFM
Für PPM findet man auch die Bezeichnungen Pulslage-, Pulspositions- oder Impulsabstandsmodulation. Pulsdauermodulation wird manchmal auch mit Pulsbreiten- oder Pulslängenmodulation bezeichnet. Die Pulszahlmodulation ist mit PFM vergleichbar.

einer Gleichspannung zum Modulationssignal die Nullinie genügend weit verschoben wird. Unipolare Modulation ist leichter zu demodulieren, dagegen ist die bipolare Modulations von der Übertragungskapazität her vorzuziehen.

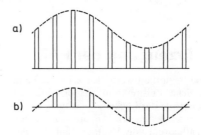

Bild 9.2 a) unipolare, b) bipolare PAM

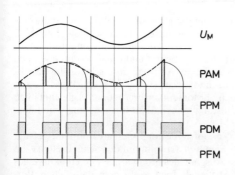

Bild 9.1 Pulsmodulationsarten

Unipolare und **bipolare** Modulation: Bild 9.2 zeigt den Unterschied am Beispiel PAM. Bipolare Modulation entsteht durch direkte Abtastung der Modulationsspannung. Unipolare Modulation entsteht, wenn vor der Abtastung durch Zufügen

Zeitmultiplexverfahren: Im Gegensatz zum Frequenzmultiplexverfahren, der Übertragung mehrerer in der Frequenz versetzter Kanäle auf einer Leitung, werden beim Zeitmultiplexverfahren die Impulse verschiedener Kanäle **zeitlich versetzt** ineinandergeschachtelt auf **einer** Leitung übertragen. Bild 9.3 veranschaulicht dies. Maßgebend für die richtige Zuordnung der Sende- und Empfangskanäle ist die **synchrone Abtastung** am Sendeort und am Empfangsort.
Ein Vorschlag hierzu wurde bereits im Jahr 1853 von dem Amerikaner M.B. Farmer gemacht. Der Franzose J. M. E. Baudot übertrug mit einem derartigen Gerät 1878 bis zu sechs Telegrafiesignale. Telefonieübertragung glückte dem Amerikaner W. M. Miner im Jahr 1903 mit der bereits relativ hohen Abtastfrequenz von 4 KHz. Durch die Abkehr vom mechanischen Schalter sowie von Röhrenschaltungen bestehen heute infolge der Anwendung digitaler Schaltungen in integrierter Technik wesentlich bessere Voraussetzungen für die Entwicklung der Pulsmodulation.

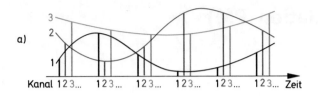

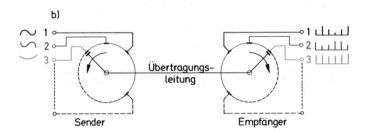

9.2   Erzeugung der PAM

Es ist eine bemerkenswerte Tatsache, daß eine kontinuierliche Zeitfunktion aus diskreten Signalwerten, trotz der Lücken, vollständig rekonstruiert werden kann. Die Theorie dazu liefert das Abtasttheorem von *Shannon* (näheres Abschnitt 9.6). Damit Nachrichtenübertragung mit Pulsmodulation möglich ist, muß das Frequenzspektrum der Nachricht nach oben begrenzt sein, z.B. durch einen Tiefpaß vor der **Abtastung**. Bei Telefonie übernimmt diese Aufgabe ein Bandpaß 300 Hz bis 3,4 kHz, der zwecks Bandbreiteeinsparung das Band zugleich nach unten beschränkt. Theoretisch muß die Abtastfrequenz zur Erzeugung der PAM $f_A \geq 2 \cdot f_{M\,max}$ sein ($f_{M\,max}$: höchste Frequenzkomponente im Modulationssignal), praktisch wird aus Gründen der Demodulation ein genügend großer Abstand zur **doppelten Signalfrequenz** gewählt, wie die folgenden Beispiele zeigen. Dementsprechend ist die Abtastperiode $T_A = 1/f_A < 1/(2 \cdot f_{M\,max})$.

Beispiele:	$f_{M\,max}$	f_A
Telefonie	3,4 kHz	8 kHz
CD-Technik	20 kHz	44,1 kHz
Leuchtdichtesignal (dig. Fernsehen)	6 MHz	13,5 MHz
Dig. Tonkanäle Studio→Sender (UKW)	15 kHz	32 kHz
MW, LW, KW	4,5 kHz	7 kHz

PAM wird durch Abtasten des Signals mittels eines elektronischen Schalters erzeugt, wobei die Frequenz des Abtastpulses mindestens das Doppelte der höchsten Signalfrequenz betragen muß.

In der Theorie gewinnt man die Momentanwerte mit „Dirac-Impulsen" (sehr schmale Impulse). Praktisch muß man jedoch mit Impulsen endlicher Breite arbeiten und erhält dadurch je nach verwendetem Abtaster unterschiedliche Ergebnisse, und zwar (Lit. [73]) eine PAM 1. Art (auch „Momentanwert-" oder „gleichmäßige Abtastung", engl. „Flat top sampling") und eine PAM 2. Art (Verlaufsabtastung).

● **Verlaufsabtastung:** Gemäß Bild 9.4a gelangt das Signal $u_M(t)$ während der Schließzeiten t_i an den Ausgang des Modulators. Die Hüllkurve des PAM-Signals folgt exakt dem natürlichen Verlauf von $u_M(t)$. Der Schalter liefert eine bipolare PAM. Das gleiche Ergebnis hätte man bei Anwendung eines Multiplizierers (Bild 9.4b) mit einer Multipliziererkonstanten $k = 1\ 1/V$ und positiven Abtastimpulsen $u_A = 1$ V. Der Schalter kann aber auch ein bipolarer Transistor, ein Feldeffekttransistor oder eine Diode sein (Bild 9.5). Hierin ist Schaltung c gewissermaßen ein Diodenmultiplizierer (Gegentaktmodulator)

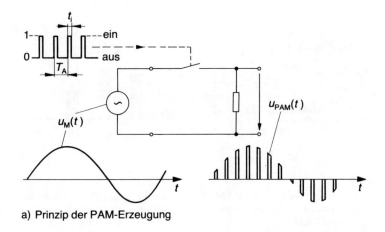

a) Prinzip der PAM-Erzeugung

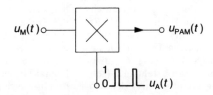

b) PAM-Erzeugung mit Multiplizierer

Bild 9.4   Erzeugung von PAM (Verlaufs-abtastung)

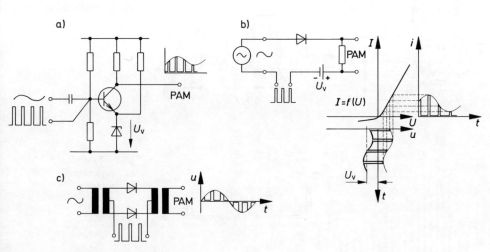

Bild 9.5   a), b) unipolare, c) bipolare PAM-Erzeugung

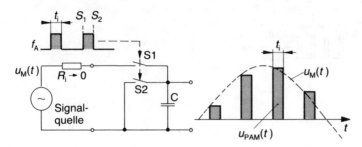

Bild 9.6 PAM-Erzeugung, Momentanwertabtastung

und erzeugt eine bipolare PAM, die anderen (a und b) liefern wegen der positiven Vorspannung unipolare PAM.

● **Gleichmäßige Abtastung:** Sie entsteht bei der Schaltung nach Bild 9.6 durch die Speicherwirkung des Kondensators. Zu Beginn des Abtastimpulses schließt S1 kurzzeitig und lädt C rasch auf den Momentanwert $u_M(t)$ auf. Am Ende des Abtastimpulses schließt S2 kurzzeitig: C entlädt sich. Während der ganzen Zeit t_i steht an C (sehr hochohmige Belastung vorausgesetzt) der Momentanwert zur Verfügung.

● **Treppenspannung** entsteht durch eine Momentanwertabtastung mit der sogenannten „Ab-

tast-Halte-Schaltung" (Bild 9.7): Der dem Kondensator über den niederohmigen Innenwiderstand der Quelle und den kurzzeitig geschlossenen Schalter aufgezwungene Momentanwert hält sich (wegen extrem hochohmiger Belastung des Kondensators). Beim nächsten Schalten lädt sich der Kondensator auf den neuen Momentanwert um usw. Sendeseitig wird die Abtast-Halte-Schaltung z. B. eingesetzt, wenn zwecks Analog-Digital-Umsetzung der jeweilige Momentanwert für eine gewisse Zeit zur Verfügung stehen muß. Bevorzugt angewandt wird die Schaltung jedoch im Empfänger zur Demodulation (näheres Abschnitt 9.4).

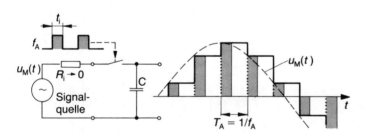

Bild 9.7 Prinzip der Abtast-Halte-Schaltung

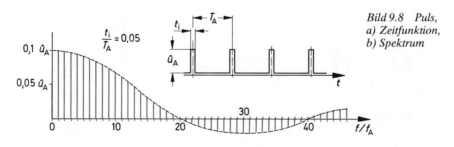

Bild 9.8 Puls, a) Zeitfunktion, b) Spektrum

160

9.3 Spektrum bei PAM

Da bei der PAM-Erzeugung mit Pulsen, insbesondere mit Rechteckpuls-Spannungen gearbeitet wird, interessieren zunächst die Merkmale des unmodulierten Pulsspektrums. Die Fourier-Analyse des unmodulierten Pulses ergibt ein ausgedehntes Spektrum mit einer Hüllkurve entsprechend der si-Funktion (Bild 9.8). Der größte Teil der **Impulsleistung** wird von denjenigen Spektrallinien transportiert, die zwischen der Frequenz 0 und der des ersten **Hüllkurven-Nulldurchgangs** liegen. Ihre Zahl läßt sich leicht aus dem Tastverhältnis ermitteln: Sie ist die vom Tastverhältnis aus gerechnet nächstkleinere ganze Zahl.

Beispiel: Pulsdauer 4 µs, Abtastperiode 125 µs. Tastverhältnis folglich 125/4 = 31,25; nächstkleinere ganze Zahl 31, folglich befinden sich zwischen der Frequenz 0 und der ersten Hüllkurvennullstelle 31 Spektrallinien.

Die Frequenz der ersten Hüllkurvennullstelle läßt sich leicht bestimmen:

> Die erste Nullstelle der Hüllkurve des Pulsspektrums liegt bei der Frequenz $f = 1/t_i$.

Beispiel: Ein Sprachsignal soll mit Impulsen $t_i = 4$ µs abgetastet werden. Die erste Hüllkurvennullstelle des Pulsspektrums liegt also bei 1/4 µs = 250 kHz.

Die Amplituden der Spektrallinien sowie der im Puls enthaltene Gleichanteil hängen vom Tastgrad ab. Der Gleichanteil ist der arithmetische Mittelwert $u_A \cdot t_i/T_A$. Der Spitzenwert der ersten Harmonischen läßt sich (bei kleinem Tastgrad) leicht überschlägig ermitteln: er ist etwa doppelt so groß wie der Gleichanteil.

> Der Gleichanteil im Pulsspektrum ist gleich dem Produkt aus Pulsamplitude mal Tastgrad. Bei kleinen Tastgraden ist die Amplitude der ersten Harmonischen etwa doppelt so groß wie der Gleichanteil.

Beispiel: Eine Pulsfolge mit Tastverhältnis 10 (entspr. Tastgrad ¹⁄₁₀) und einem Spitzenwert von 5 V enthält einen Gleichanteil von 5 V · ¹⁄₁₀ = 0,5 V, die erste Harmonische ist mit einem Spitzenwert von etwa 0,5 V · 2 = 1 V enthalten.

Die Amplituden der Harmonischen niederer Ordnung, also im Bereich des Maximums der si-Hüllkurve, sind nahezu gleich groß. Sie nehmen zwar mit zunehmender Ordnungszahl ab, aber um so **weniger**, je **schmäler** die Impulse sind, weil die erste Nullstelle in der Hüllkurve des Spektrums mit abnehmendem Tastgrad zunehmend in Richtung höherer Frequenz wandert (womit sich auch das konstante Dirac-Impuls-Spektrum plausibel machen läßt). Engt man das Spektrum ein, verliert der Impuls seine Rechteckform. Bild 9.9 zeigt einen Impuls, Tastverhältnis 10, bei dem alle Spektrallinien oberhalb des ersten **Hüllkurvennulldurchgangs** unterdrückt wurden. Wie man sieht, reichen die ersten 9 Spektrallinien einschließlich des Gleichanteils aus, um den Impuls zumindest hinsichtlich Impulsdauer und Amplitude wiederzugeben. Eine weitere Einengung des Spektrums (in Beispiel Bild 9.9 rechts, nur noch 4 Spektrallinien berücksichtigt) ergibt eine (meist nicht mehr zulässige) **Impulsverformung**: Die wenigen Spektrallinien superponieren sich nicht mehr zur vollen Impulsamplitude; zugleich erscheint der Impuls stark verbreitert.

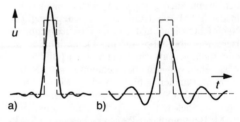

Bild 9.9 Wirkung der Begrenzung des Spektrums bei Impulsen (Tastgrad 0,1)
a) ab der 10. Spektrallinie
b) ab der 5. Spektrallinie

Welcher Zusammenhang besteht nun zwischen unmoduliertem und **moduliertem** Puls? Bild 9.4b zeigt den Abtastvorgang als einen Multiplikationsprozeß. Abtasten eines Signals $u_M(t)$ bedeutet damit aber auch, daß es mit allen im Spektrum des Pulses enthaltenen Schwingungen multipliziert wird. Bildlich gesprochen: Man muß sich am unteren Eingang des Multiplizierers von Bild 9.4b einen Frequenzgenerator vorstellen, der eine immense Anzahl von harmonischen Trägerschwingungen gleichzeitig einspeist und jede dieser Schwingungen mit $u_M(t)$ moduliert.

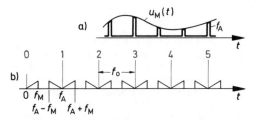

Bild 9.10   Modulierter Puls (PAM)
a) Zeitfunktion, b) Spektrum

Der Puls ist also ein Nachrichtenträger, der gleichzeitig eine **Vielzahl von Trägerschwingungen** konstanten Frequenzabstands bereitstellt. Nun wissen wir aber von der analogen Modulation her, daß bei der Multiplikation von Teilschwingungen unterschiedlicher Frequenz Seitenschwingungen bzw. Seitenbänder entstehen. Also ist klar:

> Das PAM-Spektrum weist so viele obere als auch untere Seitenbänder auf, wie der unmodulierte Puls Spektrallinien hat.

Vermittels des im unmodulierten Puls enthaltenen, wenn auch geringen, Gleichanteils gelangt in das PAM-Spektrum auch das **ursprüngliche** Nachrichtensignal $u_M(t)$ in der Originalfrequenzlage, was überhaupt für die Demodulation als eine wichtige Tatsache zu gelten hat (Bild 9.10). Abgesehen von den eben genannten grundsätzlichen Merkmalen gibt es noch gewisse Unterschiede in den Spektren. Wesentlich verschieden sind die Spektren von bipolarer und unipolarer PAM: Bei unipolarer PAM erscheinen im Spektrum die „Trägerlinien" und jeweils links und rechts davon (Bild 9.10) die **Seitenbänder** aus $u_M(t)$. Bei bipolarer PAM sind die Trägerlinien unterdrückt. Dies wird plausibel, wenn man die entsprechenden Modulationsschaltungen vergleicht: Die als Abtaster verwendeten Schaltungen (Bild 9.4b und Bild 9.5c) stellen ja nichts anderes dar als Modulatoren, wie sie bei der analogen Modulation zur Trägerunterdrückung (ZM) verwendet werden! Ursache dafür, daß bei unipolarer Modulation die Trägerlinien erhalten bleiben, ist die Einspeisung des Modulationssignals $u_M(t)$ zusammen mit einem Gleichanteil, wie es die PAM-Modulatoren der Bilder 9.5a und b zeigen. Ebenso wie für die gewöhnliche AM gilt auch für die unipolare PAM, daß die Mitübertragung des Trägers nachrichtentech-

nisch keinen Vorteil bringt. In beiden Fällen entsteht bei der Demodulation als Nebenprodukt ein an sich nutzloser Gleichanteil.
Bild 9.10 zeigt das Spektrum der Verlaufsabtastung. Bei ihm sind die zusammengehörigen Seitenbänder symmetrisch. In dieser Hinsicht unterscheidet sich das der Momentanwertabtastung: Seine zusammengehörigen Seitenbänder sind in der Amplitude leicht unsymmetrisch. Bei Pulsen mit großem Tastverhältnis ist dies unbedeutend.
Von entscheidender Bedeutung für die PAM-Übertragung ist, daß die Seitenbänder sich **nicht überschneiden**. Dies wäre z.B. der Fall, wenn das Nachrichtensignal $u_M(t)$ eine Frequenzkomponente enthalten würde, die größer als die halbe Abtastfrequenz wäre (Bild 9.15). Im Empfänger ergeben derartige Komponenten störende sogenannte „**Alias**-Schwingungen" (siehe Kap. 9.5).
Spektren bei Zeit- und bei Frequenzmultiplexbetrieb: PAM benötigt nicht weniger, sondern sogar mehr Übertragungsbandbreite als Mehrkanalübertragung in der konventionellen Trägerfrequenztechnik. Damit sich der Leser über die Anwendungspraxis von PAM keine falschen Vorstellungen macht, sei hier bereits angemerkt, daß PAM als Übertragungsverfahren praktisch keine Bedeutung hat, sondern lediglich als Zwischenstufe für die Erzeugung anderer Pulsmodulationen (PPM, PDM, PFM und PCM) dient. Daher ist der folgende Vergleich mehr theoretischer Natur.
Beispiel: 30 Kanäle je 0,3 bis 3,4 kHz. Vergleich der benötigten Übertragungsbandbreite:
a) bei TF-Technik pro Kanal 4 kHz Bandbreite ergibt (wegen Einseitenbandbetrieb) $B_{\ddot{u}}$ = 4 kHz · 30 Kanäle = 120 kHz;
b) bei PAM-Übertragung Abtastfrequenz f_A = 8 kHz → T_A = 125 µs. Man müßte eine Impulszeit von etwa t_i = 125 µs/30 Kan. = 4,2 µs pro Kanal vorsehen (Abstandsreserve ist darin noch nicht berücksichtigt!). Notwendig wäre daher mindestens eine Bandbreite $B_{\ddot{u}}$ = 1/4,2 µs = 240 kHz und bei halber Impulsbreite wegen Abstandsreserve sogar 480 kHz.
In jedem der beiden vorgenannten Fälle wird eine Vielzahl von Spektren gleichzeitig übertragen. Bemerkenswert ist, daß beim Frequenzmultiplexbetrieb (TF-Technik) alle Teilspektren unterschiedliche Nachrichteninhalte tragen, während bei Zeitmultiplexbetrieb die Bänder gleichen Nachrichteninhalt haben, der sich entsprechend dem 8-kHz-Takt gewissermaßen zeitlich laufend ändert.

162

9.4 Demodulation von PAM

Man muß unterscheiden, ob ein Einzelkanal in PAM vorliegt oder ob ein Zeitmultiplexsignal zur Demodulation ansteht. Liegt ein Einzelkanal in PAM vor, so ist es am einfachsten, ihn mit einem Tiefpaß zu demodulieren. Da aber der eigentliche Zweck der PAM in der Zeitmultiplexübertragung besteht, werden üblicherweise die Impulse im Demultiplexer mit einer Abtast-Halte-Schaltung demoduliert. Bei der **Tiefpaß-Demodulation** wird das PAM-Signal auf einen Tiefpaß mit der Grenzfrequenz $f_g < f_A/2$ gegeben. Dieser unterdrückt alle im PAM-Spektrum enthaltenen höherfrequenten Spektralanteile und wertet nur das tieffrequente Band im Spektrum aus, nämlich denjenigen Anteil, der bei der sendeseitigen Signalmultiplikation mit dem Gleichstrommittelwert des Trägerpulses ($u_A \cdot t_i/T_A$) ins PAM-Spektrum gelangt ist (Bild 9.11a).

> Der Tiefpaß-Demodulator entnimmt dem PAM-Signal das in der natürlichen Frequenzlage enthaltene Band.

In der Zeitfunktion der PAM erscheint dieser Signalanteil als der Mittelwert $u_M(t) \cdot t_i/T_A$ (Bild 9.11b). Wie leicht einzusehen ist, wird aus der Gesamtleistung nur ein sehr geringer Teil verwertet. Dieser ist proportional zum Tastgrad. Man stellt sich hier unwillkürlich die Frage: Wozu der große Aufwand mit den vielen Spektralkomponenten hoher Frequenz, wenn doch nur das tieffrequente Band verwertet wird? Die Antwort gibt ein Blick auf Bild 9.9a. Die **höherfrequenten** Spektralkomponenten sind so lange notwendig, wie die Impulse im Zeitmultiplexbetrieb auf dem **gemeinsamen** Übertragungskanal transportiert werden. Die vielen höheren Spektralanteile sorgen dafür, daß jeder Impuls **seine Form** in etwa beibehält. Jegliche Frequenzbeschränkung im Übertragungskanal führt zur Verbreiterung der Impulse bzw. verursacht Nachschwingen (Bild 9.9b) mit der Gefahr des „**Rahmennebensprechens**" im Multiplexsignal. Eine eventuelle Tiefpaß-Demodulation darf daher erst nach dem Demultiplexen einsetzen.

Eine viel bessere Ausbeute der im Spektrum transportierten Leistung erhält man mittels einer **Abtast-Halte-Schaltung**. Das Abtast-Halte-Prinzip (sample and hold) wurde bereits als mögliche spezielle Modulationsschaltung im Bild 9.7 dargestellt. Bietet man ihr PAM-Impulse an (Bild 9.12, über den jeweils kurzzeitig synchron im Rhythmus des Abtasttakts f_A geschlossenen Schalter), so lädt sich C auf den Spitzenwert des gerade anstehenden PAM-Impulses auf und hält den Wert.

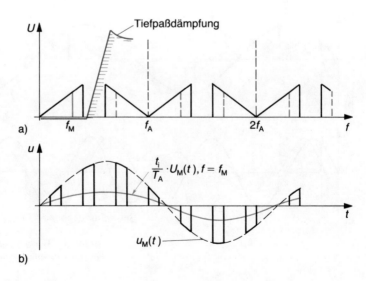

Bild 9.11
Demodulation mit Tiefpaß

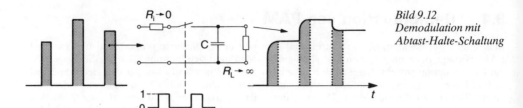

In der Abtast-Halte-Schaltung werden die jeweiligen Impulsspitzen des PAM-Signals abgetastet und über eine Abtastperiode gespeichert. Die Schaltung wertet die Signalleistung daher besser aus.

Der Kondensator kann sich beim folgenden Schaltvorgang nach rückwärts über den **niederohmigen** Innenwiderstand der treibenden Quelle **entladen**, wenn kein weiterer Impuls ansteht; andernfalls lädt sich C rasch auf den anstehenden neuen **Impulsspitzenwert** auf. Eine Entla-

dung über die hochohmige Last R_L parallel zu C kommt praktisch nicht in Frage. Der Vorteil der Abtast-Halte-Schaltung ist, daß die am Speicherkondensator verfügbare Spannung wesentlich größer ist als der Gesamteffektivwert des PAM-Signals. Es handelt sich hier um eine Art Spannungstransformation. Mit dieser geht eine Widerstandstransformation einher: Der relativ hohe Entladewiderstand R_L erscheint heruntertransformiert mit einem Widerstandsverhältnis etwa gleich dem Tastgrad am Eingang der Abtast-Halte-Schaltung. Diese Eigenart erinnert an einen Spitzengleichrichter.

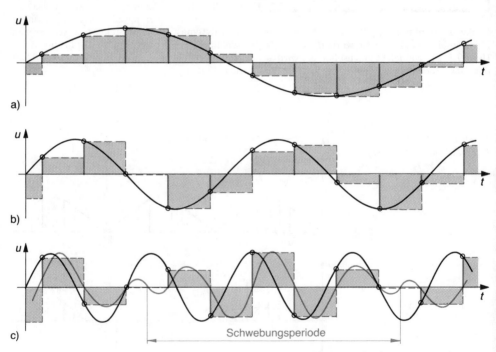

Bild 9.13   Wirkung der Abtast-Halte-Schaltung bei zunehmender Signalfrequenz f_M

Die **Wirkung** einer **Abtast-Halte-Schaltung** soll anhand von Sinus-Sende-Signalen zunehmender Frequenz (ca. 10%, 20% und 40% der Abtastfrequenz f_A) mit den Bildern 9.13a bis c dargestellt werden. Die fett rot gezeichneten Augenblickswerte symbolisieren die gesendeten Abtastwerte, die roten Flächen verdeutlichen das Signal im Empfänger nach der Abtast-Halte-Schaltung. Die Stufenspannung (rot) verlangt eine Glättung, d. h., ohne **Tiefpaß** kommt auch die Demodulation mittels Abtast-Halte-Schaltung nicht aus. Dieser liefert den mittleren Verlauf der roten Treppenspannungen als das gewünschte niederfrequente Signal. Im Bild b sind wegen der höheren Frequenz die Stufen stärker ausgeprägt, und man kann sich gut vorstellen, daß sich dies in einer geringeren Amplitude der Signalschwingung am Tiefpaßausgang bemerkbar macht. Tatsächlich verursacht die Abtast-Halte-Schaltung einen nicht zu vernachlässigenden **Amplitudengang**, der an der Grenze ($f_M = f_A/2$) immerhin 3,9 dB (entsprechend einem Faktor $2/\pi$) beträgt. Dies wird erst recht deutlich, wenn man Bild 9.13c mit den vorhergehenden vergleicht. Hier tritt nämlich u. a. eine Schwebung (blau dargestellt) deutlich zutage, die sich in der Stufenspannung verbirgt. Es ist dies die

Schwebung des gewünschten niederfrequenten Signals (Frequenz f_M) mit der im PAM-Spektrum enthaltenen **untersten** der unteren Seitenschwingungen (Frequenz $f_A - f_M$). Damit hat der Tiefpaß auch in diesem Fall die wichtige Aufgabe, die untere Seitenschwingung des PAM-Signals zu unterdrücken.

Beispiel: Im Bild 9.13c beträgt die Frequenz der Signalschwingung $41,\overline{6}$% der Abtastfrequenz, bei $f_A = 8$ kHz also $3,\overline{3}$ kHz. Die Schwebungsfrequenz ist rund $1,\overline{3}$ kHz, folglich enthält die Schwebung die beiden Schwingungen $3,\overline{3}$ und $4,\overline{6}$ kHz! ($4,\overline{6}$ kHz ist in diesem Fall die Frequenz der unteren Seitenschwingung, die der Tiefpaß nach der Abtast-Halte-Schaltung unterdrücken muß.)

Die **Entzerrung** des Amplitudengangs innerhalb des niederfrequenten Gesprächskanals erfordert entweder ein zusätzliches Entzerrernetzwerk, oder man bewirkt den Ausgleich durch geeignete Dimensionierung des sowieso nötigen Glättungstiefpasses. Die Abtast-Halte-Schaltung in Kombination mit nachfolgendem Tiefpaß ist gegenüber der reinen Tiefpaßdemodulation nur scheinbar ein Mehraufwand, da die Abtast-Halte-Schaltung ohnehin im Demultiplexer gebraucht wird.

9.5 Übertragungsprobleme

Rahmennebensprechen

Bei Zeitmultiplexbetrieb werden die Kanäle zeitlich innerhalb eines zeitlichen „Rahmens" übertragen. Dabei können Störungen auftreten, die von zeitlich benachbarten Kanälen herrühren. Im Unterschied zum Nebensprechen zwischen räumlich benachbarten Signalen (z. B. Nah- und Fernnebensprechen) bezeichnet man diese **Zeitkanalstörungen** als Rahmennebensprechen. Die Ursache dafür sind im wesentlichen Impulsverbreiterung und Nachschwinger. Darauf wurde bereits beim Spektrum und bei der Demodulation hingewiesen. Bild 9.14 zeigt, wie ein von einer Abtast-Halte-Schaltung übernommener Wert mit einem störenden Anteil eines vorangehenden Impulses behaftet ist. Besonders unerwünscht ist **verständliches** Nebensprechen. Eine Nebensprechdämpfung von 60 dB bedeutet ein Spannungsverhältnis von $1:10^3$. Also muß der störende Spannungsanteil unter 0,1% bleiben. Da die Nachschwinger der Impulse gemäß Bild 9.14 eine ganz bestimmte Periodizität haben, wäre es vorstellbar, die Abtastzeit so zu schieben, daß die Abtastung genau dann wirkt, wenn **Nachschwinger** vorhergehender Impulse durch Null gehen. Der Abtastrhythmus ist jedoch gewöhnlich fest vorgegeben und hängt von der Abtastfrequenz und der Kanalzahl ab. Eine andere Überlegung wäre, die Bandbreite des Multiplexübertragungssystems geeignet zu wählen. Die Abstände der Nulldurchgänge sind nämlich (bei steiler Bandbegrenzung) gleich dem Reziprokwert der doppelten Tiefpaßbandbreite des Systems. Die genannten Überlegungen zur Erzielung eines Maximums an Übersprechdämpfung würden wegen enge Toleranzforderungen an den Abtastzeitpunkt bzw. den Synchronismus zwischen Sendetakt und Abtasttakt bzw. unrealistische Vorschriften an das Übertragungsband stellen. Sinnvoller ist es, das Nachschwingen und die Impulsverbreiterung durch besondere Impulsformen möglichst schon sendeseitig zu unterdrücken (z. B. $\cos^2$-Impulse, s. auch Abschnitt 8.9).

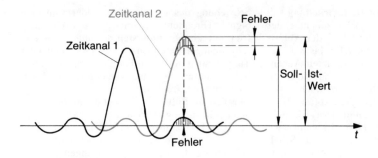

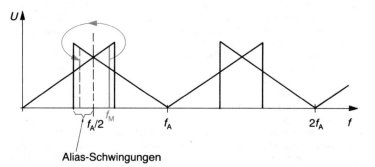

Bild 9.15   Alias-Effekt
(Faltungsverzerrung)

Alias-Effekt, Unterabtastung

Enthält das abzutastende Signal $u_M(t)$ eine Schwingung mit der Frequenz $f_M > f_A/2$, so entsteht eine Störung, die man als **Alias-Effekt** bezeichnen kann („alias" = sonst, lateinisch; englisch „aliasing", gesprochen „älajesing"). Eine solche Schwingung erscheint im Empfänger gewissermaßen „unter anderem Namen" im demodulierten Signal (Bild 9.15).

Beispiel: Abtastfrequenz $f_A = 8$ kHz. Die unerlaubte Frequenzkomponente $f_M = 5$ kHz wird im untersten der unteren Seitenbänder als Seitenschwingung mit der Differenz $(8-5)$ kHz transportiert und wandert als Alias-Schwingung mit der störenden Frequenz 3 kHz durch den Demodulatortiefpaß.

Hier wird das **Abtasttheorem verletzt**, welches verlangt, daß das Spektrum der abzutastenden Signalfunktion $u_M(t)$ für alle Frequenzen $f \geq f_A/2$ Null sein muß.

Daher müssen die Kanaleingänge von Pulsmodulationssystemen einen entsprechenden Tiefpaß besitzen (vornehm ausgedrückt: Anti-aliasing-Tiefpaß).

Analoges ergäbe sich bei der sogenannten **Unterabtastung**, d. h. der Abtastung eines auf $f_{M\,max}$ bandbegrenzten Signals, das mit einer zu niedrigen Frequenz $f_A < 2 \cdot f_{M\,max}$ abgetastet wird.

Beispiel: Bandbegrenzung im Sender und Empfänger auf 3,4 kHz, Abtastung mit nur 6,7 kHz. Im untersten der unteren Seitenbänder wird eine Seitenschwingung $(6,7-3,4)$ kHz transportiert und gelangt als Alias-Schwingung mit der Frequenz 3,3 kHz durch den Demodulatortiefpaß. Da das Abtasttheorem bereits verletzt ist, wenn die Abtastfrequenz auch nur geringfügig kleiner ist als das doppelte der höchsten Signalfrequenz, ist einzusehen, daß in der Praxis Abtastfrequenzen gewählt werden, die einen genügend großen Sicherheitsbereich zwischen den Seitenbändern aufweisen.

Rauschen, selektive und impulsförmige Störer

Rauschen und selektive Störer werden bei Zeitmultiplexbetrieb im Demultiplexer in die einzelnen Kanäle „verteilt". Anders als bei Frequenzmultiplexbetrieb bekommt jeder Kanal dabei seinen Anteil (bei FDM wird nur derjenige Kanal gestört, in dessen Frequenzbereich der selektive Störer oder das Rauschen fällt). Anders ist es bei Impulsstörern. Es wird bei Zeitmultiplexbetrieb derjenige Kanal gestört, der gerade zeitgleich mit dem Störimpuls ist. Im übrigen weist PAM genau wie die gewöhnliche Amplitudenmodulation mit Sinusträger gegenüber Rauschstörungen keinen Vorteil auf.

9.6 Impulsantwort und Abtasttheorem

Ein idealer Tiefpaß „antwortet" auf einen am Eingang liegenden Dirac-Impuls mit einem Ausgangsimpuls der Funktion sin x/x (Bild 9.16a). Der Dirac-Impuls kann in der Praxis durch einen möglichst schmalen Impuls nur annähernd dargestellt werden. Auch der ideale Tiefpaß ist nur theoretisch denkbar: **konstante** Dämpfung bis zur Grenzfrequenz, unendlich große Flankensteilheit beim Übergang in den Sperrbereich und **linearer** Phasengang im ganzen Frequenzbereich. Ein solches idealisiertes System wird als „nichtkausal" bezeichnet, weil die „Vorschwinger" der Impulsantwort theoretisch zur Zeit $t = -\infty$ bereits beginnen. Die Besonderheit der Impulsantwort unter diesen idealen Voraussetzungen ist, daß die Nulldurchgänge der Vor- und Nachschwinger im Abstand $T = 1/(2 B_N)$ auftreten, mit B_N als Grenzfrequenz des idealen, d. h. bei $f > B_N$ ideal sperrenden Tiefpasses (Nyquistbandbreite). Die unmittelbar beidseitig des Impulses auftretenden ersten Nulldurchgänge haben einen Abstand von $1/B_N$ zueinander.

Beispiel: Da die Impulsantwort eine Zeitfunktion ist, steht im Argument der si-Funktion die Zeitvariable, und die Funktion lautet si$(\pi t/T)$. Beim Tiefpaß mit $B_N = 4$ kHz ist $T = 1/(2 \cdot 4$ kHz$)$ $= 125$ µs und folglich die Impulsantwort si$(\pi t/125$ µs$)$. Sie hat Nullstellen für $t = \pm 125$ µs und für ganzzahlige Vielfache davon.

Bei dem von J. C. E. *Shannon* im Jahre 1949 angegebenen **Abtasttheorem** für den Zeitbereich wird eine Aussage darüber gemacht, unter welcher Voraussetzung eine Zeitfunktion durch diskrete Abtastwerte beschrieben werden kann. Es besagt sinngemäß:

> Eine Zeitfunktion, deren Spektrum ausschließlich im Bereich $0 \leq f \leq B_N$ liegt, wird vollständig durch Abtastproben beschrieben, wenn das Abtastintervall $T \leq 1/(2 B_N)$ ist.

Es wird also vorausgesetzt, daß die Zeitfunktion $s(t)$ bandbegrenzt ist, also ihr Spektrum $S(f) = 0$ für $f > B_N$ ist. Rein theoretisch kann man sich vorstellen, daß eine Funktion, die die Bedingung nicht erfüllt, erst einmal mit einem **idealen** Tiefpaß auf die genannte Bedingung **eingeschränkt** wird. Überdies muß man sich unter „Abtastproben" Momentanwerte vorstellen, die theoretisch mittels **Dirac-Impulsen** im Abstand T_A gewon-

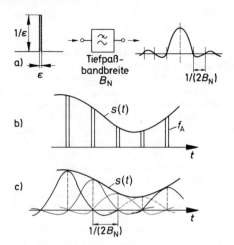

Bild 9.16 Wirkung des Tiefpasses: a) Impulsverformung, b) PAM, Tiefpaßeingang, c) Rekonstruktion des Signals aus diskreten Abtastimpulsen durch Tiefpaß

nen werden (Bild 9.16b). Die Rekonstruktion von $s(t)$ läßt sich einfach mit Hilfe der Impulsantwort am Ausgang eines idealen Tiefpasses verständlich machen: Die Abtastproben liefern im „Empfänger" am Tiefpaßausgang Impulsantworten in Form von **si-Funktionen**, deren Hauptmaxima (Bild 9.16c) im Abstand T_A der sendeseitigen Abtastperiode auftreten. Wenn nun der in diesem „Gedankenexperiment" verwendete ideale Empfangstiefpaß exakt die Bandbreite $B_N = 1/(2 T_A)$ hat, dann treten die Nulldurchgänge aller si-Funktionen ebenfalls im Abstand T_A und gerade in den Zeitpunkten auf, wo Hauptmaxima liegen, so daß sich die superponierten si-Funktionen im Abtastmoment nie gegenseitig stören. Die Augenblickswerte der Hauptmaxima sind daher genau proportional zum Momentanwert $s(t)$ in den Abtastzeitpunkten. Interessanterweise gilt dies aber auch für die superponierten si-Funktionswerte dazwischen, so daß die **Superposition** aller si-Funktionen bis auf einen konstanten Faktor die **ursprüngliche** Zeitfunktion $s(t)$ repräsentiert.

Es wäre unrealistisch, bis an die Grenze $T = 1/(2 B)$ gehen zu wollen, indem man nun eine Abtastfrequenz $f_A = 2 \cdot B$ wählen würde (mit $B = f_{M max}$), da es keinen idealen Tiefpaß gibt, mit dem man ein derart bandbegrenztes Signal erzeugen kann. Abgesehen davon können die Dirac-Impulse nur unvollkommen realisiert werden. Daher weisen alle Systeme zur Übertragung von Sprache und Musik, wie in Abschnitt 9.2 bereits gezeigt, Abtastfrequenzen auf, die genügend weit **über** der **doppelten Signalfrequenz** liegen. Aber selbst, wenn ein idealer Tiefpaß möglich wäre, scheint es schwierig, die Frequenzkomponente $f_{M\,max}$ zu übertragen, beispielsweise wenn eine harmonische Schwingung im Signal dauernd im Nulldurchgang abgetastet würde. In der Literatur (z.B. *Hölzler/Holzwart:* Pulstechnik) wird angegeben, daß die Grenze erfaßt werden kann, wenn das gegebene und das dazu gebildete „orthogonale" Signal jeweils mit der halben Abtastrate übertragen werden. Hierzu ein Phänomen des Spektrums in folgendem **Versuch:** Man verwende in diesem Versuch, um das Problem der Bandbegrenzung zu umgehen, als zu übertragendes Analogsignal eine einzelne harmonische Schwingung, $u(t) = \hat{u} \cdot \cos \omega_M t$, anschließend die dazu „orthogonale" Schwingung $u(t) = \hat{u} \cdot \sin \omega_M t$. Man tastet mit einem Puls der Frequenz $f_A = 2 \cdot f_{M\,max}$ ab. Mit zunehmender Frequenz f_M des Modulationssignals nähert sich die im Spektrum auftretende Originalschwingung (Frequenz f_M) der unteren Seitenschwingung (Frequenz $f = f_A - f_M$). Bei Erreichen von $f_{M\,max}$ „verschmelzen" die Spektrallinien zur doppelten Amplitude, wenn die Kosinusschwingung abgetastet wurde. Abtasten der Kosinusschwingung heißt nämlich in der Zeitfunktion: Abtasten im Maximum!

Beim Abtasten der Sinusschwingung ist es daher nicht verwunderlich, daß die Seitenschwingungen im Spektrum verschwinden, wenn die Grenze des Abtasttheorems erreicht wird: Abtasten der Sinusschwingung, Frequenz $f_{M\,max}$, mit der Abtastfrequenz $f_A = 2 \cdot f_{M\,max}$ heißt nämlich: Abtasten der Nulldurchgänge des Sinussignals! Hiermit wird plausibel, daß die unterschiedliche, von der Phasenlage abhängige Signalverarbeitung an der Bandgrenze nur durch das gemeinsame Übertragen getasteter orthogonaler Signale machbar wäre.

Bleibt man, wie in der Praxis üblich, etwas unter der Grenze des Abtasttheorems, so kann man sich das Phänomen der Übertragung eines kontinuierlichen Signals mittels weniger diskreter Abtastwerte leicht anhand eines Beispiels verständlich machen.

Beispiel: Eine Schwingung $u(t) = \hat{u} \cdot \sin (2 \pi f t + \varphi)$ enthält die Parameter $\hat{u}$, f und φ. Sind die drei Parameter dem Empfänger unbekannt, kann er sie sich aus drei Wertepaaren, nämlich (u_1, t_1), (u_2, t_2) und (u_3, t_3) ermitteln (Lösen von drei Gleichungen!). Er empfängt die Werte in Form der Abtastproben: Ist die Frequenz der zu übertragenden Schwingung auch nur geringfügig kleiner als die Hälfte der Abtastfrequenz, so ergeben sich nämlich die mindestens notwendigen drei Wertepaare zur Rekonstruktion der Funktion im Empfänger. (Anm.: Mehrdeutigkeit muß durch eine obere Frequenzschranke, technisch im Empfänger durch einen Tiefpaß, ausgeschlossen werden.)

9.7   Pulsdauermodulation

Erzeugung der PDM

Anhand von Bild 9.1 wurde bereits gezeigt, daß auch die Impulsdauer zur Modulation herangezogen werden kann. Aus Bild 9.17 geht hervor, daß entweder nur die Vorderflanke oder beide Flanken oder nur die Rückflanke moduliert sein kann. Man unterscheidet das **Äquidistanzverfahren** und das **Sägezahnverfahren** bei der Erzeugung von PDM.

Beim Äquidistanzverfahren sind die Impulsdauern exakt proportional zu den in äquidistanter Folge eintreffenden PAM-Impulsen. Hierzu kann man die Schaltung des Bildes 9.18 zählen, wenn man von dem durch die e-Funktion entstehenden Fehler einmal absieht.

Beim Sägezahnverfahren geschieht die Herstellung nicht auf dem Umweg über PAM-Impulse, sondern durch direkten Vergleich der Modulationsspannung mit einer Sägezahnspannung (Bild 9.19). Die Pulsdauern sind daher nicht den Amplituden in den Punkten t_1, t_2, t_3 usw. proportional, sondern den Amplituden in den nicht äquidistant aufeinander folgenden Zeiten t_1', t_2', t_3' usw. Dadurch entsteht vom Prinzip her ein gewisser Fehler. Die Wirkungsweise der beiden Schaltungen soll im folgenden genauer beschrieben werden.

Bild 9.18 zeigt eine einfache Transistorschaltung zur PDM-Erzeugung aus PAM. Solange **nicht angesteuert** wird, liegt an R und C die Gleichspannung U_{Ro}. **Bei Ansteuerung** mit PAM an der

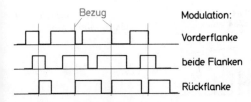

Bezug

Modulation:

Vorderflanke

beide Flanken

Rückflanke

Bild 9.17 Arten der PDM

Basis (mit unipolaren Impulsen) lädt sich C auf die Amplitude des ersten eintreffenden Impulses auf (die BE-Diffusionsspannung möge hier unberücksichtigt bleiben). Während dieser Aufladung fließt natürlich Kollektorstrom i_C. Durch die Anhebung von u_R über U_{Ro} hinaus ist während der nachfolgenden Impulspause der Transistor solange gesperrt, wie die in C gespeicherte Spannung $u_R >$ U_{Ro} ist. Während dieser Sperrzeit ist $i_c = 0$ und die Kollektorspannung u groß. Sobald sich C über R soweit entladen hat, daß $u_R = U_{Ro}$ ist, reicht die normale Basisvorspannung des Basisspannungsteilers zur Durchsteuerung des Transistors wieder aus, es fließt Kollektorstrom, und die Kollektorspannung u wird sehr klein (unter Berücksich-

tigung von u_R allerdings nicht ganz Null). Die **Dauer** dieses ersten Spannungsimpulses (blau im Bild) ist **proportional** zur ersten PAM-Impulsamplitude. Beim Eintreffen der nächsten PAM-Probe wiederholt sich der Vorgang.

Man beachte, daß i_c **während** des PAM-Impulses immer etwas größer ist als im Ruhezustand und daß i_c erst dann aussetzt, wenn der PAM-Impuls **beendet** ist. (Die Bezugszeit für die entstandenen PDM-Spannungsimpulse ist daher gleich der jeweiligen Rückflanke des PAM-Impulses.) Wir haben es bei dieser Modulationsschaltung mit rückflankenmodulierter PDM zu tun. Diese PAM-PDM-Umwandlung kann man nur solange als **verzerrungfrei** betrachten, wie die RC-Entladungskurve (e-Funktion) noch als linear angenommen werden kann. **Verzerrungen** werden daher um so größer, je größer der Dynamikbereich (Modulationsgrad) der angebotenen PAM ist.

Den genannten Nachteil vermeidet man durch die folgende Schaltung (Bild 9.19). Der Aufwand ist allerdings größer, da die hierzu notwendige **Sägezahnspannung** eigens erzeugt werden muß. Dafür ergibt sich der Vorteil, daß der zu modulierende Kanal nicht erst in PAM umgewandelt zu werden

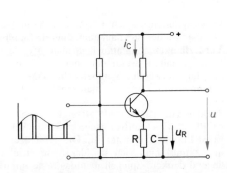

Bild 9.18 Erzeugung von PDM (Äquidistanzverfahren)

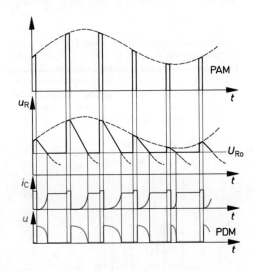

Bild 9.19 Erzeugung von PDM nach dem Sägezahnverfahren

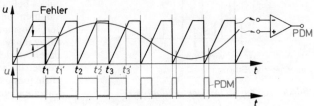

169

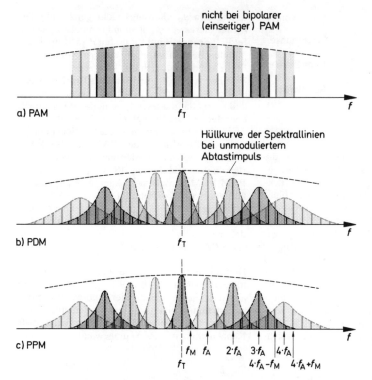

nicht bei bipolarer
(einseitiger) PAM

*Bild 9.20   Spektren bei
Pulsmodulation*

a) PAM f_T

Hüllkurve der Spektrallinien
bei unmoduliertem
Abtastimpuls

b) PDM f_T

c) PPM
f_T f_M f_A $2 \cdot f_A$ $3 \cdot f_A$ $4 \cdot f_A$
$4 \cdot f_A - f_M$ $4 \cdot f_A + f_M$

braucht. Sägezahnspannung und abzutastende Kanalspannung werden je einem Eingang eines Differenzverstärkers (Operationsverstärkers) zugeführt. Übersteigt die Kanalspannung (rot) am nichtinvertierenden Eingang die Sägezahnspannung (invertierender Eingang), so wird ein positiver Impuls abgegeben, im anderen Fall

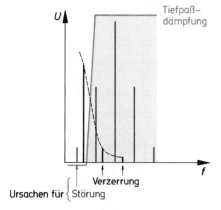

Bild 9.21   Zur PDM-Demodulation

keine Spannung. Auch mit dieser Schaltung erhält man wieder **rückflankenmodulierte Impulse. Vorderflankenmodulation** kann man auf einfache Weise erhalten, wenn man einen abfallenden Sägezahn verwendet. **Symmetrische PDM** (Bezug in Impulsmitte) erreicht man mit Dreieckspannung.

Spektrum der PDM: Bild 9.20 zeigt das Spektrum bei PDM, wie es auftritt, wenn ein Hf-Träger mit PDM-Impulsen getastet ist. Die Hf-Trägerfrequenz muß man sich bei der Symmetrielinie liegend denken. Spiegelt man das reine Impulsspektrum um die Frequenz $f = 0$ und verteilt dessen Amplituden je zur Hälfte rechts und links von $f = 0$, so kommt man gedanklich zum gleichen Bild. PDM hat infolge seiner Zeitmodulation ein komplizierteres Spektrum als PAM. Rechts und links der Spektralfrequenzen des Abtastimpulses befinden sich nicht, wie bei PAM, je **eine** Summen- und Differenzfrequenz im Abstand f_M der Informationsfrequenz, sondern wie bei FM ganzzahlige Vielfache von f_M, allerdings mit abnehmender Amplitude. Diese Teilspektren werden um so ausgedehnter, je weiter sie von der Mitte (bzw. von $f = 0$) entfernt liegen. Ihre Spektralanteile greifen ineinander über.

Demodulation der PDM

Aus der Spektraldarstellung geht hervor, daß eine Auswertung der PDM mittels eines Tiefpasses, ähnlich wie bei PAM, hier nur bedingt möglich ist. Infolge der Verzahnung der Teilspektren würde ein Tiefpaß auch Spektralanteile des Nachbarspektrums miterfassen (Bild 9.21). Dies würde sich als **Störung** auswirken. Außerdem werden die höheren Spektralanteile $2 f_M$, $3 f_M$ ... des gewünschten Bandes durch den Tiefpaß gesperrt, was sich als **Verzerrung** auswirkt, und zwar um so mehr, je größer der Zeithub der Modulation ist. Nur bei kleinem Modulationsgrad ($\approx 3\%$) ist die Überdeckung der Teilspektren noch so gering, daß eine Tiefpaßdemodulation vertretbar ist. Daher ist die Demodulation über einen Haltekreis zweckmäßiger.

Wegen des gegenüber PPM geringeren Nutz-Stör-Verhältnisses eignet sich PDM weniger für Fernübertragung und wird daher ähnlich wie PAM meist nur als Zwischenstufe innerhalb des Geräts zur Herstellung anderer Modulationen, z.B. PPM, verwendet.

9.8 Pulsphasenmodulation

Erzeugung von PPM:

Im Gegensatz zu PDM werden bei PPM schmale Impulse gleicher Form und Höhe übertragen. Die Information steckt in deren zeitlicher Lage innerhalb des Abtasttakts. Der **Phasen**- bzw. **Zeithub** ist proportional zur Nachrichtenamplitude. Die Erzeugung von PPM geht über die Zwischenstufe

daher dem Empfänger auf andere Weise übermittelt werden muß (Bild 9.23). Im Bild ist oben der zeitliche Verlauf zweier Abtastperioden (Rahmen) angegeben. Innerhalb eines **Rahmens** mit der Taktzeit T_A (bei 8 kHz Taktfrequenz $T_A = 125\ \mu s$) muß zur Synchronisierung einer der n Kanäle (im Beispiel $n = 4$) für die Übertragung eines Taktimpulses freigehalten werden. Dadurch

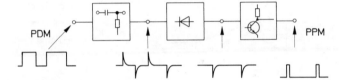

Bild 9.22 Erzeugung von PPM aus PDM durch Differentiation, Gleichrichtung und Begrenzung

PDM (Bild 9.22). Wesentlich ist dabei die **Differentiation** der PDM-Impulsflanken, wobei nach Gleichrichtung nur die modulierte Spitze durch Begrenzung oder eine Kippschaltung geformt wird.

Bei PPM liegt wie bei PDM die Nachricht nur in der zeitlichen Verschiebung. Das Impulsdach bei PDM-Impulsen ist für die Nachricht nicht von Bedeutung. Daher hat die PPM, bei der mit kürzestmöglichen Impulsen gearbeitet wird, gegenüber der PDM den **Vorteil,** bei der getägerten Übertragung **weniger Sendeleistung** zu brauchen.

Synchronisation

Bei der PDM werden pro Impuls beide Kriterien, modulierte wie Bezugsflanke, übertragen, während beim PPM-Impuls die Bezugszeit fehlt und

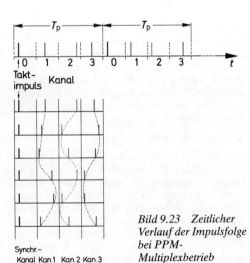

Bild 9.23 Zeitlicher Verlauf der Impulsfolge bei PPM-Multiplexbetrieb

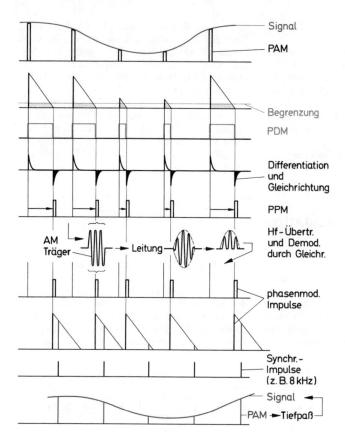

Signal
PAM

Begrenzung
PDM

Differentiation
und
Gleichrichtung

PPM

AM Träger — Leitung — Hf-Übertr. und Demod. durch Gleichr.

phasenmod. Impulse

Synchr.-Impulse (z. B. 8 kHz)

Signal
PAM — Tiefpaß

Bild 9.24 Modulation –
Demodulation bei PPM
(äquidistante Modulation und
Demodulation über PAM)

verringert sich allerdings die Zahl der nutzbaren Kanäle um einen. Im Empfänger kann der Synchronisierimpuls z.B. durch entsprechende konstante zeitliche Verschiebung jedem Kanal zugeordnet werden. Im Bild 9.23 unten sind die einzelnen Abtastperioden untereinander dargestellt, um die Phasenmodulation innerhalb der einzelnen Kanäle zu zeigen.

Spektrum der PPM

Wie aus Bild 9.20c hervorgeht, sind auch beim PPM-Spektrum die Teilspektren, die sich um die Oberschwingungen des unmodulierten Pulses gruppieren, ineinander verzahnt, ähnlich denen vom PDM. Im Vergleich mit PDM fällt jedoch weiter auf, daß die Intensität der Teilspektren mit zunehmender Entfernung von der Symmetrielinie ($f = f_T$ bei geträgerter PPM, $f = 0$ des nicht geträgerten, aber um Null gespiegelten Spektrums) nicht wie dort gleichmäßig abnimmt. Die Grundschwingung des Pulses im Abstand f_M von der Symmetrielinie im — schwarz gezeichneten — Grundspektrum ist mit beträchtlich geringerer Amplitude vertreten als die entsprechenden Frequenzen $n \cdot f_A \pm f_M$ der Teilspektren. Eine Betrachtung noch weiterer Teilspektren würde ergeben, daß die Intensität der Teilspektren alternierend abnimmt. (Rhythmus und Intensitätswechsel sind durch Besselfunktionen bestimmt.) Dazu kommt noch die starke Abhängigkeit von der Modulationsfrequenz f_M, was aus den steilen Hüllkurven von Grund- und Teilspektren zu entnehmen ist.

Unter Berücksichtigung dieser genannten Tatsachen ist zu folgern, daß bei PPM eine Demodulation mittels Tiefpaß, der ja nur das Grundspektrum erfaßt, nicht möglich ist. Daher wird im folgenden Abschnitt darauf nicht eingegangen.

Demodulation der PPM

Bild 9.24 zeigt in Diagrammen den kompletten Modulations-Demodulations-Vorgang. Die zunächst in eine PAM umgewandelte Modulationsspannung eines Kanals wird – nach dem Äquidistanzverfahren – bei der Modulation in eine PDM umgewandelt. Daraus werden PPM-Impulse abgeleitet (z. B. entspr. Bild 9.22 durch Differentiation). Für mehrere Kanäle muß die Abtastung zur PAM-Erzeugung natürlich mit zeitlich verschobenen 8-kHz-Impulsen gemacht werden, so daß die Kanäle für Multiplexbetrieb ineinandergeschachtelt werden können. Die PPM-Impulsfolge wird, zweckmäßigerweise nach dem AM-Prinzip auf einen Hf-Träger aufmoduliert übertragen, im Empfänger durch Gleichrichtung demoduliert und zu PPM-Rechteckimpulsen regeneriert. Die Rechteckimpulse erfahren nämlich auf der Leitung infolge der endlichen Übertragungsbandbreite und des damit verbundenen Verlusts höherer Spektralanteile eine Abschrägung und Verbreiterung der Flanken.

Die eigentliche **Demodulation** beginnt hier, und zwar damit, daß aus den Impulsen Dreieckspannungen erzeugt werden (man stelle sich im einfachsten Fall die Entladungsfunktion eines Kondensators vor, die anfangs praktisch dreieckförmig ist). Die dem Synchronisierungskanal entnommenen äquidistanten Impulse werden nun zur Abtastung der Dreiecke herangezogen. Da diese **nicht äquidistant** aufeinanderfolgen, sind die ihnen entnommenen Amplitudenproben unterschiedlich hoch. Es läßt sich aus den geometrischen Beziehungen leicht ableiten, daß die Amplituden der Proben proportional zum jeweiligen Zeithub (Phasenhub) des zugehörigen PPM-Impulses sind. Man demoduliert hier durch einen der Sendeseite entsprechend umgekehrten Vorgang der Umwandlung in eine PAM, die schließlich in bekannter Weise, z.B. mittels eines Tiefpasses, die eigentliche Kanalinformation hergibt. Demodulation nach dem Sägezahnverfahren zeigt Bild 9.25: Der PPM-Impuls erlaubt während der kurzen Schließzeit die Aufladung des Kondensators auf den momentan anliegenden Augenblickswert des Sägezahns. Der Ladungszustand wird nach dem Prinzip der Abtast- und Halteschaltung bis zum nächsten Augenblickswert gehalten.

Bild 9.25 Demodulation durch Sägezahnabtastung (durch PPM-Impulse betätigter elektronischer Schalter)

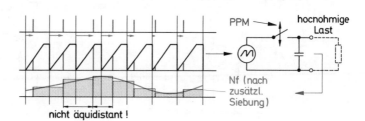

9.9 Pulsfrequenzmodulation (PFM)

Diese Art der Pulsmodulation ist in der Fernmeßtechnik sehr verbreitet. Bei PFM ist die Zahl der Impulse je Zeiteinheit ein Maß für den Meßwert. Wie bei PPM treten auch hier Dichteschwankungen in der Impulsfolge auf (Bild 9.26). Der größtmögliche Zeithub ist dann erreicht, wenn sich die Impulse in den Häufigkeitsgebieten gerade berühren. Zeitmultiplexbetrieb ist allerdings nur dann möglich, wenn der Zwischenraum für die anderen Kanäle genügend groß bleibt.

Die Wiedergewinnung des Modulationssignals kann auf ähnlich einfache Weise geschehen wie bei PAM, nämlich über einen Tiefpaß. Dieser liefert den zeitlichen Mittelwert $\bar{u}$ der Impulse über eine Integrationszeit $T = 1/f$, wobei f die zur Modulationsspannung proportionale Impulsfrequenz ist: $f \sim u_M$. Die Fläche eines schmalen, t_i breiten PFM-Impulses der Amplitude $\hat{u}$ ist gleich der Fläche $\bar{u} \cdot T$:

$$\bar{u} \cdot T = \hat{u} \cdot t_i \rightarrow \bar{u} = \hat{u} \cdot t_i \cdot \frac{1}{T};$$

damit wird $\bar{u} \sim f$ und $\bar{u} \sim u_M$.

Eine zur Meßgröße proportionale Frequenz stellt man in der Praxis zum Beispiel auf dem Weg über die Drehfrequenz eines Motors (Bild 9.27a) oder

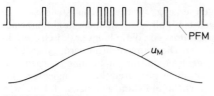

Bild 9.26   PFM

mittels einer astabilen Kippstufe (Bild 9.27 b) her. Statt des Motors kann man sich auch die Scheibe eines Kilowattstundenzählers denken. Dann wird eine zur Leistung proportionale Drehfrequenz erzeugt und über einen Schalter eine Wechsel-

spannung. Die astabile Kippstufe (Multivibrator) hat die Eigenschaft, eine zur Spannung proportionale Frequenz zu liefern.

Es ist nun allerdings so, daß eine mäanderförmige Spannung entsteht, also noch nicht direkt PFM. Über eine monostabile Kippschaltung (Bild 9.28) oder ein einfaches Differenzierglied mit nachgeschalteter Gleichrichtung läßt sich daraus eine PFM bilden. Die Demodulation geschieht wie beschrieben mittels eines Tiefpasses. Bei Fernmessung und Anzeige des gemessenen Wertes an einem Zeigermeßgerät genügt bereits die Trägheit des Anzeigeinstruments zur Darstellung des Mittelwerts.

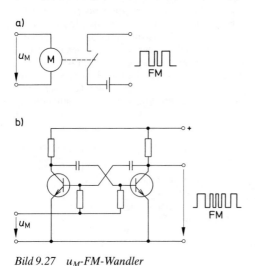

Bild 9.27 u_M-FM-Wandler

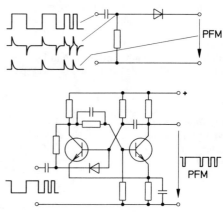

Bild 9.28   FM-PFM-Wandler

9.10 Fragen und Aufgaben

1. Welche Arten von Pulsmodulation lassen sich unterscheiden?

2. Worin besteht der prinzipielle Unterschied zwischen Zeit- und Frequenzmultiplexbetrieb?

3. Welche längste Periodendauer kann ein Sprachsignal, das auf eine Bandbreite von 300 Hz bis 2,1 kHz begrenzt ist, höchstens enthalten.

4. In wieviele Frequenzen könnte man ein beliebiges Sprachsignal nach Fourier maximal zerlegen, dessen größte Periodendauer 3,3 ms beträgt und dessen obere Grenze auf 2,1 kHz beschränkt ist (dabei sollen sowohl die Amplituden als auch die Phasenwinkel der Spektralanteile berücksichtigt werden)?

5. Die Abtastfrequenz bei PAM beträgt 8 kHz. Welche höchste Modulationsfrequenz könnte damit noch übertragen werden?

6. Bei welcher Frequenz geht die Hüllkurve des Spektrums einer 8-kHz-Pulsfolge durch Null, wenn die Impulse eine Breite von 12,5 µs (1,25 µs) haben?

7. Wie wirkt ein Tiefpaß auf einen Impuls?

8. Anhand des Spektrums einer PAM soll erklärt werden, warum durch einen Tiefpaß das Signal wiedergewonnen werden kann und welche Grenzfrequenz erforderlich ist.

9. Wie wirkt sich eine zu geringe Bandbreite bei der Impulsübertragung im Zeitmultiplexbetrieb aus?

10. Nach welchen zwei Verfahren läßt sich PDM erzeugen?

11. Worin unterscheidet sich das PAM-Spektrum von dem anderer Pulsmodulationen?

12. Wie breit dürfen bei PAM mit 8 kHz Abtastfrequenz die Impulse maximal sein, wenn 32 Kanäle im Zeitmultiplex übertragen werden sollen?

13. Warum müssen bei PPM die Impulse bei Zeitmultiplexbetrieb noch wesentlich schmäler sein als bei PAM?

Literatur: [22 bis 34].

10 Pulskodemodulation (PCM)

10.1 Prinzip der PCM

Im Bestreben, Modulationsverfahren zu finden, die vom Rauschen und von Nichtlinearitäten weniger abhängig sind, erreichte man zwar eine Verbesserung des von *Miner* (1903, PPM, Abschn. 9) angegebenen Prinzips. Die PAM und PPM, wie sie auf der Suche nach besseren Verfahren für Richtfunkübertragung von einer Entwicklungsgruppe der ITT in Paris, etwa 1936 beginnend, angegeben wurde, brachte zwar höhere Störsicherheit, jedoch zu Lasten der Bandbreite. Zudem wächst bei den Verfahren Rauschen, Übersprechen und Intermodulation mit der Länge des Übertragungswegs an.

Im Jahr 1938 brachte Allan H. *Reeves*, ein gebürtiger Engländer und Mitarbeiter der Firma LCT, in Paris ein neuartiges Modulationsverfahren für Sprachübertragung heraus. In der Patentschrift ist erstmals ein Verfahren genannt, in dem vorgeschlagen wird, die Sprachsignale abzutasten, zu quantisieren und in kodierter Form zu übertragen. Daher wird dieses Verfahren mit „Pulskodemodulation" (PCM) bezeichnet. Im folgenden soll das Prinzip am Einzelkanal näher erläutert werden.

PCM im Einzelkanal

Praktisch wird zwar in den meisten Fällen die PCM in Verbindung mit einer Zeitmultiplexübertragung mehrerer Kanäle angewandt. Zur Erläuterung des Grundprinzips und einiger Probleme soll jedoch zunächst nur der Aufbau eines einzelnen Kanals beschrieben werden (Bild 10.1). Im Grunde genommen wird das PAM-modulierte Analogsignal nach einer Kodierung (Analog-Digital-Umsetzung) digital übertragen und im Empfänger nach Dekodierung in einem Digital-Analog-Umsetzer und Tiefpaßdemodulation wiedergewonnen. Dabei wird, wie von PAM bekannt, das zu übertragende Analogsignal $u_M(t)$ durch einen **Tiefpaß** (oder Bandpaß) in der Frequenz nach oben beschränkt und mit $f_A > 2 \cdot f_{M\,max}$ abgetastet. Wegen der endlichen Umsetzgeschwindigkeit des nachfolgenden Analog-Digital-Umsetzers (ADU) ist es sinnvoll, den Analogwert eine gewisse Zeit zu speichern. Hierzu kann eine Schaltung gemäß Bild 9.6 dienen. Wendet man eine **Abtast-Halte-Schaltung** an, wie in Bild 9.7 bereits beschrieben, so erhält man eine Treppenspannung mit einer Stufenbreite gleich der Abtastperiode T_A. Die Stufenspannung ist wohlgemerkt noch wertkontinuierlich. Spätestens nach Ablauf der Abtastperiode muß die **Kodierung** beendet sein. Aus den Momentanwerten der Stufen entstehen dabei digitale Kodewörter bestimmter Länge, je nach Anforderungen des Systems (Quantisierung, Kodierung). Die empfangenen Kodewörter werden im **Dekodierer** (Digital-Analog-Umsetzer, DAU) des Empfängers mit der gleichen Taktfrequenz f_{Bit} wie im Sender verarbeitet und als diskrete Spannungswerte (PAM!) ausgegeben. Diese werden bekanntlich in einer **Abtast-Halte-Schaltung** für jeweils eine Abtastperiode T_A gespeichert und im **Tiefpaß** vollends demoduliert.

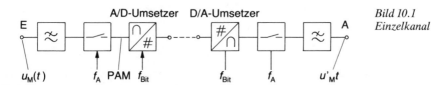

*Bild 10.1
Einzelkanal*

10.2 Quantisierung und Kodierung

Quantisierungsbereich und -intervalle

Bei analogen Systemen sorgen die Aussteuerungsgrenzen von Verstärkern, Modulatoren usw. für eine Begrenzung der Amplitude bei zu großer Lautstärke, falls nicht absichtlich am Signaleingang ein „Dynamikbegrenzer" zu große Signalamplituden „abschneidet". Ähnlich gibt es bei der PCM einen begrenzten Bereich von Werten, den man hier als Quantisierungs**bereich** bezeichnet. Der Quantisierungsbereich wird in Quantisierungs**intervalle** (Quantisierungsstufen) eingeteilt (Bild 10.2).

> Quantisierung ist ein Vorgang, bei dem ein wertkontinuierliches Signal innerhalb eines Quantisierungsbereichs in ein wertdiskretes Signal umgeformt wird, das nur so viele Werte annehmen kann, wie Quantisierungsintervalle vorgesehen sind.

In der Regel ist die Quantisierung mit einer Kodierung verbunden. Das bedeutet, daß der Analog-Digital-Umsetzer an sich lediglich die Analogwerte in Binär-Wörter entsprechend dem Dualzahlensystem umwandelt. Erst eine zusätzliche Kodierung nach gewissen nachrichten- und übertragungstechnischen Anforderungen (z. B. Kompandierung) macht das Signal zur Übertragung geeignet.

Die **Stufenhöhe** der Quantisierungsintervalle ist vorgegeben und im ADU festgelegt. Sind alle Quantisierungsintervalle gleich groß, spricht man von gleichmäßiger, sonst von ungleichmäßiger Quantisierung. Jedem Intervall wird durch den ADU ein bestimmter Zahlenwert zugeordnet. Es ist klar, daß damit sämtliche möglichen Analogwerte innerhalb eines Intervalls durch ein und denselben Wert, üblicherweise den Mittelwert des Intervalls, repräsentiert werden. Die Quantisierungsintervalle sind voneinander durch **„Entscheidungsschwellen"** getrennt. Überschreitet ein Analogwert nur geringfügig die untere Entscheidungsschwelle eines Quantisierungsintervalls, so wird ihm der Wert des betreffenden Intervalls zugeordnet. Er nimmt erst den Wert des nächsthöheren Quantisierungsintervalls an, wenn er die obere Schwelle des betrachteten Intervalls überschreitet. Im Bild 10.2a und b werden die Momentanwerte zu diskreten Abtastzeiten $n \cdot T_A$ eines Signals, nicht quantisiert und quantisiert, verglichen.

Kodewortlänge

Die Zahl der Bits pro Kodewort hängt von der Anzahl der Quantisierungsstufen ab. Nach ihr richtet sich die Taktfrequenz f_{Bit} für den Analog-Digital-Umsetzer und die zu übertragende Bitrate. Im dualen Zahlensystem bzw. bei der binären Kodierung braucht man zur Darstellung einer Menge

von $2 = 2^1$ Elementen (0,1): . . . . . . 1 bit,
von $4 = 2^2$ Elementen (0 bis 3): . . . . 2 bit,
von $8 = 2^3$ Elementen (0 bis 7): . . . . . 3 bit
usw., und allgemein
von $s = 2^r$ Elementen (0 bis $s-1$): . . . . . r bit.

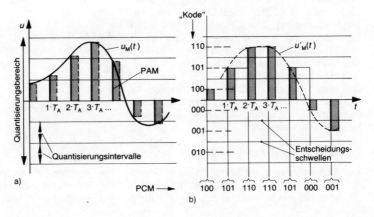

Bild 10.2
Abtastwerte a) nicht
quantisiert, b) quantisiert

177

Mit einem r-stelligen Kodewort können 2^r Quantisierungsintervalle dargestellt werden.

Logarithmiert man (Log. zur Basis 2, abgek. lb), so erhält man die notwendige Anzahl von Bits pro Kodewort in Abhängigkeit von der gewünschten Zahl von Quantisierungsintervallen:

$$r = \text{lb } s \text{ bit}$$

Beispiel: Bei Telefonie mit PCM wird der Quantisierungsbereich der zu übertragenden Sprache in $s = 256$ Amplitudenstufen eingeteilt. Daraus ergibt sich eine Kodewortlänge von $r = $ lb 256 bit $= 8$ bit. Bei CD-Technik wird mit 14stelligen Kodewörtern gearbeitet. Das ergibt 16384 mögliche Spannungsstufen.

Übertragungsgeschwindigkeit

Aus der Anzahl der Bits pro Kodewort und der Abtastdauer T_A ergibt sich die Dauer eines Kodeelements $T_{\text{Bit}} = T_A/r$ und aus dem Reziprokwert schließlich die Übertragungsgeschwindigkeit.

Beispiel: Bei Telefonie mit einer Abtastzeit $T_A = $ 1/8 kHz $= 125$ µs und 8-bit-Wörtern würde bei Einkanal-PCM auf ein Bit die Zeit $t = 125$ µs/ 8 bit $= 15{,}6$ µs treffen. Die Bitrate ist 1/(15,6 µs) $= 64$ kbit/s.

Der Einzelkanal hat eine Übertragungsgeschwindigkeit von 64 kbit/s.

Die Kodewörter werden in bekannter Weise (Kapitel 8) binär oder mehrwertig im Basisband oder geträgert übertragen.

10.3 Quantisierungsgeräusch

Bei der PCM entsteht ein dem Modulationsverfahren eigener Fehler, der sich akustisch als Störgeräusch bemerkbar macht. Da die Ursache in der Quantisierung der Signalwerte liegt, bezeichnet man diese andersartige Störung als Quantisierungsgeräusch.

Ursache des Quantisierungsgeräuschs

Selbst wenn man die im Empfänger nach der Dekodierung auftretenden diskreten PAM-Spannungswerte (Bild 10.2b) ideal demodulieren würde (was ja bei Einhalten des Abtasttheorems möglich ist), so würde die daraus resultierende Ist-Funktion $u'_M(t)$ nicht exakt mit der Soll-Funktion, dem Quellensignal $u_M(t)$, übereinstimmen (Bild 10.3: Soll-Größen rot, Ist-Größen schwarz). Die Ursache der Differenz liegt darin, daß ein jeder kodierte Abtastwert alle Momentanwerte seines ihm zugeordneten Intervalls zu repräsentieren hat. Daraus resultiert eine Fehlerfunktion (Bild 10.3b) von maximal plus/minus einer halben Quantisierungsstufe, die den Eindruck einer dem Rauschen ähnlichen Störung, nämlich das Quantisierungsgeräusch, verursacht.

Quantisierungsgeräuschabstand

Das Quantisierungsgeräuschverhältnis ergibt sich aus dem Verhältnis Signalleistung P_S (Musik, Sprache) zu Quantisierungsgeräuschleistung

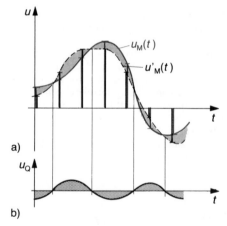

Bild 10.3 a) Signal (Soll- und Ist-Funktion), b) Quantisierungsgeräusch $u'_M(t) - u_M(t)$

P_Q bei voller Ausnutzung des Quantisierungsbereichs

$$P_S/P_Q = (P_{\text{ges}} - P_Q)/P_Q = s^2 - 1$$

Da üblicherweise $s \gg 2$ ist, ergibt sich der einfache Zusammenhang, daß sich der Effektivwert des Signals bei Vollaussteuerung des Quantisierungsbereichs zu dem des Quantisierungsge-

178

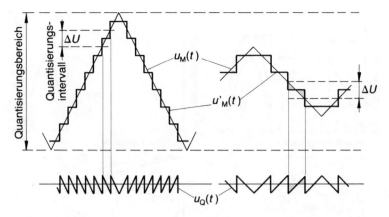

Bild 10.4
Aussteuerungs-
abhängigkeit des
Quantisierungs-
geräuschverhältnisses

räuschs etwa wie $s:1$ verhält; also ist der Quantisierungsgeräuschabstand

$$a_{Q\,max} \approx 20 \cdot \lg s \text{ dB.}$$

Manchmal wird auch der Reziprokwert $1/s$ als „Klirrfaktor" angegeben.

Beispiel: Telefonie mit $s = 256$ ergibt $a_{Q\,max} = 20 \lg 256$ dB $= 48,2$ dB; als Klirrfaktor ausgedrückt: $k = 1/256 = 0,004 = 0,4\%$
CD-Technik mit $s = 16384$ ergibt $a_{Q\,max} = 20 \lg 16384$ dB $= 84,3$ dB; als Klirrfaktor: $k = 1/16384 = 0,00006 = 0,006\%$!

Aussteuerungsabhängigkeit des Quantisierungsgeräuschabstands

Unbeschadet dessen, daß Sprach- wie Störsignal Zufallscharakter haben, soll das aussteuerungsabhängige Störabstandsverhalten bei der Quantisierung mittels einer kontinuierlichen Dreiecksfunktion veranschaulicht werden (Bild 10.4). Wegen ihrer Form errechnen sich der Effektivwert des Quantisierungs„geräuschs" $u_Q(t)$ und des Kodierereingangssignals $u_M(t)$ auf gleiche Weise, so daß ein Vergleich der Spitzenwerte genügt. Es fällt auf, daß u_Q unabhängig von der Eingangssignalspannung u_M und konstant gleich der Stufenhöhe ΔU ist. Je weniger das Eingangssignal den Quantisierungsbereich ausnützt (Bild 10.4 rechts), um so geringer wird das Verhältnis U'_M/U_Q und mithin der Quantisierungsgeräuschabstand a_Q. Bild 10.5 zeigt das Verhalten von a_Q in Abhängigkeit vom Pegel L_M des Sprachsignals. Das hat unangenehme Folgen für die Sprachübertragung wegen der großen **Dynamik** der Sprechspannung von ca. 40 dB. Es bedeutet nämlich, daß gerade in Gesprächsphasen mit geringem Lautstärkepegel bzw. bei leise

sprechenden Teilnehmern das Quantisierungsgeräusch sich besonders ungünstig bemerkbar macht. Will man bei geringem Lautstärkepegel einen Störabstand von z.B. >26 dB erreichen (d.h. Störsignalspannung 5% der Nutzsignalspannung), so hat man unter Berücksichtigung der Dynamik von 40 dB bei großen Pegeln, in denen der Quantisierungsbereich praktisch voll genützt wird, einen Störabstand $a_Q > 66$ dB. Gemäß der Formel $a_Q \approx 20 \lg s$ dB ergibt sich hierfür eine notwendige Stufenzahl von $s > 1995$. Das hätte natürlich erhebliche Konsequenzen für die erforderliche Kodewortlänge, bei $s = 2048$ nämlich $r = \text{lb } 2048$ bit $= 11$ bit. Glücklicherweise läßt sich ohne Einbuße an Verständlichkeit mit der Methode der Kompandierung die Stufenzahl bei Telefonie auf 256 und mithin die Kodewortlänge auf 8 bit beschränken, wie noch gezeigt wird.

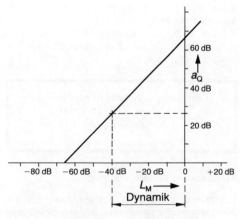

Bild 10.5   Quantisierungsgeräuschabstand a_Q in Abhängigkeit vom rel. Lautstärkepegel L_M

179

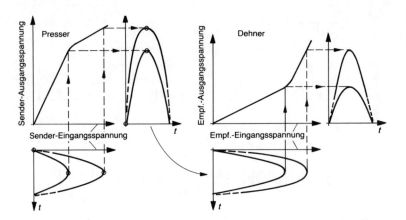

10.4 Kompandierung

Bei der Wirkung von Störungen auf das menschliche Ohr tritt der eigentümliche, aus der Erfahrung bekannte Effekt auf, daß das Ohr auf die relative Größe von Störungen reagiert: Je größer die Lautstärke, um so größer darf der absolute Störpegel sein! Die Ursache dürfte wohl darin liegen, daß das Ohr als hochwertiger Nachrichtenempfänger eine „automatische Verstärkungsregelung" enthält, die es bei hohen Nutzsignalen auf „unempfindlich" regelt. Das Ohr kann, unabhängig vom absoluten Nutzpegel, z.B. Störungen durch weißes Rauschen (etwa Gesprächsbandbreite) ab etwa 5% der Nutzsignalamplitude gerade eben noch erkennen. Um nun auch für geringe Nutzamplituden einen möglichst großen Störabstand zu erhalten, macht man sich ein bekanntes allgemeines Prinzip in der Nachrichtenübertragung, die „Kompandierung" (Kunstwort aus „Kompression" und „Expandierung"), zunutze.

> Ziel der Kompandierung ist es, den Störabstand der kleinen Momentanwerte eines Signals auf Kosten der großen zu verbessern.

Momentanwertkompandierung

Bei diesem klassischen Verfahren werden die Momentanwerte des Signals auf der Sendeseite so behandelt, daß große Momentanwerte weniger verstärkt, also zusammengepreßt, und kleine

infolge größerer Verstärkung aus dem Kanalrauschen herausgehoben werden (Bild 10.6, **Presser**). Die kleinen Lautstärken erhalten dadurch einen **Störabstandsgewinn**. Der natürliche Dynamikzustand wird im Empfänger durch einen Verstärker mit komplementärem Übertragungsfaktor wiederhergestellt: Expansion im „**Dehner**" durch überproportionale Verstärkung insbesondere der großen Momentanwerte einschließlich der diesen überlagerten Kanalstörungen. Große wie kleine Lautstärken haben danach nahezu gleichen Störabstand (s. hierzu auch Übersicht Bild 10.18a).

> Bei der Momentanwert-Kompandierung werden die großen Momentanwerte im Sender „gepreßt" und die kleineren aus dem Kanalrauschen herausgehoben. Überproportionale Verstärkung der großen Momentanwerte im Empfänger stellt die natürliche Dynamik wieder her.

Das stellt hohe Anforderungen an die Kennlinien von Dehner und Presser, da sich deren nichtlineare Verzerrungen gegenseitig aufheben sollen.

Digitale Kompandierung

Bei der PCM ist nicht das Kanalrauschen das Problem, denn das kann durch Regenerieren weitgehend eliminiert werden, sondern das

Quantisierungsgeräusch. Je geringer der Lautstärkepegel ist, um so weniger der vorhandenen Quantisierungsstufen werden genutzt. Folge: geringer Quantisierungsgeräuschabstand für leise sprechende Fernsprechteilnehmer. Da einer beliebigen Erhöhung der Stufenzahl des Systems Grenzen gesetzt sind, löst man das Problem mittels Kompandierung, und zwar gewöhnlich durch nichtgleichmäßige Quantisierung des gesamten Quantisierungsbereichs.

Kompandierung mittels nichtgleichmäßiger Quantisierung bedeutet, durch grobe Stufung bei großen Signalspannungswerten Quantisierungsintervalle einzusparen, um die kleinen Signalspannungen desto feiner quantisieren zu können.

---

nahmen an den Sender gut anpassen (vgl. Bild 10.18b und c).

Störabstandssprung: Bei der Realisierung (13-Segment-Kompanderkennlinie) stellt man an den Segmentgrenzen „Störabstandssprünge" fest. Der Vorgang kann anschaulich auch anhand von Bild 10.7 erklärt werden. Senkt man den Spitzenwert des größeren Signals (im Bild links) allmählich ab, so nimmt sein Störabstand ab, weil das maximale Quantisierungsgeräusch durch die Stufenhöhe fest vorgegeben ist. In dem Augenblick, wo der Spitzenwert von $u_M(t)$ die Segmentgrenze unterschreitet und in ein Segment mit feinerer Stufung gelangt, nimmt der Störabstand ziemlich abrupt zu, da wegen der feineren Quantisierung im darunterliegenden Segment das Quantisierungsgeräusch wesentlich geringer ist. Im Bild 10.7 unterscheiden sich die Stufungen um den Faktor 2, so daß beim Unter-

Bild 10.7
Kompandierung durch
nichtgleichmäßige
Quantisierung

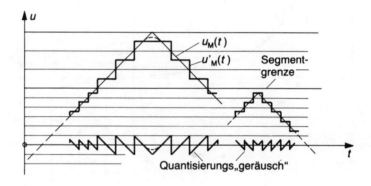

Bild 10.7 zeigt das Prinzip. Es sind zwei benachbarte Gebiete (sogenannte Segmente) eines Quantisierungsbereichs dargestellt, deren Stufenhöhen sich um den Faktor 2 unterscheiden. Zur Veranschaulichung des Störabstandsverhaltens dienen Ausschnitte aus zwei kontinuierlichen Dreiecksspannungen $u_M(t)$. Die Spannung im Bild rechts ist nur etwa halb so groß, zugleich ist das von ihr verursachte Quantisierungs„geräusch" aber auch nur halb so groß. Kleine wie große Lautstärken bekommen durch diese Maßnahme praktisch das gleiche Quantisierungsgeräuschverhältnis. Realisiert wird dies mit einem A/D-Umsetzer, der in Teilbereichen mit unterschiedlicher **Stufenhöhe** arbeitet, oder einem linearen A/D-Umsetzer mit nachfolgender **„Umwertung"** der Stufenkodes. Da es sich in beiden Fällen um digitale Methoden handelt, lassen sich die empfangsseitigen Dekodier-Maß-

schreiten der Segmentgrenze der Störabstand nahezu um 6 dB größer wird und dann erst mit weiterer Verringerung der Signalamplitude wieder fällt. Wollte man den Effekt ausschließen, müßten die Stufenbreiten praktisch stetig abnehmend gewählt werden. Mit digitalen Methoden ist dies nicht möglich, so daß man in der PCM-Telefonie bei der sog. 13-Segment-Kompanderkennlinie mit sehr vielen unterschiedlich gestuften Segmenten arbeitet.

13-Segment-Kompanderkennlinie

Bei der PCM-Telefonie wird der zu komprimierende Quantisierungsbereich in sogenannte **Segmente** eingeteilt. Wegen der gewöhnlich in direktem Zusammenhang mit der Kodierung vorgenommenen Quantisierung ist es nämlich zweckmäßig, innerhalb eines jeden Segments die

181

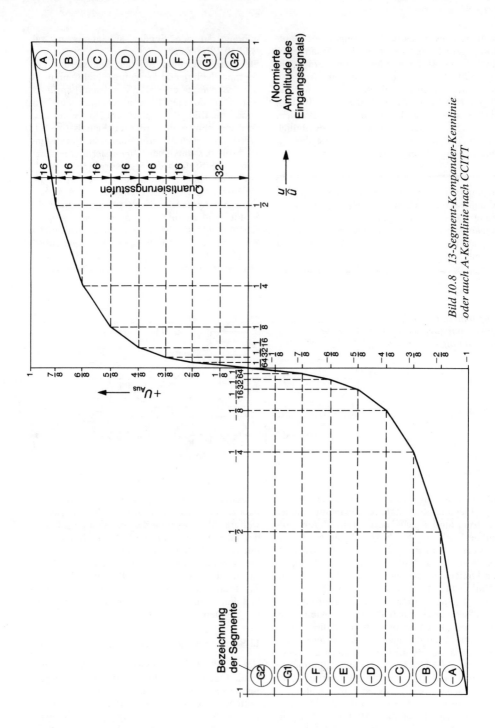

Bild 10.8 13-Segment-Kompander-Kennlinie
oder auch A-Kennlinie nach CCITT

Stufenhöhen gleich groß zu wählen. Die Stufenhöhen unterscheiden sich von Segment zu Segment um den Faktor 2. Es tritt daher zwar an jeder Segmentgrenze ein Sprung in der Kodierung auf (Bild 10.8). Da aber genügend, und zwar 13, Segmente vorhanden sind, ergibt sich eine einigermaßen gleichmäßig verlaufende „Kompressor-Kennlinie". Sie stellt sendeseitig das quantisierte und kodierte Ausgangssignal in Abhängigkeit von den analogen Abtastwerten dar, ihr Bildungsgesetz gilt aber auch für die Expandierung im Empfänger. Daher wird sie gewöhnlich als 13-Segment-Kompanderkennlinie bezeichnet. Da die mathematische Funktion zur genauen Beschreibung einen Faktor A enthält, findet man sie auch unter „A-Kennlinie" (im Gegensatz zu der beim amerikanischen PCM-System angewandten μ-Kennlinie).

Die 13 Segmente ergeben sich wie folgt (Bild 10.8). Der positive Quantisierungsbereich wird in **sechs Segmente** A bis F gleicher Stufenzahl, nämlich je 16, eingeteilt. Wegen der in Zweierpotenzen abnehmenden Stufenhöhen sind die Segmente im Analogbereich unterschiedlich breit, nämlich ½ û, ¼ û usw. In entsprechender Weise wird mit den negativen Werten verfahren,

so daß im negativen Bereich gespiegelt nochmals sechs Segmente auftreten (in Bild 10.8 mit $-A$ bis $-F$ bezeichnet), also zusammen zwölf. Dazu kommt das **mittlere Gebiet (G)** zwischen $+\frac{1}{64}$ û und $-\frac{1}{64}$ û mit der feinsten Quantisierung. Es ist in positiver wie negativer Richtung in 32, insgesamt also in $2 \cdot 32 = 64$ Stufen eingeteilt und wird als das 13. Segment gezählt. In beiden Richtungen existieren also je $(6 \cdot 16 + 32) = 128$ Intervalle, so daß der gesamte komprimierte Quantisierungsbereich zur Verarbeitung bipolarer analoger Abtastwerte $2 \cdot 128 = 256$ Quantisierungsstufen aufweist. Ohne Kompandierung müßten zum Erreichen des gleichen Störabstands bei niederen Pegeln $2 \cdot 2048 = 4096$ Stufen vorgesehen werden. In Bild 10.9 wird dies veranschaulicht: Solange der relative Pegel größer als ca. -42 dB ist, ist der Störabstand praktisch konstant, bis auf die Segmentsprünge von nahezu 6 dB. Sobald das Signal nur noch das Segment G ausfüllt, wirkt keine Kompandierung mehr. Proportional zur Pegelabnahme sinkt der Störabstand. Vergleicht man bei gleichem Störabstand die Pegel, so ist der **mit** Kompandierung rund 24 dB tiefer (gleiche Stufenzahl, nämlich 256, vorausgesetzt). Diesen

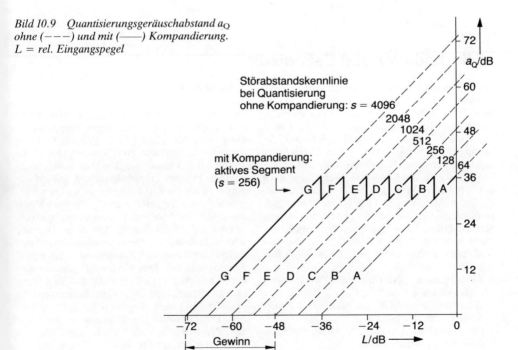

Bild 10.9   Quantisierungsgeräuschabstand a_Q ohne ($---$) und mit ($—$) Kompandierung. L = rel. Eingangspegel

Störabstandskennlinie bei Quantisierung ohne Kompandierung: $s = 4096$

mit Kompandierung: aktives Segment ($s = 256$)

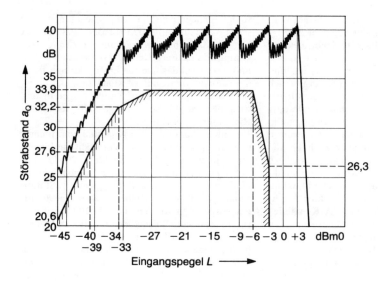

Bild 10.10
Störabstand a_Q in
Abhängigkeit vom
Eingangspegel L der
Sprache

Unterschied bezeichnet man als **„Kompandierungsgewinn"**. Genau errechnet er sich aus dem logarithmischen Verhältnis der maximal notwendigen Stufenzahl ohne zur tatsächlichen Stufenzahl mit Kompandierung:

$$g_k = 20 \lg s_{max}/s \text{ dB}$$

hier $g_k = 20 \lg 4096/256 \text{ dB} = 24{,}08 \text{ dB}$. Bild 10.10 zeigt eine gemessene Kurve des Störabstands mit den typischen sägezahnförmigen Störabstandseinbrüchen infolge der **Segmentsprünge**.

10.5   Kodierer und Dekodierer

Mit Kodierung bei der PCM bezeichnet man die Umsetzung der Analogwerte in Digitalwerte, es handelt sich dabei also im engeren Sinn um A/D-Umsetzung. Im weiteren Sinn gehört aber auch die spezielle Wahl des Binärkodes und die Kompandierung dazu. Bei der PCM wird der sog. symmetrische Binärkode verwendet, der von 0 aus nach oben (positive Werte) und nach unten (negative Werte) zählt. Das positive Vorzeichen wird durch eine binäre Eins, das negative durch eine binäre Null an der höchstwertigen Stelle (MSB = Most Significant Bit) des Kodeworts angegeben (Prinzip: Bild 10.2). Bei den Kodierern unterscheidet man im wesentlichen drei Verfahren:
– **Zähl**verfahren   (schrittweise   Annäherung, engl. „step-at-a-time"),
– **Wäge**verfahren (ADU mit sukzessiver Annäherung, „bit-at-a-time"),
– **Parallel**verfahren („Flash-", Momentanwertkodierer, „word-at-a-time").

Zählverfahren

Hier wird der zu kodierende Momentanwert bzw. PAM-Abtastwert mit einer **Treppenspannung** verglichen (Bild 10.11). Vor der Freigabe muß der Zähler auf Null stehen. Durch die Taktimpulse (Frequenz f_{Bit}) wird er so weit hochgezählt, bis die Treppenspannung geringfügig größer ist als die PAM-Amplitude und den Vergleicher dazu veranlaßt, durch ein Null-Signal das UND-Glied für die Taktimpule zu sperren, worauf der Zähler anhält. Mit einer Toleranz $\pm \frac{1}{2}$ Stufenhöhe (= Quantisierungsfehler) entspricht der erreichte **Zählerstand** dem PAM-Amplitudenwert. Das Kodewort steht an den Parallelausgängen des Zählers zur Verfügung und kann mittels eines Parallel-Serienwandlers (im Bild 10.11 nicht dargestellt) ausgelesen werden. Die Umsetzung muß spätestens am Ende des PAM-Impulses vollzogen sein. Der in Bild 10.11 dargestellte Kodierer wäre nur für unipolare PAM und lineare Quantisierung mit 2^4 Stufen geeignet. (Er ist im Prinzip nichts anderes als ein „Analog/Digital-Umsetzer nach dem Sägezahnverfahren": bei diesem wird anstelle der Stufenspannung eine in einem separaten Generator erzeugte Sägezahnspannung verwendet.)

Treppenspannung: Die Anstiegsgeschwindigkeit der Treppenspannung hängt direkt mit der Taktfrequenz zusammen, mit der die Dualzahlen hochgezählt werden. Zur Gewinnung der Momentanwerte dient ein **Widerstandsnetzwerk** gemäß Bild 10.12a oder b. Die Binärstellen des Zählers steuern elektronische Schalter (im Bild blau unterlegt). Je nach Stellengewicht der Dualzahl verursacht eine genaue Referenz-Gleichspannung U_{ref} über den entsprechenden Schalter einen dem Stellengewicht der Binärstelle des Zählers entsprechenden Strom. Die **Summe** dieser **Ströme** bildet an einem Lastwiderstand R_L (Bild a) oder in einem Summierer (Bild b) einen dem Dualzahlenwert des Zähler-Worts entsprechenden analogen Spannungsbetrag. Beim Hochzählen des Zählers nimmt der Wert gemäß Bild 10.12a, unten, treppenförmig zu, solange

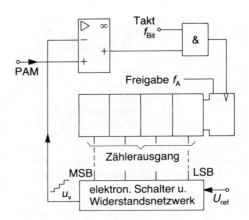

Bild 10.11   Parallelkodierung einer PAM (Prinzip: Sägezahn-Umsetzer)

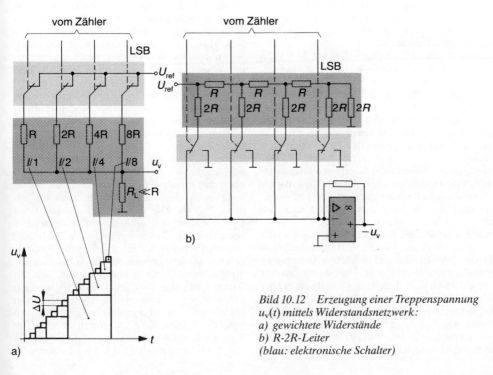

a)

b)

Bild 10.12   Erzeugung einer Treppenspannung $u_v(t)$ mittels Widerstandsnetzwerk:
a) gewichtete Widerstände
b) R-2R-Leiter
(blau: elektronische Schalter)

der Zähler freigegeben ist. Die Höhe ΔU einer **Quantisierungsstufe** hängt von U_{ref}, R, R_L und der Anzahl n der Binärstellen des Kodeworts wie folgt ab: $\Delta U \approx U_{ref} \cdot R_L/(n \cdot R)$.

Dieser Wert entsteht dann, wenn nur der Schalter für das niedrigstwertige Bit (LSB = Least Significant Bit) geschlossen ist.

Wenn es (z. B. für Demonstrationszwecke) auf die Genauigkeit der Stufenhöhe nicht sehr ankommt, kann man auf U_{ref} und die elektronischen Schalter in Bild 10.12a verzichten und die binären Zählerausgänge direkt auf die Widerstände schalten. Das System wird dadurch sehr einfach.

Netzwerk mit gewichteten Widerständen: Die Widerstände des in Bild 10.12a dargestellten Netzwerks sind entsprechend dem Stellengewicht des Dualzahlensystems in der Folge R, $2R$, $4R$ usw. gestuft und bewirken gewichtete Ströme I, $I/2$, $I/4$ usw. in den entsprechenden Stromzweigen. Anstelle des sehr niederohmigen Summierwiderstands R_L kann natürlich auch ein OPV als Summierer dienen wie in Bild b (der allerdings wegen seiner invertierenden Wirkung noch einen Umkehrverstärker benötigt). Eine exakte Stufung der Treppenspannung erfordert hochgenaue Widerstandswerte. Bei einem 8-Bit-Kodierer mit Netzwerk nach Bild 10.12a wären acht gestufte, jeweils um den Faktor 2 unterschiedliche Widerstandswerte nötig, was sehr schwierig realisierbar ist.

Netzwerk mit R-$2R$-Leiter: Die in Bild 10.12b dargestellte R-$2R$-Leiter mit ihren nur zwei unterschiedlichen Werten R und $2R$ bedeutet eine erhebliche Vereinfachung für die Fertigung. Eine solche Leiter stellt einen fortlaufend belasteten Spannungsteiler dar. Der gesamte untere Teilerwiderstand an den Knotenpunkten ist, wie man leicht durch fortgesetzte Berechnung von rechts nach links zeigen kann, jeweils R. Dadurch ist der Teilerfaktor für die von links kommende Spannung an jedem Knoten ½. Entsprechend nehmen die Ströme durch die Querwiderstände ($2R$) von links nach rechts fortlaufend nach dem dualen Stellengewicht ab.

Andere Version der R-$2R$-Leiter: Häufig wird die R-$2R$-Leiter in einer anderen Betriebsart angegeben, bei der die elektronischen Umschalter günstiger realisierbar sind. Im Grunde handelt es sich um dieselbe Leiter, nur vertauscht betrieben: Dort, wo im Bild 10.12b der invertierende OPV-Eingang ist, wird U_{ref} eingespeist; die Summenspannung wird links oben abgenommen (anstelle von U_{ref} in Bild 10.12b). Sie verhält sich ähnlich, ist lediglich theoretisch etwas schwieri-

ger zu durchschauen (man verwende z. B. das Hilfsmittel „Ersatzspannungsquelle": Halbierung der jeweiligen Leerlaufspannung, Ersatzinnenwiderstand an den Knoten stets $2R$, Überlagerungssatz usw.). Nachteilig bei dieser Version ist die nicht konstante U_{ref}-Belastung. Die eben beschriebenen Netzwerke samt elektronischen Schaltern sind nichts anderes als Digital/Analog-Umsetzer und werden im Zusammenhang mit Dekodierern wieder erscheinen.

Bei **Einzelkanalkodierung** mit einer Abtastdauer von 125 µs und 8 Bit muß die Taktfrequenz für den Zähler mindestens 64 kHz haben. Bei 30-Kanal-PCM (30 + 2 Kanäle) ist eine Taktfrequenz von 2048 kHz nötig. Daher kommt es darauf an, einen möglichst schnellen Umsetzer bei vertretbarem Aufwand zu verwenden. Der **Zählkodierer** hat den Nachteil, daß die **Umsetzzeit groß** ist. Günstiger ist in dieser Hinsicht der „Wägekodierer".

Wägeverfahren

Der Wägekodierer erzeugt ebenfalls mittels einer Referenzspannung und einem Widerstandsnetzwerk eine Vergleichsspannung. Die Annäherung an die umzusetzende PAM-Signalspannung geschieht jedoch „sukzessiv": Der Vorgang ist ähnlich dem fortlaufenden (sukzessiven) Massenvergleich bei einer Balkenwaage mit einem Satz **unterschiedlicher** Gewichte. Demnach muß der Wägekodierer eine Rückkopplung und eine **Logik** haben, durch die die „Gewichte" gesetzt und nötigenfalls auch wieder weggenommen werden können. Anhand einer **Modellschaltung** (Bild 10.13) soll dies erläutert werden. Die Logik (im Bild oben) hat Eingänge für einen umlaufenden Impuls (z. B. aus einem Ringregister). Dieser wirkt einerseits auf die Setzeingänge der angeschlossenen Flipflops, gleichzeitig aber auch über das jeweilige UND-Glied auf den Rücksetzeingang des entsprechenden vorhergehenden Flipflops. Die in der Logik vorhandenen UND-Glieder sind zunächst vom Inverter her noch gesperrt. Durch den umlaufenden Impuls werden nacheinander die Flipflops im Register gesetzt, so daß die elektronischen Schalter die Ströme $64I$, $32I$ usw. bewirken und sich die Summe aus den entsprechenden Spannungen $64U + 32U + \dots$ sehr rasch aufbaut. Sobald nun ein duales Stellengewicht dazukommt, durch welches die Spannung am Vergleicher größer wird als der PAM-Momentanwert, liefert der Vergleicherausgang über den Inverter ein 1-Si-

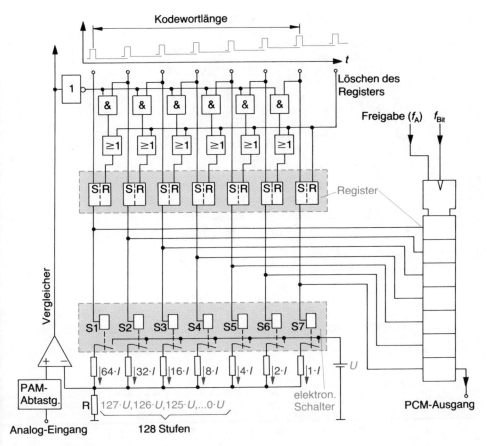

Bild 10.13   Wägekodierer

gnal auf alle UND-Glieder und gibt sie kurzzeitig frei. Der folgende Impuls kann daher das vorige Flipflop wieder **zurücksetzen** und zugleich über den Setzeingang des ihm zugeordneten Flipflops das Auflegen des **nächstkleineren** Stellengewichts bewirken. Je nach Höhe des PAM-Werts kann die Summenspannung u. U. nun entweder wieder kleiner sein, so daß das Gewicht liegen bleiben darf, oder aber das nächstkleinere war immer noch zu groß und muß ebenfalls, und zwar beim nächsten Impuls, weggenommen werden. Sukzessiv werden weiter kleinere Stellengewichte durch die nachfolgend zu setzenden Flipflops „aufgelegt", bis schließlich das kleinste Stellengewicht aufgebraucht ist. Nach Abschluß

des Vorgangs steht an den Flipflopausgängen des Registers das Kodewort parallel zur Verfügung (im Beispiel Bild 10.13 ist es siebenstellig) und kann über einen Parallel/Serien-Umsetzer als PCM abgenommen werden.

Bild 10.14 zeigt im **Vergleich** zum **Zählkodierer**, wie bei gleicher Taktfrequenz f_{Bit} der **Wägekodierer** den Endwert erheblich schneller erreicht. Bild 10.15 stellt das Blockschaltbild eines Wägekodierers für acht Bit dar (ZN 449). In diesem integrierten Schaltkreis wird aus den bereits beschriebenen Gründen eine R-$2R$-Leiter als Widerstandsnetzwerk verwendet. Dieses kann auch allein mit einem Register zusammen als Digital/Analog-Umsetzer gebraucht werden.

187

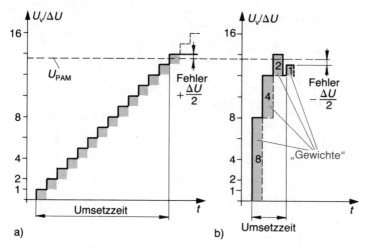

Bild 10.14 Vergleich der Umsetzzeiten
a) Zählkodierer, b) Wägekodierer

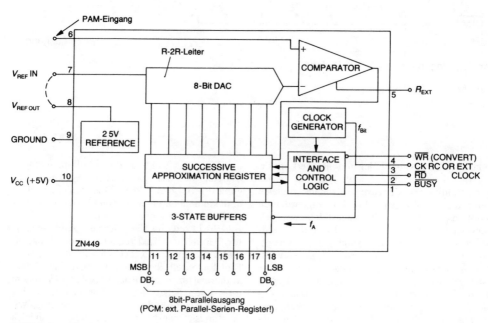

Bild 10.15 Blockschema des Wägekodierers
(ADU-IC ZN 449)

Parallelverfahren

Zur Digitalisierung sehr hochfrequenter Signale (z.B. Fernsehsignale) eignet sich der Parallel- oder auch Momentanwert-Umsetzer (Bild 10.16). Die **Vergleicher** stellen sozusagen einen „Maßstab" dar, an den die PAM-Abtastprobe gelegt wird. Alle Vergleicher, deren Referenzspannung kleiner ist als der Analogwert, liefern am Ausgang eine Eins, die anderen eine Null. In einer Logik werden die Ausgangssignale zu einem bitparallelen Kodewort umgewandelt und können danach über einen Parallel/Serien-Wandler als PCM-Signal weitergegeben werden. Für ein 8-Bit-Kodewort braucht man $2^8 - 1 = 255$ Referenzspannungen und Komparatoren, ein erheblicher Aufwand! Dafür ist die Umwandlungszeit praktisch nur durch die Laufzeit der Vergleicher und Verknüpfungslogik gegeben. Wegen des hohen Aufwands wird daher in vielen Fällen der Wägekodierer verwendet.

Kodierung bipolarer PAM

In den vorigen Beispielen wurde praktisch immer nur das Kodieren unipolarer PAM gezeigt. Bipolare PAM-Impulse enthalten positive und negative Spannungswerte. Im PCM-Kodewort wird dies durch eine 1 oder eine 0 an der höchstwertigen Stelle ausgedrückt. Bei 8-Bit-Kodewörtern (wie z.B. PCM-Telefonie) ist daher ein siebenstelliger A/D-Umsetzer nötig. Die **8. Stel-**

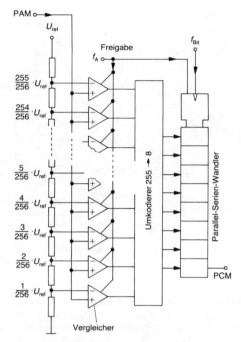

Bild 10.16   Momentanwertkodierer

Bild 10.17   Prinzip PCM-Dekodierer

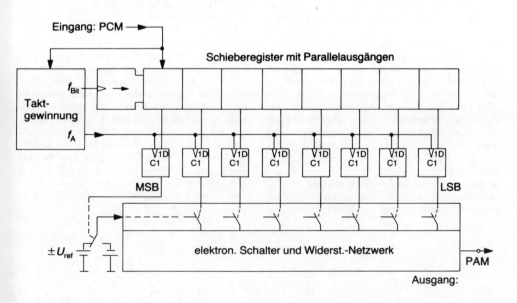

189

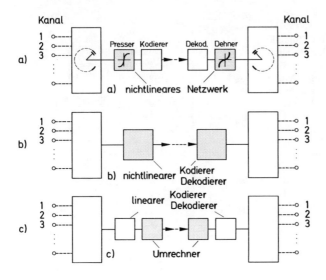

Kanal

a)

a) nichtlineares Netzwerk

Presser Kodierer Dekod. Dehner

Kanal

b)

b) nichtlinearer Kodierer Dekodierer

c)

linearer Kodierer Dekodierer

c) Umrechner

Bild 10.18 Kombination A/D-Umsetzung mit Kompandierung

le nimmt das Bit für das **Vorzeichen** auf. Daher benötigen die Kodierer eine Einrichtung zur Feststellung der Polarität des PAM-Impulses, die einerseits das 8. Bit im Kodewort 1 oder 0 setzt und gegebenenfalls den PAM-Impuls durch Umpolen dem ADU geeignet anbietet.

Dekodierer

Bei der Dekodierung werden aus der ankommenden Folge von Kodewörtern die den ursprünglichen Quantisierungsintervallen zugeordneten Signalwerte wiederhergestellt. Die dekodierten Werte sind gegenüber dem ursprünglichen Signal $u_M(t)$ um die Quantisierungsverzerrung falsch. Am einfachsten sind solche Kodes dekodierbar, deren Elemente in eindeutiger Weise Stellenwertigkeiten zugeordnet sind, wie z. B. beim Dualzahlensystem. Dekodierer enthalten im wesentlichen einen **Digital/Analog**-Umsetzer (Bild 10.17) mit **Widerstandsnetzwerk**. Das Netzwerk kann gemäß Bild 10.12a aus gewichteten Widerständen bestehen. Gewöhnlich ist es jedoch wegen der besseren Realisierbarkeit eine R-$2R$-Leiter gemäß Bild 10.12b. Die Umsetzzeit wird bestimmt durch die Stellenzahl des Kodeworts und die Taktfrequenz, mit

der der serielle Eingang des Schieberegisters geladen wird. Die Umwandlung in den Analogwert geschieht praktisch unmittelbar.

Bei Anwendung von **Kompandierung** kann gemäß Bild 10.18c vor dem DAU eine Umkodierung (Umrechner!) vorgenommen werden (bei PCM-Telefonie von 8 bit auf 12 bit), oder die Expandierung erfolgt direkt im DAU (Bild 10.18b). Im Fall Bild c ist ein gesonderter Umkodierer mit zwölf Binärstellen am Ausgang nötig. Demgemäß besteht die R-$2R$-Leiter aus entsprechend vielen Elementen, z. B. 12. Im Fall gemäß Bild b muß man sich eine R-$2R$-Leiter vorstellen, die durch die **höher**wertigen Bits des Kodeworts zur Darstellung des analogen Anfangswerts des jeweiligen **Segments** veranlaßt wird (vier Bit für die Segmente!). Die unterschiedliche Quantisierungsstufen**höhe** innerhalb der verschiedenen Segmente wird durch die **nieder**wertigen Bits des Kodeworts bewirkt, indem dual gewichtete unterschiedliche Referenzströme oder -spannungen auf das Widerstandsnetzwerk gegeben werden (drei Bit). Das **höchstwertige** Bit (MSB) ist für die **Polarität** der erzeugten PAM zuständig und muß daher die Referenzgrößen (Ströme oder Spannungen) entsprechend polen.

190

10.6 Mehrkanalübertragung

Bereits bei der PAM wurde anhand des Spektrums der Übertragung schmaler Impulse klar, daß es unwirtschaftlich wäre, nur einen einzigen Kanal zu übertragen. PCM geht daher praktisch immer mit Mehrkanalübertragung einher: Bei Telefonie ist das kleinste System **PCM 30**, bei dem 30 Kanäle plus zwei Hilfskanäle übertragen werden, bei **CD-Player**-Technik werden die beiden Stereokanäle ineinandergeschachtelt, bei **digitalem Fernsehen** die beiden Farbdifferenzsignale und das Leuchtdichtesignal.
Bild 10.19 zeigt die Grundstruktur eines Senders und Empfängers beim System PCM 30, bei dem 30 Kanäle mittels PCM übertragen werden.

Während man im Bild 10.1 von „Einzelkanalkodierung" sprechen kann, handelt es sich im Bild 10.19 um **Gesamtkanal**kodierung. Die Multiplexbildung wird auf der analogen Seite vorgenommen, so daß man sich die große Anzahl von Einzelkodierern spart: Die Umwandlung der ineinandergeschachtelten Impulse geschieht in einem für alle Kanäle gemeinsamen Analog-Digital-Umsetzer (Bild a). Die elektronischen Schalter des Multiplexers werden bei 30 Kanälen plus zwei Hilfskanälen und 8 kHz Abtastrate (= 125 µs) nacheinander im Abstand der „Kanalzeit" von rund 3,9 µs geschaltet. Nach 125 µs beginnt der Zyklus von neuem (Rahmen!).

Bild 10.19
Grundstruktur einer
PCM 30

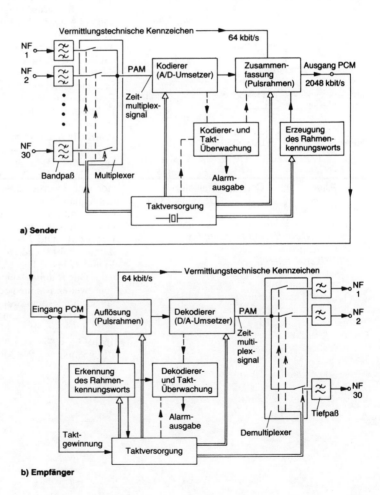

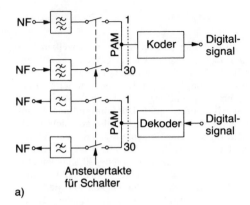

a)

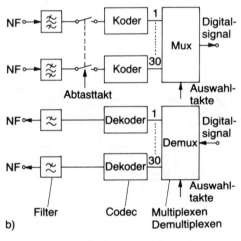

Filter   Codec   Multiplexen
Demultiplexen

b)

Bild 10.20   Anordnung von Koder und Multiplexer bzw. Dekoder und Demultiplexer
a) Zentralcodec
b) Einzelkanalcodec

– Das PCM-30-System dient zur **Mehrfachausnutzung** symmetrischer Kabelleitungen im Nahbereich.
– Die Kanalzeit wird als **Zeitschlitz** bezeichnet. Sie steht maximal für die Umsetzung eines Kodewortes zur Verfügung.
– Die Summe der aufeinanderfolgenden Zeitschlitze einer einmaligen Abtastung aller Kanäle einschließlich der beiden Hilfskanäle bildet einen zeitlichen **Rahmen** aller Kanäle.

Beispiel: Die Zeit für den Rahmen errechnet sich beim System PCM 30 zu $T_R = 32 \cdot 3{,}9\,\mu s = 125\,\mu s$. Sie entspricht der Periodendauer der Abtastfrequenz 8 kHz.

Der zeitliche Ablauf wird von der quarzgesteuerten Taktversorgung bestimmt. Bild b (unten) zeigt den Empfänger. Dieser gewinnt aus der empfangenen PCM den Takt. Die beiden Hilfskanäle, die **vermittlungstechnische** Kennzeichen und ein sogenanntes **Rahmenkennungswort** enthalten, werden separiert. Die 30 Nutzkanäle werden erst dekodiert und dann als PAM-Signal auf den Demultiplexer gegeben. In der Gegenrichtung muß man sich nun ein zweites solches System vorstellen.

Eine Station besteht aus einem Kodierer und Dekodierer (Codec = Coder + Decoder) und ebenso die entsprechende Gegenstelle. Dieses Prinzip bezeichnet man als **Zentralcodec** (Bild 10.20a). Im Gegensatz dazu gibt es den **Einzelkanalcodec** (Bild 10.20b). Eine Zwischenstellung nimmt der Teilzentralcodec ein. Über je eine Gabel werden abgehendes und ankommendes Signal (Nf) auf die Doppelader zusammengefaßt und zum jeweiligen Teilnehmer geführt.

Den Aufbau eines **PCM-30-Rahmens** zeigt Bild 10.21. Die beiden Hilfskanäle liegen im Zeitabschnitt 0 und 16. Vom Zeitabschnitt 1 bis 15 und 17 bis 31 liegen die insgesamt 30 Nutzkanäle. Das **Rahmenkennungswort** wird nur in jedem zweiten Rahmen gesendet, so daß der Empfänger mindestens zwei Rahmen abwarten muß, bis der Rahmen erkannt ist. Die Zeit für ein Bit beträgt wegen der 8 bit pro Kodewort $T_{Bit} = 3{,}9\,\mu s/8 = 0{,}488\,\mu s$. Entsprechend ist die Bitrate $1/(0{,}488\,\mu s) = 2{,}048$ Mbit/s.

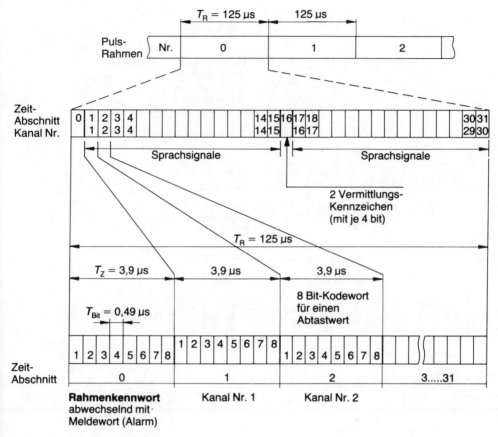

Bild 10.21   Rahmen des PCM-30-Systems

10.7   Regenerativverstärker

Regenerierung

Ein großer Vorteil der PCM gegenüber anderen Modulationsverfahren ist ihre große Sicherheit gegenüber Kanalstörungen. Bevor überhaupt der zulässige Störpegel der Leitung überschritten wird, wird durch einen im Zuge der Leitung eingebauten sogenannten **Regenerativverstärker** das Signal völlig neu hergestellt (regeneriert). Wegen der Binärkodierung der Amplitude ist dies möglich.

Aus dem mit Störspannung behafteten Signal wird im Regenerativverstärker das ursprüngliche rechteckförmige Bitmuster völlig **störungsfrei**

wiedergewonnen (Bild 10.22). Lediglich das unvermeidliche Quantisierungsgeräusch bleibt.

> Bei genügender Anzahl von Regenerativverstärkern läßt sich ein PCM-Signal frei von Kanalgeräuschen über beliebige Entfernungen übertragen.

Bei allen anderen, „analogen" Modulationsverfahren wächst das Rauschen und z.T. auch das Übersprechen und die Intermodulation mit zunehmender Leitungslänge an und kann durch Zwischenverstärker nicht entfernt werden.

193

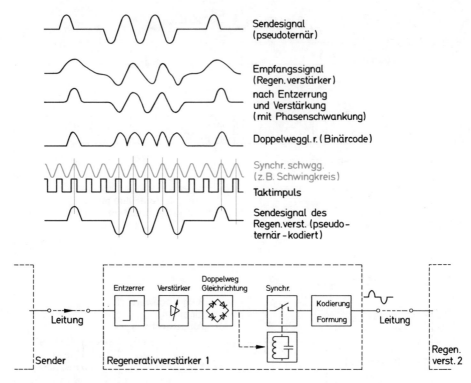

Sendesignal
(pseudoternär)

Empfangssignal
(Regen. verstärker)

nach Entzerrung
und Verstärkung
(mit Phasenschwankung)

Doppelweggl. r. (Binärcode)

Synchr. schwgg.
(z.B. Schwingkreis)

Taktimpuls

Sendesignal des
Regen. verst. (pseudo-
ternär-kodiert)

Bild 10.22   Prinzip der Regenerierung

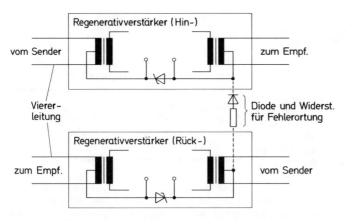

Bild 10.23   Fernspeisung des Regenerativverstärkers

194

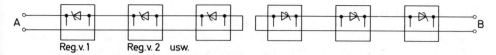

Bild 10.24   Übersicht: Fernspeisung der Regenerativverstärker

Reg.v.1   Reg.v.2   usw.

A   B

Verstärker

Je nach Leitung muß bereits nach wenigen Kilometern (z. B. 2 km) das Signal regeneriert werden. Die Aufgaben des Regenerativverstärkers werden anhand von Bild 10.22 erläutert. Das ursprüngliche, für die Übertragung günstige **pseudoternäre** Signal, wie es der Sender abgibt, kommt infolge der Dämpfungs- und Phaseneigenschaften der Leitung verzerrt an. Nach **Entzerrung** und Verstärkung erhält es bereits nahezu wieder seine Originalform. Es können jedoch noch Phasenschwankungen (Jitter) enthalten sein. Ein Doppelweggleichrichter macht aus dem pseudoternären Signal wieder das **binäre** Signal. Mit Hilfe von Taktimpulsen wird dieses von den Phasenschwankungen befreit. Die Taktimpulse können z. B. von einem Schwingkreis bzw. Generator, der als „Schwungrad" wirkt und vom durchlaufenden **Bit-Strom synchronisiert** wird, abgeleitet werden. Hier wird auch deutlich, daß der Kode keine längere Gleichstromfolge enthalten darf, wenn Schwingkreis bzw. Taktgenerator nicht außer Tritt fallen sollen.

Nach Umwandlung in den pseudoternären Kode und **Formung** (Halbsinusschwingungen) geht das Signal regeneriert wieder auf die Leitung.

Die Stromversorgung der Regeneratoren zwischen zwei Orten A und B (Bild 10.24) geschieht durch eine Stromquelle, deren Strom über die in Reihe geschalteten Zenerdioden fließt, wodurch jeder Regenerator konstante Spannung erhält. Um von Potentialunterschieden zwischen den Orten A und B unabhängig zu sein, können zwei von den Orten A und B ausgehende getrennte und bis zur Mitte der Regeneratorkette reichende Stromkreise vorgesehen werden. Die Speisung geschieht über den **Phantomkreis** des Vierers, so daß keine eigene Leitung erforderlich ist (Bild 10.23).

Bit-Fehler

Trotz Regenerierung sind Bit-Fehler nicht ganz zu vermeiden. Rauschen enthält Störspitzen, die auftreten, wenn zufällig gleichphasige Rauschanteile sich aufaddieren. Derartige Störspitzen müssen bei der Festlegung des zulässigen Störabstands mitberücksichtigt werden. Übertragungsfehler entstehen bei der Digitalübertragung dann, wenn ein Impuls verlorengeht oder durch eine Störspitze hinzukommt. Ein Maß für die Fehler ist die sogenannte **Bitfehlerquote**. Sie bedeutet die Anzahl der fehlerhaften Bit zur Gesamtzahl der gesendeten Bit (s. Kapitel 8.11).

Eine Bitfehlerquote von 10^{-4} besagt, daß von 10000 gesendeten Bit ein Bit falsch ankommt, oder anders ausgedrückt, daß jeder 10^4te Impuls gestört ist. Eine Quote von 10^{-4} bedeutet noch keine wesentliche Einbuße an Gesprächsqualität. Kritisch ist eine Fehlerquote von 10^{-3}. Angestrebt wird für ein 30-Kanal-Einheitsübertragungssystem bei einer Länge von 2500 km eine Fehlerquote von $3 \cdot 10^{-7}$ (s. auch Bild 8.41). Gestörte Impulse äußern sich im Empfänger als **Störknacke**. Diese machen sich mit unterschiedlichen Amplituden bemerkbar, je nachdem, ob ein Bit hoher oder niedriger Wertigkeit des Kodeworts gestört wird. Durch geeignete Kodewahl kann man erreichen, daß Kodewörter für geringere Amplituden infolge eines „störfreundlichen" Bitmusters weniger häufig gestört werden (subjektive Wirkung, s. S. 152).

Um die Fehlerquote feststellen zu können, ist ein Vergleichsverfahren notwendig. Einlaufende gefälschte Kombinationen müssen mit einem ungestörten Bitmuster verglichen werden. Die ungestörte Kombination muß im Empfänger bekannt sein. Hierzu kann das Rahmenkennungswort verwendet werden. Auch das Bildungsgesetz des Kodes bietet eine Überwachungsmöglichkeit.

10.8 Zusammenfassung

Obwohl das Prinzip der PCM schon seit dem Jahr 1938 bekannt ist, wurde es doch erst durch die moderne Halbleitertechnik realisierbar. Zunächst bietet die PCM die Möglichkeit der Mehrfachausnutzung vorhandener, elektrisch ungünstiger und früher nur einkanalig ausgenutzter **Ortskabel**. Dabei werden allerdings in verhältnismäßig kurzen Abständen Regenerativverstärker benötigt. Nachteilig ist bei PCM gegenüber der Trägerfrequenztechnik der wesentlich **höhere Bandbreitenbedarf**, der bis zu einem Faktor 10 größer sein kann. Von Vorteil ist, daß alle Möglichkeiten der modernen Halbleitertechnik genützt werden können. Bei der Tf-Technik ist dies wegen der erforderlichen Filter nicht der Fall. Der größte Vorteil der PCM ist die Möglichkeit, sämtliche Störungen durch **Regeneration** der Signale zu eliminieren. Ein Auf-addieren von Störungen, wie dies bei der Tf-Technik der Fall ist, gibt es nicht.

Die Einführung weiterer **Hierarchiestufen** über die 1. Stufe mit 30 Telefoniekanälen hinaus bringt bei der PCM das Problem der Synchronisierung. Weitere Hierarchiestufen sind die 2. Stufe mit 120 Kanälen usw. (Faktor 4, siehe unten). Sie bedingen weitverzweigte Netze, wobei die einzelnen Systeme synchron zueinander arbeiten müssen. Um Asynchronbetrieb machen zu können, wendet man beispielsweise das sogenannte **Pulsstopfverfahren** an (engl. „stuffing"). Nachteilig für die PCM im internationalen Bereich ist die Schwierigkeit gemeinsamer Normung (in Amerika z. B. 24 Kanäle anstelle der europäischen 30 Kanäle usw.). Die folgende Tabelle gibt eine Übersicht über die Hierarchiestufen und deren Merkmale.

Übersicht über Digitalsignal-Systeme

Hierarchie-stufe	1	2	3		4		5	
Anzahl der Nutzkanäle	30	120	480		1920		7680	
Digitalsignal-System (DS)	2	8	34		140		565	
Bitrate (Mbit/s)	2,048	8,448	34,368		139,264		564,992	
Dauer eines Bit (ns)	488	118,4	29,1		7,17		1,77	
Pulsrahmen-Dauer (µs)	125	100,4	44,7		21		4,76	
Zahl der Bits/Rahmen	256	848	1536		2928		2688	
Übertragungs-medium	symm. Kabel	symm. Kabel oder Koax	Koax	LWL	Koax	LWL	Koax	LWL
Leitungskode	HDB-3	HDB-3	4B/3T	5B/6B 1B/2B je nach Einsatzfall	4B/3T	5B/6B 1B/2B je nach Einsatzfall	AMI	5B/6B
Schrittge-schwindigkeit (MBaud)	2,048	8,448	25,776	21,241 68,736 je nach Einsatzfall	104,448	167,117 278,528 je nach Einsatzfall	564,992	677,990
Regenerator-abstand (km)	1...5,5 abhängig vom Aderndurch-messer	6,5...8 keine Zwischen-regenerierung, nur Leitungs-endgerät	4,1	11...80 abhän-gig vom LWL	4,65	8...70 abhän-gig vom LWL	1,55	31...53 abhän-gig vom LWL

10.9 Nachrichtentheoretische Zusammenhänge

Wertegehalt der bandbegrenzten Zeitfunktion:
Jede beliebige nichtsinusförmige Zeitfunktion, die periodisch ist, kann man sich nach Fourier aus einem Spektrum von Grundschwingung und einer großen Anzahl von Oberschwingungen zusammengesetzt denken, deren Mindestfrequenzabstand gleich der Grundfrequenz oder einem ganzzahligen Vielfachen davon ist. Bei Telefonie ist die tiefstmögliche Grundfrequenz 300 Hz. Zu dieser gehört eine ganz bestimmte Periodendauer T. Der Zusammenhang mit der Grundfrequenz ist $f = 1/T$. Der geringstmögliche Abstand der Oberschwingungen kann also nur $f = 1/T$ sein.

Da nach Voraussetzung das Band nach oben hin begrenzt sein soll, bei Telefonie auf 3,4 kHz, können also auch nicht beliebig viele Frequenzen auftreten, sondern nur eine endliche Anzahl, die sich aus der Bandbreite B und dem Frequenzabstand $f = 1/T$ der Oberschwingungen ergibt. Man erhält diese Anzahl, wenn man die Gesamtbandbreite B durch den Abstand $f = 1/T$ teilt, nämlich $B \cdot T$. Bei Telefonie ergäben sich im ungünstigsten Fall für eine beliebige Zeitfunktion

$$3{,}4 \text{ kHz} \cdot \frac{1}{300} \text{ s} \approx 11$$

Schwingungen unterschiedlicher Frequenz.
Tatsächlich ist jedoch die doppelte Anzahl von Schwingungen erforderlich, da auch die Phasenlage eine Rolle spielt. Bekanntlich kann eine Schwingung nach Amplitude **und** Phasenlage durch die Summe einer Kosinus- und einer Sinusschwingung gleicher Frequenz durch geeignete Wahl der beiden Amplituden dargestellt werden. Es reicht also zur Darstellung einer kontinuierlichen bandbegrenzten Zeitfunktion aus, wenn insgesamt maximal

$$n = 2 \cdot B \cdot T$$

diskrete numerische Werte übertragen werden. Bei Telefonie sind dies

$$n = 2 \cdot 3{,}4 \text{ kHz} \cdot \frac{1}{300} \text{ s} \approx 22$$

charakteristische Werte innerhalb der Periodendauer $T = 3{,}3$ ms der Grundschwingung. Es gilt der Satz über die **Darstellung einer bandbegrenzten Zeitfunktion:**

Zur Darstellung einer bandbegrenzten Zeitfunktion genügt eine endliche Anzahl diskreter Werte $n = 2 \, B \, T$

Zusammenhang mit dem Abtasttheorem: Rechnet man die während der Periodendauer T übertragenen numerischen Werte auf eine Sekunde um, so ergibt sich, daß pro Sekunde n/T numerische Werte übertragen werden müssen. Da aber $n = 2 \, B \, T$ ist, ergibt sich schließlich, daß pro Sekunde mindestens $2 \, B \, T/T = 2 \, B$ Werte übertragen werden müssen. Mit B ist die höchste Modulationsfrequenz, bei Telefonie 3,4 kHz, gegeben, und $2 \, B$ ist nichts anderes als die Abtastfrequenz! Somit lautet die wichtige Beziehung für die Abtastfrequenz (das Abtasttheorem):

$$f_A \geq 2 \cdot B$$

Besteht die Zeitfunktion im Spezialfall überhaupt nur aus einer einzigen Sinusschwingung der Frequenz f_M, so genügt zur vollständigen Beschreibung die Abtastung mit $f_A \geq 2 \cdot f_M$, bei Telefonie also mindestens 6,8 kHz. Bei der CD-Abspieltechnik (CD = Compact Disk) wird ein Audiobereich von 20 Hz … 20 kHz mit Abtasttechnik und PCM verarbeitet. Dort wurde nach CCIR eine Abtastfrequenz von 44,1 kHz festgelegt.

Nachrichtenmenge: Quantisiert man ein zunächst aus beliebig vielen Amplitudenstufen bestehendes Signal in s Stufen, so läßt sich das Signal nach der Kodierung aus einer endlichen Zahl von

$$r = \text{lb } s \text{ bit}$$

darstellen, d. h. aus einer endlichen Anzahl sogenannter „**Nachrichteneinheiten**". Dabei ist unter Nachrichteneinheit jedes binäre Symbol (0, 1) zu verstehen. Man erinnere sich nun an den im Zusammenhang mit dem Abtasttheorem formulierten Satz über die Darstellung einer bandbegrenzten Zeitfunktion durch eine endliche Anzahl von $2 \, B \, T$ diskreten Werten. Wenn jeder dieser $2 \, B \, T$ Werte infolge der Quantisierung mit r Nachrichteneinheiten dargestellt werden kann, ergibt sich die sogenannte **Nachrichtenmenge** als das Produkt:

$$I = 2 \, B \, T \text{ lb } s \text{ bit}$$

Man kann sich dieses Produkt als den Inhalt eines **Quaders** mit den Kantenlängen „Bandbreite B", „Zeit T" und „Dynamik 2 lb s" veranschaulichen. Es besagt, daß gleiche Nachrichtenmenge nur dann mit geringerer Bandbreite übertragen werden kann, wenn entweder die Übertragungszeit oder die Dynamik erhöht wird.
Nachrichtenfluß: Teilt man durch die Zeit T, so erhält man die pro Sekunde fließende Nachrichtenmenge

$$R = 2\,B\,\text{lb}\,s$$

die man mit Nachrichtenfluß bezeichnet. Die Einheit ist Bit/Sekunde bzw. „Baud", abgekürzt „Bd".

Aufgabe: Aus der Formel $a_\mathrm{Q} \approx (20\,\lg\,s)$ dB soll für ein Quantisierungsgeräusch von rund 30 dB die notwendige Stufenzahl s und der Nachrichtenfluß bei einer Signalbandbreite von 3,1 kHz berechnet werden.
Lösung: Es ergibt sich $s = 32$. Hiermit ist der Nachrichtenfluß $R = 2 \cdot 3100 \cdot \text{lb}\,32 = 31\,000$ Bd.

Aufgabe: Wie groß ist der Nachrichtenfluß, wenn pro Sekunde 12 Buchstaben (= durchschnittliche Sprechgeschwindigkeit) mit 5 bit pro Buchstabe kodiert (entspricht Fernschreiber) übertragen werden?
Lösung: $R = 12 \cdot 5$ bit/s $= 60$ Bd
Aus der Lösung folgt, daß Sprache offenbar einen relativ geringen Nachrichteninhalt hat. Der sich ergebende große Nachrichtenfluß der ersten Aufgabe zeigt, daß bei gesprochener Sprache verhältnismäßig viel überflüssige Information (Klangfarbe usw.) enthalten ist. Überfluß an Information wird mit „**Redundanz**" bezeichnet.

Aufgabe: Welche Bandbreite ist zur Übertragung eines Nachrichtenflusses von 60 Bd a) bei binärer ($s = 2$) und b) bei quaternärer ($s = 4$) Kodierung notwendig?
Lösung: a) 60 Hz, b) 30 Hz, denn es ist
a) $R = 60$ Hz $\cdot$ lb 2 $= 60$ Bd
b) $R = 30$ Hz $\cdot$ lb 4 $= 60$ Bd
Es ergibt sich der wichtige Satz über die **endliche Nachrichtenmenge einer frequenzbegrenzten Zeitfunktion:**

> Eine frequenzbegrenzte Zeitfunktion enthält eine endliche Nachrichtenmenge von $2\,B\,T\,\text{lb}\,s$ bit.

Daraus läßt sich der Satz über die **Konstanz der übertragenen Nachrichtenmenge** folgern:

> Die Nachrichtenmenge bleibt konstant, wenn bei Verringerung der Bandbreite entweder die Stufenzahl oder die Übertragungszeit erhöht wird.

Geräuschleistung und Kanalkapazität

Die **Geräuschleistung** ist entweder als Störgeräusch auf der Übertragungsleitung vorhanden oder entsteht durch das Empfängerrauschen und darf nicht mit dem Quantisierungsgeräusch verwechselt werden. Sie hat auf die Amplitudenstufen des kodierten Signals solange keinen Einfluß, wie die Störung das Signal nur **innerhalb** des **Quantisierungsintervalls** verschiebt. Denn bei der Dekodierung werden alle Amplituden, die innerhalb dieses Intervalls liegen, ohnehin als ein und derselbe Amplitudenwert bewertet. Die Theorie liefert für die Berechnung des Verhältnisses Signalleistung (P_S) zu Geräuschleistung (P_R) an der Grenze des gerade noch störungsfrei übertragenen Signals die gleiche Formel wie für das Quantisierungsgeräusch:

$$P_\mathrm{S}/P_\mathrm{R} = s^2 - 1$$

Aufgabe: Berechne a) für ein in $s = 10$ Stufen und b) in $s = 2$ Stufen dargestelltes Signal die zulässige Störgeräuschleistung des Übertragungskanals!
Lösung: Aus der vorher angegebenen Formel ergibt sich durch Umstellung

$$P_\mathrm{R} = P_\mathrm{S}/(s^2 - 1)$$

Somit ist a) $P_\mathrm{R} = P_\mathrm{S}/99$, b) $P_\mathrm{R} = P_\mathrm{S}/3$

Während im Fall (a) die Kanalgeräuschleistung nur rund 1 % der Signalleistung sein darf, darf sie bei einem binären Signal bis 33 % der Signalleistung betragen. Die gegen Kanalgeräusche am wenigsten empfindliche Darstellung einer Nachricht ist die in binärer Form. Dies ist auch verständlich, wenn man berücksichtigt, daß bei Binärkodierung im Empfänger lediglich durch eine Triggerschaltung festgestellt zu werden braucht, ob Zustand 1 oder 0 vorhanden ist. Die Triggerschwelle liegt gewöhnlich in der Mitte zwischen 0 und 1, so daß nur ein relativ hoher Störpegel die Schwelle zum Ansprechen bringt.
Kanalkapazität: Die größtmögliche Stufenzahl s zur ungestörten Übertragung errechnet sich aus der Geräuschabstandsformel durch Umstellung:

$s = \sqrt{1 + P_S/P_R}$. Mit dieser Stufenzahl erreicht man einen sogenannten **Grenznachrichtenfluß**

$$2 B \text{ lb } s = B \text{ lb } (1 + P_S/P_R)$$

Man nennt ihn die **Kanalkapazität** C.

Aufgabe: Berechne für $P_S/P_R = 3$ den Grenznachrichtenfluß bei einer Bandbreite von 40 Hz (Tiefpaßbegrenzung).

Lösung: $C = 40$ Hz lb $(1 + 3) = 80$ Bd. (In der Praxis wird allerdings in einem 40-Hz-Tiefpaß-begrenzten System Übertragung nur bis 50 Bd = 80 Hz/1,6 gemacht, s. S. 124).

Zusammenfassend gilt in der Nachrichtentechnik allgemein und in der PCM-Übertragung speziell der **Satz über den Grenznachrichtenfluß** (Kanalkapazität):

> Über einen Kanal der Bandbreite B kann höchstens der Grenznachrichtenfluß $C = B$ lb $(1 + P_S/P_R)$ übertragen werden.

10.10 Fragen und Aufgaben

1. Welchen Vorteil hat es, ein Sprachsignal digital zu übertragen?
2. Wie wirkt sich die Quantisierung auf die Qualität einer Nachricht aus?
3. Warum wird das Quantisierungsgeräusch mit abnehmender Quantisierungsstufenzahl größer?
4. Wie wirkt sich die Kompandierung auf den Geräuschabstand bei großen und bei kleinen Gesprächsamplituden aus?
5. Warum erfordert die sendeseitige Kompression im Empfänger eine Expandierung?
6. Welche Forderung besteht zwischen der Kompanderkennlinie des Senders und des Empfängers?
7. Welchen Vorteil hat die Übertragung eines quantisierten Signals im Vergleich zu einem Analogsignal?
8. Welche Aufgaben hat der Regenerativverstärker?

Literatur: [35 bis 46 und 71 bis 75].

11 Sonstige Modulationen

11.1 Quadraturmodulation in der Farbfernsehtechnik

Leuchtdichte- und Farbdifferenzsignal

Da sich jede Farbe durch eine entsprechende Mischung aus maximal drei Farben, den Primärfarben Blau (B), Grün (G) und Rot (R), zusammensetzen läßt (additive Mischung), brauchen im Prinzip nur drei Informationen übertragen zu werden. Aus Gründen der Kompatibilität mit dem Schwarzweißempfang muß jedoch die Leuchtdichteinformation (Helligkeit) $Y = 0,3 R + 0,59 G + 0,11 B$ ohnehin übertragen werden, in der die drei Farbwerte mit ganz bestimmter Gewichtung entsprechend der unterschiedlichen Helligkeitsempfindlichkeit des Auges für die verschiedenen Farben indirekt enthalten sind. Somit genügt es, nur noch zwei der drei Farbinformationen gesondert zu übertragen, und zwar wurden hierzu die Farben Blau und Rot gewählt. Die dritte, Grün, kann im Farbempfänger aus diesen beiden Informationen und der Helligkeitsinformation wiedergewonnen werden. Die in den beiden Farben enthaltene Helligkeit braucht nicht noch einmal übertragen zu werden, so daß lediglich das Farbdifferenzsignal für Blau, $B-Y$, und für Rot, $R-Y$, gesendet wird.

Für die Farbübertragung nützt man die Tatsache aus, daß einerseits das Y-Signal im wesentlichen ein Linienspektrum besitzt, dessen Linien im Abstand der Zeilenfrequenz und der Halbbildfrequenz auftreten, und daß andererseits wegen der geringen Schärfeempfindlichkeit des Auges für Farben das Farbsignal eine wesentlich geringere Bandbreite benötigt als das Y-Signal mit seinen 5 MHz. Die Farbinformation kann daher innerhalb des Schwarzweißbandes übertragen werden, womit eine weitere Kompatibilitätsbedingung erfüllt ist.

Modulation

Zu diesem Zweck werden beide Signale, U_{B-Y} und U_{R-Y}, einem gemeinsamen Farbträger $f_{FT} = 4,43361875$ MHz aufmoduliert. Dieser eigenartige Zahlenwert rührt daher, daß der Farbträger zwischen zwei Linien der Schwarzweißinformation liegen muß, wenn die Spektrallinien der Farbinformation keine Störungen verursachen sollen. Die Modulation geschieht nach dem in Bild 11.1a dargestellten Verfahren. Durch die Verwendung von Ringmodulatoren wird der

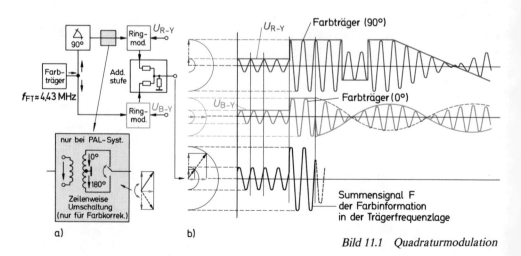

a) b)

Bild 11.1 Quadraturmodulation

200

Farbträger unterdrückt. Damit sind farbträger-bedingte Störungen im Schwarzweißsignal aus-geschlossen. Durch die Verwendung eines einzi-gen Farbträgers für beide Signale ist zur Unterscheidung beider die 90°-Verschiebung der Träger zueinander erforderlich. Dadurch haben die Zeiger der Modulationsprodukte ebenfalls ei-nen Winkel von 90° zueinander, d.h., sie stehen „in Quadratur" zueinander, und man spricht da-her von **Quadraturmodulation.**

Das Prinzip ist bereits von der Phasenmodulation bzw. Phasensprungmodulation her bekannt. Tat-sächlich bilden beide Signale zusammen einen Summenzeiger, der je nach Betrag und Vorzei-chen der Einzelsignale U_{R-Y} und U_{B-Y} jeden belie-bigen Winkel zwischen 0 und 360° einnehmen kann (Bild 11.1b).

Farbkreis

Alle praktisch realisierbaren Farben können ent-weder im sogenannten Farbdreieck oder verein-fachend im Farbkreis dargestellt werden. Am Rande der Fläche sind die Farben am stärksten gesättigt, d.h. am reinsten, und reihen sich ent-sprechend den Regenbogenfarben aneinander. Den Übergang zwischen Blau und Rot bildet die im Spektrum des (weißen) Sonnenlichts nicht enthaltene, aber vom Auge als Mischfarbe Purpur empfundene Farbe. Nach innen hin entsteht infol-ge Mischung (additiv) schließlich Weiß. Trägt man den Farbkreis in ein Koordinatensystem mit $B-Y$ als Waagerechte, $R-Y$ als Senkrechte, so ergibt sich eine Darstellung entsprechend Bild 11.2. Ihr Vorteil ist, daß Weiß im Mittelpunkt liegt. Es ergeben sich aus dieser Darstellung Aussagen über Farbton und Farbsättigung. Bei Bezug auf die positive $(B-Y)$-Achse ist der Winkel der

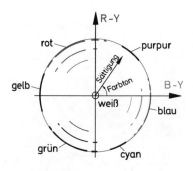

Bild 11.2   Farbkreis

Verbindungslinie Farbort-Koordinatenursprung mit ihr ein Maß für den Farbton, die Länge dieser Linie (bei gegebener Leuchtdichte) ein Maß für die Farbsättigung.

Es ist offensichtlich, daß der durch Quadraturmo-dulation entstandene Summenzeiger F mit seinen zu U_{R-Y} und U_{B-Y} proportionalen Komponenten der oben genannten Verbindungslinie im Farb-kreis entspricht. Bild 11.3 ergibt einige Beispiele für den Summenzeiger und die entsprechenden Farbtöne.

Demodulation

Die beiden geträgerten Farbsignale für sich betrachtet, sind Zweiseitenbandsignale mit unter-drücktem Träger. Bekanntlich kann ein Zweisei-tenbandsignal dieser Art erst dann richtig demo-duliert werden, wenn der Träger phasenrichtig zugesetzt wird. Um ihn im Empfänger phasen-richtig wiederherzustellen, werden dem FBAS-Sendesignal ca. zehn Schwingungen des Farbträ-gers am Ende des Zeilensynchronisierimpulses

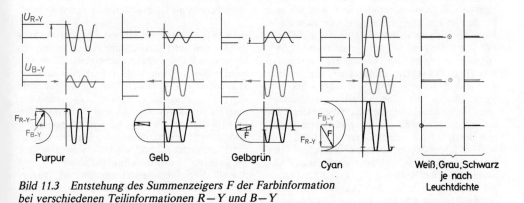

Bild 11.3   Entstehung des Summenzeigers F der Farbinformation bei verschiedenen Teilinformationen R−Y und B−Y

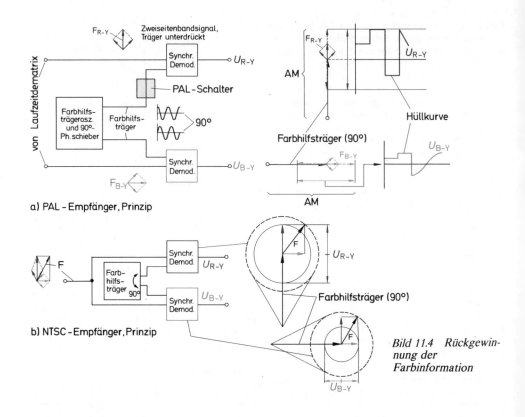

a) PAL - Empfänger, Prinzip

b) NTSC - Empfänger, Prinzip

Bild 11.4   Rückgewinnung der Farbinformation

mitgegeben (Burst). Damit wird der Farbhilfsträgergenerator im Empfänger synchronisiert. Außerdem muß die Trägeramplitude genügend groß sein, damit die wiedergewonnene AM einen Modulationsgrad $m < 100\%$ hat. Phase von Zweiseitenbandsignal und zugesetztem Träger müssen synchron zueinander sein, weshalb man bei den im Empfänger verwendeten Demodulatoren von Synchrondemodulatoren spricht.

Für jedes der beiden Farbsignale muß ein Synchrondemodulator im Empfänger vorhanden sein (Bild 11.4a). Die Phasenlagen der beiden Zweiseitenbandfarbsignale sind wegen der 90°-Verschiebung bei der Quadraturmodulation ebenfalls 90° zueinander, weshalb die beiden Synchrondemodulatoren auch mit phasenverschobenen Hilfsträgern beschickt werden müssen.

Man muß hier unterscheiden, ob es sich um das PAL- oder das NTSC-System handelt. Beim PAL-System wird das Rotsignal F_{R-Y} und das Blausignal F_{B-Y} bereits in der Trägerfrequenzlage (Trägerfrequenz 4,43 MHz) in der Laufzeitdema-

trix getrennt. Jeder der beiden Synchrondemodulatoren erhält nur seine Farbinformation (Bild 11.4a). Der Vorteil der hier dargestellten Synchrondemodulatoren (Bild 11.5b) mit zwei Gleichrichterdioden ist, daß die üblicherweise bei der AM-Gleichrichtung anfallende Gleichspannung bereits im Demodulator unterdrückt wird.

Beim NTSC-System erhält jeder Synchrondemodulator den geträgerten Summenzeiger, also das komplette bei der Quadraturmodulation entstehende Signal F mit beiden Farbinformationen angeboten (Bild 11.4b). Der Summenzeiger dreht sich um den zugesetzten Träger. Man hat dadurch eine Kombination aus AM und Phasenmodulation (Bild 11.4b, rechts). Der Synchrondemodulator liefert nur die rote Amplitudenschwankung, die Phasenschwankung wird nicht ausgewertet. Im anderen Synchrondemodulator wird wegen der 90°-Verschiebung des zugesetzten Trägers die andere (blaue) Komponente des Summenzeigers F ausgewertet.

202

Einen **„Synchrondemodulator"** für PAL-Farbfernsehempfänger" als **integrierte Schaltung** zeigt Bild 11.5a als Ausschnitt aus der Innenschaltung des IC TBA 990 der Fa. Valvo. Es muß im Vergleich zu Bild 11.4a gesehen werden. Als „Synchrondemodulatoren" dienen die bekannten Produktmodulatoren in integrierter Technik, der linke, blau gezeichnete, zur Demodulation des F_{B-Y}-, der rechte, rot gezeichnete, zur Demodulation des F_{R-Y}-Signals. Auch der PAL-Schalter

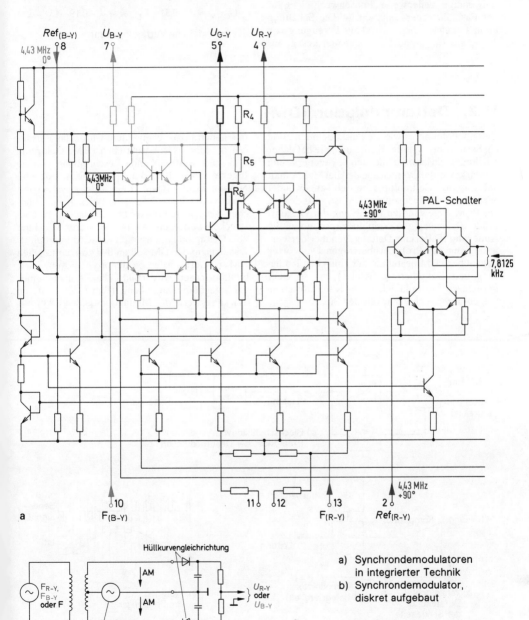

a

b

Hüllkurvengleichrichtung

Farbhilfsträger

a) Synchrondemodulatoren in integrierter Technik
b) Synchrondemodulator, diskret aufgebaut

Bild 11.5   Synchrondemodulation

ist ein Produktmodulator (ganz rechts im Bild). Er schaltet den bereits um 90° gedreht angelieferten Farbhilfsträger im Rhythmus der halben Zeilenfrequenz zusätzlich zwischen 0° und 180°, wodurch der zur Schaltung des R—Y-Demodulators notwendige zeilenweise Phasenwechsel ±90° des Farbhilfsträgers entsteht. — Die Schaltung enthält zugleich die „Matrix" zur Erzeugung von U_{G-Y} aus U_{R-Y} und U_{B-Y}, genauer gesagt aus

$-U_{R-Y}$ und $-U_{B-Y}$; denn die entgegengesetzten Ausgänge der Produktmodulatoren liefern in gleichem Zug die invertierten Signale. Diese werden über die Widerstände R_4, R_5 und R_6 gewichtet (51% und 19%) und zusammengefaßt:

$$U_{G-Y} = (-0{,}51 \cdot U_{R-Y}) + (-0{,}19 \cdot U_{B-Y}),$$

das an Pin 5 zur Verfügung steht.

11.2 Deltamodulation (DM)

Deltamodulation ist wie die Pulskodemodulation ein System mit digitaler Kodierung. Sie hat daher mit ihr gemeinsam, daß die Signale regenerierend verstärkt werden können und daß bei Mehrkanalübertragung Zeitmultiplexbetrieb angewendet wird. Das Grundprinzip des DM ist, statt der bei der PCM angewandten Kodierung der Gesamtgröße der jeweiligen Amplitudenprobe nur die **Änderung** (Differenz, Delta) gegenüber der vorausgegangenen Probe zu übertragen. Der Vorteil gegenüber PCM besteht in der einfachen Kodierung und Dekodierung (Kodec) und in einer geringeren Störanfälligkeit bei Kanalstörungen wegen der Gleichwertigkeit der Bits.

In einem französischen Patent wurde das Verfahren im Jahr 1946 beschrieben (E.M. Deloraine u.a.). Eine weitergehende Beschreibung von de Jager erschien 1952. Im Jahre 1965 wurde von Nippon Electric (Japan) ein Telefonsystem mit adaptiver Deltamodulation entwickelt, ein ähnliches System in Frankreich 1969 auf Versuchsstrecken betrieben. An der Weiterentwicklung von Deltamodulationssystemen wird gearbeitet. Das Prinzip der DM soll an der konventionellen DM erläutert werden, bei der pro Abtastung nur 1 bit übertragen wird (Bild 11.6a). Anhand einer vereinfachten Darstellung (Bild 11.6b) soll die Wirkungsweise des Modulators gezeigt werden.

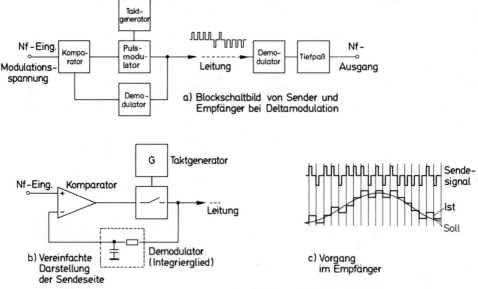

Bild 11.6 Delta-Modulation

Grundsätzlich ist es so, daß das pro Abtastung erzeugte und übertragene Bit das Kennzeichen für den Empfänger liefert, ob das wiedergewonnene Nf-Signal sich um eine Quantisierungsstufe vergrößern oder verkleinern soll (Bild 11.6c).
Der Modulator besteht

1. aus einem Komparator, in dem das Modulationssignal mit einem Schätzwert (Vorhersagewert, Prädiktion, engl. prediction) verglichen wird,
2. aus einem Pulsmodulator (Flipflop, elektronischer Schalter), der im Rhythmus des Taktgenerators positive oder negative Impulse abgibt, und
3. aus einer mit Demodulator bezeichneten Baugruppe, die im einfachsten Fall ein RC-Integrierglied sein kann.

Interessant ist, daß der Schätzwert auf die gleiche Weise gebildet wird, wie im Empfänger die Demodulation vor sich geht. Die empfangenen Impulse werden nämlich im Empfänger lediglich integriert und gegebenenfalls durch einen zusätzlichen Tiefpaß geglättet. Der Schätzwert ist also die Kondensatorspannung des RC-Integriergliedes, an dessen Eingang eine mit der Sendeimpulsfolge identische Impulsfolge liegt.

Solange am Modulatoreingang keine Modulationsspannung liegt, muß der Schätzwert Null sein (Bild 11.7). Wird nun zum Zeitpunkt t_1 sprunghaft z.B. eine **Gleichspannung an den Modulatoreingang** gelegt, so gibt der Komparator positive Spannung ab. Der Taktmodulator macht daraus im Rhythmus der Taktfrequenz positive Impulse und gibt sie auf die Leitung. Gleichzeitig nimmt mit jedem Impuls die Kondensatorspannung im Integrator, also der Schätzwert, zu. Sie steigt solange, bis die Modulations-

spannung gerade überschritten wird. Dann nämlich wird die Komparatoraussage negativ; der nächstfolgende Takt sorgt dafür, daß der Pulsmodulator einen negativen Impuls abgibt. Dieser wiederum entlädt den Kondensator im Integrator wieder etwas, so daß der Schätzwert nun wieder geringfügig kleiner ist als die Modulationsspannung. Es ist klar, daß von nun ab der Modulator wechselnd positive und negative Impulse abgibt, so daß der Schätzwert dauernd um die (konstante) Modulationsspannung pendelt.

Nun möge sich (Zeitpunkt t_2 im Bild 11.7) die Modulationsspannung ändern, z.B. in positiver Richtung entsprechend der ansteigenden Flanke einer **Sinusschwingung.** Aufgrund der Komparatorentscheidung antwortet der Pulsmodulator unmittelbar mit positiven Impulsen, so daß der Schätzwert versucht, der Modulationsspannung „nachzulaufen". Im Maximum der Sinusschwingung gibt der Pulsmodulator wieder wechselnde Impulse ab; sobald die Spannung abnimmt, werden es wieder negative.

Die auftretenden Probleme sind offenkundig: Es entsteht infolge der Digitalisierung ein sogenanntes **„granulares Rauschen"** (engl. granular noise). Es sei hier an das Quantisierungsgeräusch bei PCM erinnert. Außerdem tritt eine sogenannte **„Steigungsüberlastung"** auf (slope overload, engl.).

Sehr schnellen Änderungen kann der Prädiktionswert nicht folgen (man vergleiche im Beispiel: Spannungssprung am Eingang). **Fehler** werden also bei Spannungssprüngen, großen Amplituden und hohen Frequenzen auftreten. Die maximale Steigung des Ausgangssignals ist systembedingt (Schritthöhe des Systems) durch die Abtastfrequenz und die Amplitude des Inte-

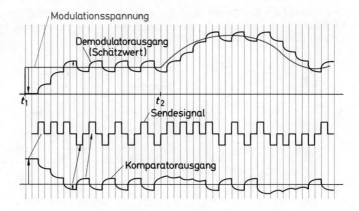

Bild 11.7   Erzeugung des DM-Signals

Modulationsspannung

Demodulatorausgang (Schätzwert)

t_1 t_2

Sendesignal

Komparatorausgang

grator- bzw. Komparatorausgangssignals. Es ist klar, daß die Taktfrequenz, um zu befriedigender Übertragungsqualität zu kommen, wesentlich größer sein muß als bei PCM.

Das geschilderte Problem der „Steigungsüberlastung" führt zur **kompandierten (adaptiven) Deltamodulation.** Bei diesem Verfahren paßt sich die Amplitude der Quantisierungsstufen automatisch an den Augenblickswert des Modulationssignals an. Eines dieser Verfahren ist die Exponential-DM, bei der sich, kurz gesagt, folgendes Gesetz für die Bildung der Amplitudenstufen angeben läßt: Wenn mehrere Schritte in gleicher Richtung aufeinanderfolgen, so wird jeder folgende um den gleichen Faktor größer als der vorhergehende, und nach einer Richtungsumkehr ist der darauffolgende Schritt um einen bestimmten Faktor kleiner als der vorhergehende (Bild 11.8).

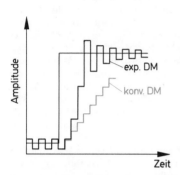 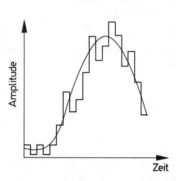

Bild 11.8 Exponentielle Delta-Modulation

11.3 Modulation durch Amplitudenbegrenzung

Amplitudenbegrenzer haben modulierende Eigenschaft. Häufig ist dies unerwünscht. Dies soll an einem einfachen Beispiel gezeigt werden. FM-Empfänger haben vor der Demodulation einen Amplitudenbegrenzer. Dieser hat einerseits den Vorteil, eine konstante Nutzspannung an den Demodulator abzugeben, andererseits werden durch ihn Amplitudenstörungen unterdrückt, so daß sich nur noch die mit der Amplitudenstörung zusammenhängende Phasenstörung auswirken kann.

Der Nachteil des Begrenzers ist, daß sehr große Störspannungen, die in der Größenordnung des Trägers oder größer sind, den FM-Träger „wegdrücken". Es soll angenommen werden, daß eine Störspannung gleicher Amplitude wie der Träger, aber mit etwas abweichender Frequenz, sich mit dem hier unmoduliert angenommenen FM-Träger überlagert. Bekanntlich entsteht Schwebung. Der Amplitudenbegrenzer macht daraus eine Schwingung mit trapezförmiger Hüllkurve. Bei sehr intensiver Begrenzung wird die Hüllkurve praktisch rechteckförmig. Wir erinnern uns, daß im Liniendiagramm der Schwebung ein Phasensprung ersichtlich ist. Die so entstandene Schwingung kann als Phasensprungmodulation aufgefaßt werden (Bild 11.9).

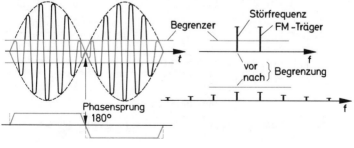

Bild 11.9 Trägerverminderung durch Störung

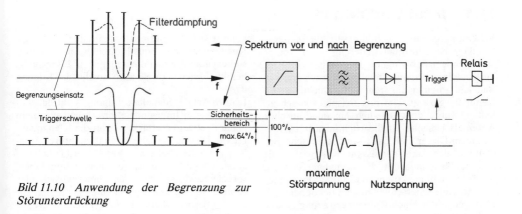

Bild 11.10 Anwendung der Begrenzung zur Störunterdrückung

Das Spektrum der phasensprungmodulierten Schwingung (Bild 8.16) sagt aus, daß die Amplituden der beiden größten Spektrallinien nur je 64% der Amplitude A des Signals betragen. Auf die Amplitude des FM-Trägers in unserem Beispiel bezogen, bedeutet dies, daß diese nach der Begrenzung geringer ist, als sie es aufgrund der Einsatzschwelle des Amplitudenbegrenzers sein dürfte; sie liegt nämlich nun um 36% darunter! Es ist klar, daß dies bei noch größeren Störamplituden noch ungünstiger wird.

Das Entstehen des Spektrums läßt darauf schließen, daß der **Begrenzer modulierende Wirkung** hat. Es tritt auf Kosten der Energie der beiden beteiligten Schwingungen eine Reihe von Spektralfrequenzen höherer Ordnung auf. Während diese Eigenschaft bei FM-Demodulation unerwünscht ist (Kreuzmodulation!), läßt sie sich ausnützen bei Fernwirkübertragungen, die sehr sicher gegen Fehlauslösung durch Störspannungen arbeiten sollen. Störspannungen können sowohl in Systemen mit Amplitudentastung als auch in Systemen mit Frequenztastung Impulse vortäuschen, die die dem Demodulator nachgeschaltete Triggerschaltung oder das Relais zum Ansprechen bringen. Besonders störend ist dies bei Amplitudentastung mit Arbeitsstrombetrieb, d.h., wenn ein Befehl ausgeführt wird, sobald Signalamplitude vorhanden ist.

Abhilfe kann man dadurch schaffen, daß ein Begrenzer vorgesehen wird, der knapp oberhalb der Nutzamplitude einsetzt oder diese schwach abkappt (Bild 11.10). Danach muß ein schmales Filter folgen, das auf das Nutzsignal abgestimmt ist. Vorausgesetzt werden muß, daß die Störung

sich aus mehr als einer Frequenz zusammensetzt. Bei Rauschen ist das ohnehin der Fall. Außerdem sollten sich die Störfrequenzen über ein möglichst großes Band verteilen. Bei nur zwei gleichzeitig eintreffenden Störfrequenzen sollte nur eine ins Nutzband des nachgeschalteten Filters fallen. Aus den genannten Forderungen ergibt sich, daß die Baugruppen vor dem Begrenzer möglichst breitbandig sein müssen, das nachgeschaltete Filter schmal.

Die Störung soll mit voller Frequenzbandbreite auf den Begrenzer treffen. Die in der Störung enthaltenen Frequenzanteile verlieren durch den modulierenden Effekt des Begrenzers einen großen Teil ihrer Energie an die dabei entstehenden Spektralanteile höherer Ordnung. Selbst wenn nur zwei Störfrequenzen beliebiger und gleich großer Amplitude eintreffen, verlassen sie den Begrenzer mit einer Amplitude von je 64% des durch die Begrenzungsschwelle maximal möglichen Werts. Da der Frequenzabstand so groß sein soll, daß bei zwei Frequenzen nur eine der beiden ins Nutzband des nachgeschalteten schmalen Filters fällt, kann der der Gleichrichtung nachgeschaltete Trigger nicht ansprechen, wenn dessen Schwelle im Sicherheitsbereich zwischen 64% und 100% liegt. Nur die Nutzamplitude wird die so hoch gelegte Triggeransprechschwelle überschreiten können. Leitungsdämpfungsschwankungen müssen allerdings sorgfältig ausgeregelt werden, wenn die Triggerschwelle so knapp eingestellt ist.

Literatur: [47 bis 63]

11.4 Intermodulation

Welche Folgen eine nichtlineare Übertragungskennlinie bei **Einton**aussteuerung (= mit einer sinusförmigen Schwingung ausgesteuert) im Hinblick auf das Ausgangssignal hat, wurde bereits in Bild 1.26 an einer angenommenen nichtlinearen Kennlinie gezeigt. Um das Beispiel einfach zu halten, wurde dort lediglich ein quadratischer Anteil als Ursache für die Nichtlinearität angenommen. Dieser Fall hat a) meßtechnische Bedeutung: der dabei gemessene Klirrfaktor läßt auf die Nichtlinearität der Kennlinie gewisse Schlüsse zu, b) praktische Bedeutung: Es entstehen störende Oberschwingungen bei Sendern.

Häufiger in der Nachrichtenübertragung ist der Fall, daß ein Übertragungsvierpol mit einem Signal ausgesteuert wird, das **eine Vielzahl** von Frequenzen enthält. Dabei tritt an der nichtlinearen Kennlinie ein unerwünschter Effekt auf, den man mit Intermodulation bezeichnet: Zwischen den Signalanteilen unterschiedlicher Frequenz tritt eine unerwünschte gegenseitige Modulation auf („inter-" = zwischen).

Intermodulation ist eine unerwünschte gegenseitige Modulation mehrerer Signale infolge nichtlinearer Übertragungscharakteristik.

Um diesen Effekt meßtechnisch erfassen zu können, gibt man **zwei Signale** unterschiedlicher Frequenz innerhalb des Übertragungsfrequenzbereichs auf den Vierpol. Nach DIN 45403 sollen sich die Amplituden der Signale wie 4 : 1 verhalten. Die eine Frequenz, f_1, soll am unteren, die andere, f_2, am oberen Ende des Übertragungsbereichs gewählt werden. Dabei hat die niedrige Frequenz große, die hohe Frequenz kleine Amplitude.

Das **Ergebnis** der Messung sei hier bereits dargelegt: Enthält der Vierpol nichtlineare Glieder, so entstehen am Ausgang neben den ursprünglichen Signalanteilen (f_1, f_2) weitere Frequenzen oberhalb und unterhalb von f_2, und zwar im Abstand ganzzahliger Vielfacher der Frequenz f_1. Es gilt folgende Festlegung der Ordnungszahl n: Modulationsfrequenzen 2. Ordnung sind $f_2 + f_1$ und $f_2 - f_1$, 3. Ordnung sind $f_2 + 2f_1$ und $f_2 - 2f_1$, 4. Ordnung sind $f_2 + 3f_1$ und $f_2 - 3f_1$ usw., so daß, wie man leicht erkennt, zwischen dem Faktor q vor f_1 und der Ordnungszahl n die Beziehung $n = q + 1$ besteht. Enthält die nichtlineare Kennlinie nur einen quadratischen Anteil, so entstehen nur Modulationsfrequenzen 2. Ordnung, bei kubischem Anteil auch solche 3. Ordnung usw.

Je nach Art der Signalübertragung wirkt sich dieser Effekt der Intermodulation störend aus: Beim Niederfrequenzverstärker leidet die Klangqualität, bei Mehrkanal-Übertragung mehrerer Telefongespräche über einen Verstärker (Trägerfrequenztechnik) kann sich ein unerlaubtes Übersprechen zwischen zwei Teilnehmerkanälen oder zumindest eine Störung des einen durch den anderen ergeben. Beim Empfang zweier kräftiger Signale unterschiedlichen Modulationsinhalts kann sogar die Modulation des stärkeren der beiden ankommenden Signale auf das andere übergehen.

In Bild 11.11 wird der Fall der Intermodulation grafisch beschrieben. Um den Vorgang deutlich zeichnen zu können, muß man eine übertrieben nichtlineare Kennlinie annehmen. Außerdem muß man sich im klaren sein, daß man bei grafischer Darstellung des Phänomens nicht eine allgemeine und vollständige Aussage machen kann wie bei mathematischer Behandlung. Der Effekt der Intermodulation soll hier lediglich durchschaubar und plausibel gemacht werden. Daher wurde als nichtlineare Kennlinie (im Bild links oben, gestrichelt) eine Funktion gewählt, die sich im Arbeitsbereich zusammensetzt aus einer ansteigenden Geraden durch den Nullpunkt (entspricht der Tangente im Nullpunkt) und einer Parabel, die der Übersicht halber in ein extra Koordinatensystem darunter gezeichnet ist. Der Leser möge sich davon überzeugen, daß die Summe der Ordinatenwerte von Geraden und Parabel tatsächlich die nichtlineare Kennlinie ergibt (bei Addition Vorzeichen beachten). Die Steigung der Tangente ist 2, d.h., wird die Kennlinie als Übertragungscharakteristik $U_A = f(U_E)$ aufgefaßt (U_A = Ausgangsspannung, U_E = Eingangsspannung), dann handelt es sich um einen Verstärkervierpol mit Verstärkung $v = 2$. Auf die Kennlinienanteile wird nun ein Summensignal aus hoher und tiefer Frequenz unterschiedlicher Amplitude gegeben, wie es auch die DIN-Meßvorschrift verlangt. In bekannter Weise (s. Abschnitt 1.11) wird an den Teilkennlinien von Gerade und Parabel durch Projektion das jeweilige Ausgangssignal konstruiert (Eingangssignal links unten, die beiden Ausgangssignalanteile rechts oben).

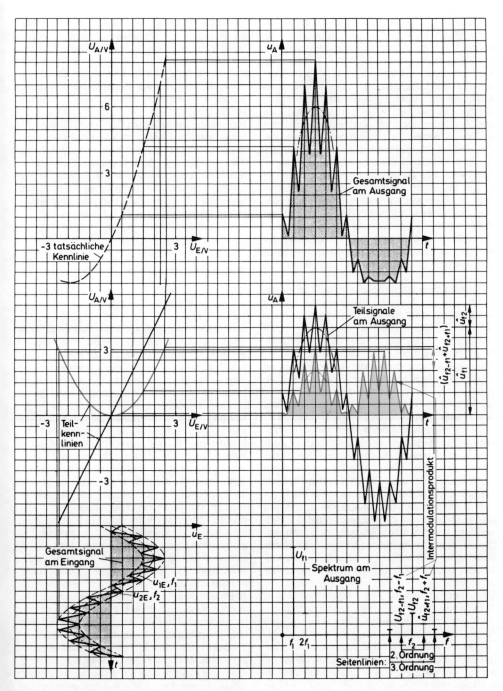

Bild 11.11 Intermodulation, Entstehung an den Teilkennlinien einer nichtlinearen Übertragungsfunktion

209

Folgerung: Der lineare Anteil der Kennlinie liefert einen unverzerrten Ausgangssignalanteil. Er ist lediglich in der Amplitude vergrößert, bei dem gewählten Beispiel um den Faktor 2, was einer Verstärkung $v = 2$ entspricht. Erhebliche Verzerrung liefert dagegen der in der nichtlinearen Kennlinie enthaltene Parabelanteil: Dieser Anteil des Ausgangssignals besteht aus einer Reihe von Teilspannungen, die erst einer genaueren Analyse bedürfen. Es sind im einzelnen: a) ein Gleichanteil. Man erkennt dies daraus, daß das Signal nur oberhalb der Zeitachse seine Augenblickswerte hat. Dieser Gleichanteil als arithmetischer Mittelwert könnte an sich als uninteressant abgetan werden, wenn er nicht in der Verstärkerpraxis störende Bedeutung zeigen würde, indem er, insbesondere bei Großsignalverstärkern, eine Arbeitspunktverschiebung innerhalb der einzelnen Transistorstufen verursachen würde! b) ein Signal mit der doppelten Frequenz von f_1, also eine 2. Harmonische von f_1. Dieser Effekt wurde bereits in Bild 1.26 gefunden und hat im Zusammenhang mit der hier zu beschreibenden Intermodulation weniger Bedeutung. c) Überlagert ist ein hochfrequenter Anteil wechselnder Amplitude. Dieser ist für die Erklärung des Phänomens „Intermodulation" von Bedeutung. Der hochfrequente Anteil enthält in Wirklichkeit zwei Frequenzen: Es sind dies $f_2 + f_1$ sowie $f_2 - f_1$. Bei Kenntnis überlagerter Schwingungen (Interferenz) kann man dies aus den Phasenunterschieden (180°) schließen. Offenbar handelt es sich bei diesen beiden Teilfrequenzen um Seitenlinien, wie sie von einer Amplitudenmodulation bekannt sind. Sie treten um die Frequenz f_2 herum auf! f_2 ist für diese Seitenlinien offenbar der zugehörige Träger. Frequenz f_2 befindet sich aber ausdrücklich nicht in dem vom Parabel-Kennlinienanteil gelieferten Signal. Dennoch ist im Ausgangssignal des hier grafisch untersuchten Vierpols der entsprechende Träger enthalten, und zwar in dem vom linearen Kennlinienanteil gelieferten Signal, wie aus der anderen Zeitfunktion (oben rechts) zu sehen ist.

Das Amplitudenspektrum in Abhängigkeit von der Frequenz zeigt schließlich sämtliche Signale, die in der Ausgangsspannung enthalten sind: ursprüngliche Frequenz f_1, doppelte Frequenz $2f_1$ (an der Parabel entstanden), ursprüngliche Frequenz f_2 und die beiden an der Parabel entstandenen Seitenlinien 2. Ordnung. Die zusätzlich in das Spektrum eingetragenen Seitenlinien 3. Ordnung müssen bei quadratischem Kennlinienanteil ausgenommen werden: Sie treten bei kubischem

Kennlinienanteil auf und sind hier nur zur ergänzenden Beschreibung hinzugezeichnet.

Es ist leicht einzusehen, daß die Intermodulation erheblich von der Intensität der Aussteuerung abhängt. Würde man die Eingangssignalamplituden halbieren, so ginge der intermodulierte Anteil auf ein Viertel, der lineare Anteil nur auf die Hälfte zurück!

Intermodulationsfaktor: Die Seitenlinien um die Spektrallinie bei f_2 sind ein Maß für die Intensität der Intermodulation. Man kann nun die Amplituden zweier jeweils zusammengehöriger Seitenlinien in bezug zur Amplitude des Signals der Frequenz f_2 setzen und damit einen Intermodulationsfaktor 2., 3. usw. Ordnung definieren:

Intermodulationsfaktor 2. Ordnung:

$$m_2 = \frac{U_{f_2 - f_1} + U_{f_2 + f_1}}{U_{f_2}},$$

Intermodulationsfaktor 3. Ordnung:

$$m_3 = \frac{U_{f_2 - 2f_1} + U_{f_2 + 2f_1}}{U_{f_2}},$$

usw. (Es sei darauf hingewiesen, daß die Spitzenwerte oder die Effektivwerte in Beziehung gesetzt werden dürfen und vor allem, daß die Teilschwingungen im Zähler nicht geometrisch addiert zu werden brauchen, trotz unterschiedlicher Frequenz, da sie eine definierte Phasenlage zueinander haben!)

Beispiel: Welcher Intermodulationsfaktor m_2 ergibt sich mit den Spannungen von Bild 11.11?
Lösung: $m_2 = (0,5 \text{ V} + 0,5 \text{ V})/1 \text{ V} = 1 \triangleq 100\%$.
Anmerkung: Ein derart erheblicher Modulationsfaktor ist in der Praxis nicht hinnehmbar. Er muß in diesem Beispiel so groß sein wegen der erforderlichen deutlichen grafischen Darstellung. In der Praxis dürfen bei derart erheblichen Kennlinienkrümmungen wie in Bild 11.11 (gestrichelte Übertragungskennlinie) keine so großen Eingangsspannungen angelegt werden. Auch in dem folgenden Beispiel tritt noch ein erheblicher, wenn auch wesentlich geringerer, Intermodulationsfaktor auf:
Beispiel: Berechne m_2 gemäß den Kennlinienvoraussetzungen von Bild 11.11, jedoch unter der Annahme, daß nur die Amplitude des Signalanteils f_1 der Eingangsspannung halbiert wird!
Lösung: Halbiert man $U_{1\,E}$ unter Beibehaltung der Amplitude von $U_{2\,E}$, so bleibt wegen der linearen Kennlinie U_{f2} am Ausgang in gleicher Höhe, aber die Amplituden der Seitenschwingungen, die ja an der Parabel entstehen, gehen nun wegen der geringeren Steilheit der Parabel auf

die Hälfte zurück, und der Intermodulationsfaktor ist nun $m_2 = (0{,}25\ \text{V} + 0{,}25\ \text{V})/1\ \text{V} = 0{,}5 \triangleq 50\%$.

Das Intermodulations-**Dämpfungsmaß** ergibt sich aus dem jeweiligen Intermodulationsfaktor m mit der Beziehung $20\ \lg 1/m$ in dB.

Kreuzmodulation

Im Zusammenhang mit der Intermodulation muß man den Begriff der Kreuzmodulation sehen. Ähnlich wie an der nichtlinearen Kennlinie ein Signal ein anderes modulieren kann, kann auch der Modulationsinhalt eines Signals, also dessen Seitenfrequenzen, ein anderes Signal an der nichtlinearen Kennlinie modulieren. Dies bedeu-

tet, daß der Modulationsinhalt eines Signals auf das andere Signal übergehen kann.

> Die Kreuzmodulation ist ein unerwünschter Effekt an der nichtlinearen Übergangskennlinie, bei dem ein Signal den Modulationsinhalt eines anderen Signals übernimmt.

Der Effekt tritt zum Beispiel bei Rundfunkempfängern auf, wenn der Hf-Vorverstärker nicht genügend linear (nicht „kreuzmodulationsfest") ist. Man hört dann außer dem gewünschten Sender gleichzeitig einen anderen, unerwünschten.

11.5 Lichtwellen-Modulation

Bei der Nachrichtenübertragung von Infrarot-Strahlung über Lichtwellenleiter muß das in der Gasentladungslampe, der Lumineszenzdiode (LED) oder in der Laserdiode (LD) erzeugte Licht mit dem Nachrichtensignal moduliert werden.

Dabei sind im Prinzip folgende zwei Methoden möglich:
– Direkte Modulation durch Beeinflussung des den Strahlungserzeuger speisenden elektrischen Stroms.
– Indirekte Modulation durch Beeinflussung der bereits erzeugten optischen Strahlung mittels separatem optischen Modulator, der vom elektrischen Nachrichtensignal gesteuert wird.

Grundsätzlich sind bei der Verwendung eines optischen Trägers die gleichen Modulationsverfahren möglich wie bei den klassischen elektrischen Systemen. Es sind also möglich: AM, PM, FM, PAM, PPM und PCM. Voraussetzung für die Nutzung von Frequenz- oder Phasenmodulation ist allerdings die Erzeugung einer spektral reinen, kontinuierlichen Trägerschwingung (d. h. monochromatisch und kohärent). Diese Eigenschaft ist aber meist nicht gegeben. Zudem muß sie auch unter Modulation bestehen bleiben. Im Zuge der Digitalisierung ist daher ohnehin in erster Linie die PCM bei der Umrüstung der Netze auf Lichtwellenleiter von Interesse.

Im Gegensatz zu konventionellen Modulationsverfahren wird in der Lichtwellenleiter-Technik häufig die Intensitätsmodulation (Abkürzung IM) angewandt. Als einziges Modulationsverfahren benötigt es nämlich weder monochroma-

tisches noch kohärentes Licht, weil dabei nicht die Amplitude (z. B. der Feldstärke), sondern die Leistung moduliert wird (daher gelegentlich auch die Bezeichnung „Rauschmodulation", da Rauschen aus nichtkohärenten Schwingungen besteht). Bei der IM wird also die Strahlungsleistung proportional zum Nachrichtensignal verändert.

Bei der **indirekten Modulation** gibt es die Möglichkeit, die elektrische Feldstärke, die Phase oder die Intensität der Strahlung durch das Signal zu verändern. Die indirekte (= externe) Modulation stellt geringere Anforderungen an die optische Quelle, die lediglich zur Erzeugung einer konstanten optischen Leistung („Gleichleistung") dient und hierzu mit (unmoduliertem) Gleichstrom gespeist wird. Optische Modulatoren können alle bekannten magnetooptischen, elektrooptischen und optoakustischen Effekte umfassen, wie in folgenden Beispielen gezeigt wird.

Magnetooptische Modulation: Zunächst erhält das Licht durch einen Polarisator eine eindeutige Polarisationsrichtung. Anschließend wird in einem YIG-Modulator (das ist ein Ga-dotierter Yttrium-Eisen-Granatkristall) unter Ausnützung eines von der Modulationsspannung abhängigen magnetooptischen Effekts im Kristall eine spannungsabhängige Drehung der Polarisation des Lichtstrahls erzwungen. Der Ausgang des nachfolgenden Polarisationsanalysators liefert eine amplitudenmodulierte Komponente von hohem Modulationsgrad.

Elektrooptische Modulation: Hier wird die Wirkung eines elektrischen Felds auf den Brechungsindex von Flüssigkeiten oder Kristallen ausgenützt, die keine optische Isotropie zeigen, in denen also die Orientierung der Moleküle zunächst statistisch verteilt ist. Beim Anlegen eines modulierenden elektrischen Felds werden die Moleküle so ausgerichtet, daß für beide Polarisationsrichtungen des Lichts unterschiedliche Brechzahlen auftreten, deren Differenz mit zunehmender Modulationsspannung größer wird (Kerr-Effekt, Pockels-Effekt). Die Steuerspannung liegt allerdings im Kilovolt-Bereich. Es kann Amplituden- und Pulsmodulation erreicht werden.

Piezoelektrische Modulation: Die von der angelegten Modulationsspannung abhängige Dickenänderung des piezoelektrischen Quarzes zwischen den Platten eines Fabry-Perot-Interferometers ergibt eine Amplitudenmodulation der Laserwelle. Mit wenigen Volt ist eine Modulationstiefe bis zu 90 % erreichbar.

Absorptionsmodulation: Die Abnahme der Intensität einer fortschreitenden Strahlung im Medium erfolgt nach einer e-Funktion. Die Absorptionskonstante im Exponenten ist frequenzabhängig und kann bei Halbleitern ab einer bestimmten Frequenz fast sprunghaft ansteigen. Den Sprung bezeichnet man als Absorptionskante. Die Absorptionsmodulation beruht auf der Verschiebung dieser „Kante" durch Anlegen starker elektrischer Felder. Dadurch erfolgt eine Änderung der Transmission eines Lichtstrahls, dessen Wellenlänge bei der Bandkante liegt.

Mikrowellenmodulation: Hier ist die modulierende Spannung eine Mikrowelle. Der elektrooptische Kristall im Innern eines Hohlleiters wird in gleicher Richtung von der modulierenden Mikrowelle und der Lichtwelle durchlaufen. Das wandernde Feld der Mikrowelle verursacht die Modulation der Durchlaufgeschwindigkeit der Lichtwelle. Die Laufzeit des Lichts ist proportional zur angelegten Mikrowellenspannung, so daß bei Variation dieser Spannung eine Phasenmodulation entsteht.

Bei der **direkten Modulation** wird das strahlungserzeugende Bauelement direkt beeinflußt, so daß es eine modulierte Strahlung liefert. Bei Gasentladungslampen, Lumineszenzdioden und Halbleiter-Lasern wird die Strahlung durch eine elektrische Spannung oder durch elektrischen Strom moduliert. Die Modulationsbandbreite wird im wesentlichen durch die Laufzeit der Elektronen oder Ionen bestimmt. Sie beträgt bei Gasentladungslampen einige kHz und bei Halbleiter-Lasern bis einige GHz. Bei AM-Verfahren kann der Modulationsgrad bis zu 100 % gehen.

Es gibt einige spezielle Verfahren: Bei der Hair-Trigger-Modulation beispielsweise wird die in einem Laser gespeicherte invertierte Besetzung der Energieniveaus (Inversion) in gewünschten Zeitabständen abgerufen und damit eine Pulsmodulation durchgeführt. Mittels des Stark-Zeemann-Effekts kann eine Laserstrahlung frequenzmoduliert werden, da die Laserwellenlänge durch starke äußere elektrische Felder (20 bis 40 kV) verschoben wird. Ebenfalls eine Frequenzmodulation erzielt man mittels Ultraschalleinwirkung auf den Laser, da dieser infolge geringfügiger Deformation die Frequenz ändert. Meist setzt man jedoch Halbleiterdioden als Strahlungsquelle ein, bei denen der Diodenstrom die Intensität der Strahlung steuert, wie im folgenden gezeigt wird.

Dioden als Sendeelemente

Während die **Lumineszenzdiode** (LED) eine breite spektrale Verteilung des Lichts liefert, besteht die Emission bei der **Laserdiode** (LD) aus einer oder wenigen Spektrallinien. Die Lichtleistung bei beiden Dioden in Abhängigkeit vom Durchlaßstrom ist im Bild 11.12 dargestellt. Der Kennlinienverlauf der LED steigt etwa linear und wird erst bei höheren Strömen infolge thermischer Effekte nicht linear. Im Gegensatz dazu ist der Verlauf bei der LD extrem nichtlinear. Unterhalb des Knicks verhält sich die LD praktisch wie eine LED. Darüber setzt erst der Lasereffekt ein.

Als technisch einfachste Lösung der **Modulation** erscheint zunächst diejenige ohne Vorstrom. Im allgemeinen wird man jedoch einen **konstanten**

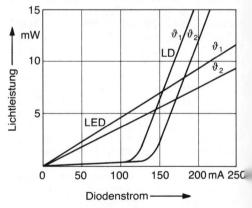

Bild 11.12 Lichtleistung bei beiden Dioden in Abhängigkeit

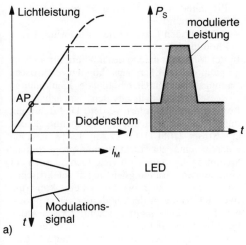

a)

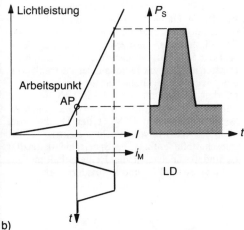

b)

Bild 11.13

Bei der Modulation mit Strömen höherer Frequenz reichen die statischen Werte zur Beschreibung des Verhaltens nicht mehr aus. Zur Beschreibung der **dynamischen Modulationseigenschaften** verwendet man bei der **LED** ein **Ersatzbild**, das im wesentlichen aus der Parallelschaltung einer Diffusionskapazität C_D und dem differentiellen Widerstand R_D der U/I-Kennlinie besteht.

Beispiel: Mit üblichen Werten von $R_D = 3$ bis 5 Ohm und $C_D = 1$ nF ergeben sich Grenzfrequenzen von etwa 30 bis 50 MHz.

Ein vereinfachtes **Ersatzbild** der **LD** zur Beschreibung des dynamischen Verhaltens oberhalb des Knicks der statischen Kennlinie, einschließlich parasitärer Effekte durch Gehäuse und Zuleitungen, ist eine Reihenschaltung aus dem differentiellen Widerstand R_D und einer Serieninduktivität L_s, wobei die Reihenschaltung mit einer Parallelkapazität C_p überbrückt ist. Damit läßt sich die Resonanzüberhöhung der

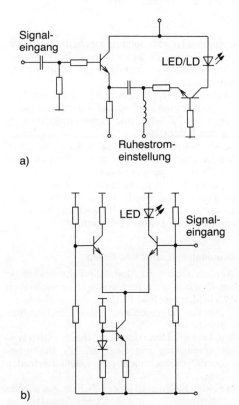

Bild 11.14 Schaltungsbeispiele modulierter LD- bzw. LED-Sender

Vorstrom einstellen, dem der Signalwechselstrom überlagert ist. Thermische und alterungsbedingte Leistungsschwankungen der Dioden machen zusätzliche Regelungseinrichtungen für den Vorstrom notwendig. Wie Bild 11.13 b zeigt, würde man ohne Vorstrom hohe Wechselamplituden brauchen. Das würde, vor allem bei höheren Bitraten (> 10 Mbit/s), zu Problemen wegen der Einschaltverzögerung führen.

Typische Werte für die **statische Modulationssteilheit** sind bei der LED etwa 5 bis 50 μW/mA, bei der LD bis 500 μW/mA. Außerdem gibt die LD eine besser gebündelte Strahlungsverteilung ab als die LED.

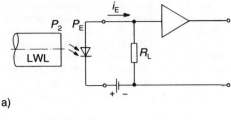

a)

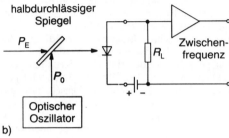

b)

Bild 11.15   Demodulation

dynamischen Modulationssteilheit gegenüber der statischen Steilheit erklären. Je kleiner der differentielle Widerstand ist, um so größer ist die Resonanzüberhöhung.

Beispiel: Für $R_D = 2$ Ohm, $L_s = 2$ nH und $C_p = 5$ pF erhält man z. B. bei der Resonanzfrequenz von etwa 1,6 GHz eine Resonanzüberhöhung um den Faktor 10.

Schaltungsbeispiele modulierter LD- bzw. LED-Sender zeigt Bild 11.14a und b. Im Fall a geschieht die Trennung zwischen Ruhestrom und Signalwechselstrom durch die LC-Kombination, im Fall b wird das Differenzverstärkerprinzip angewandt, wobei der Ruhestrom durch den gemeinsamen Transistor eingeprägt ist.

Demodulation mit Photodioden

Ähnlich wie bei der Modulation gibt es auch bei der Demodulation zwei prinzipiell verschiedene Möglichkeiten (Bild 11.15):
– Direkte Demodulation der Strahlungslei-stung,
– indirekte Demodulation durch Überlage-rungsempfang mit einer lokalen Strahlungs-quelle (monochromatische Quellen erforder-lich!).

In beiden Fällen muß letztendlich die einfallende Lichtleistung in ein elektrisches Signal umge-wandelt werden. Dies geschieht gewöhnlich mit Photodioden. Man verwendet

– PIN-Dioden (i für „intrinsic conduction" = Eigenleitung),
– APD-Dioden („avalanche" = Lawine, PD = Photodiode).

In der Verarmungszone des in Sperrichtung vor-gespannten **pn-Übergangs** können elektrische Ladungsträger durch einfallende Lichtquanten „losgeschlagen", d. h. aus dem Valenzband ins Leitungsband befördert werden. Dadurch fließt durch die in Sperrichtung vorgespannte Diode ein Strom (Bild 11.15a). Am Lastwiderstand entsteht eine zur Lichtleistung proportionale Spannung. Um möglichst viele Lichtquanten der einfallenden Strahlungsleistung in elektrischen Strom umzuwandeln, wird durch eine konstruk-tive Maßnahme in der Diode der Absorptions-weg für die Lichtquanten erhöht: Zwischen den hochdotierten n- und p-Kontaktschichten wird eine niedrig dotierte oder eigenleitende (intrin-sic) Schicht eingebracht, und man erhält die **PIN-Diode**. Dadurch wird die Steigung $\Delta I_E / \Delta P_E$ der Demodulatorkennlinie größer (Bild 11.16). PIN-Photodioden besitzen eine Mesa-Struktur. Auf der Substratseite kann die Diode durch ein Fenster mit 300 µm Durchmesser bestrahlt wer-den. Mit entspiegeltem Fenster erreichen diese Dioden im Wellenbereich 1 bis 1,65 µm einen Quantenwirkungsgrad von etwa 75 %. Für eine Sperrspannung von 10 V ist der Dunkelstrom kleiner 5 nA. Ein vereinfachtes elektrisches Er-satzschaltbild enthält die Sperrschichtkapazität C_s und parallel dazu die Reihenschaltung aus Bahnwiderstand R_B und Lastwiderstand.

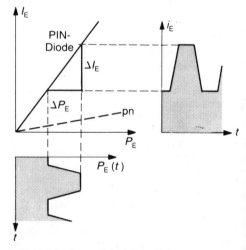

Bild 11.16   Demodulatorkennlinie

Beispiel: Sperrschichtkapazität C_s = 0,4 pF, Bahnwiderstand R_B = 10 Ohm. Messung der 3-dB-Bandbreite ergibt 5 GHz.

Eine deutliche Steigerung der Empfindlichkeit bringt die **Lawinenphotodiode (APD)**. Der wesentliche Unterschied zur PIN-Diode besteht darin, daß bei der APD ein zusätzlicher pn-Übergang von nur etwa 2 µm vorhanden ist, in dem bei angelegter Sperrspannung die elektrische Feldstärke extrem ansteigt. In dieser sogenannten Lawinen-Zone kommt es durch Stoßionisation zu einer Vervielfachung der Ladungsträger. Man gibt einen Vervielfachungsfaktor M an, der besagt, daß bei gleicher Photonenzahl die APD M-mal mehr Strom liefert als die PIN-Diode. M ist spannungsabhängig und kann bei einigen 100 V Spannung mehr als 100 erreichen. Eine charakteristische Größe für Photodioden ist die spektrale Empfindlichkeit s (λ) als das Verhältnis von Photostrom zu der auf die Photodiode fallenden optischen Leistung, Einheit A/W. Die verschiedenen Diodentypen weisen bestimmte bevorzugte Wellenlängenbereiche im Infrarotgebiet auf. Die Werte liegen zwischen 0,1 und 1 A/W. Bei einer Bestrahlung mit 1 mW könnte man also mit einem Strom von 0,1 bis 1 mA je nach Diode und Wellenlänge rechnen. Nachteilig bei der APD ist, daß das Eigenrauschen mit M steigt. Näherungsweise wird für den Rauschfaktor angegeben $F \approx M^x$, wobei der

a)   b)

Bild 11.17

Exponent x je nach Halbleitermaterial zwischen etwa 0,3 und 1 liegen kann. Mit $M = 10$ und x = 0,5 ergäbe sich beispielsweise ein Rauschfaktor $F = 3,16$. Beispiele rauscharmer Verstärker für den Photostrom zeigt Bild 11.17. (a) ist dem sehr hochohmigen Innenwiderstand der Photodiode angepaßt. Für R_L wird ein Widerstand von 100 kOhm bis 1 MOhm angegeben. Die unvermeidlichen Kapazitäten von Photodiode und Verstärker in Verbindung mit dem hochohmigen Verstärkereingang haben eine Tiefpaßwirkung mit entsprechend niedriger Grenzfrequenz. (b) zeigt das Beispiel eines Transimpedanzverstärkers mit bipolaren Transistoren, für den eine Bandbreite von etwa 500 MHz angegeben wird. Lit.: [67, 68, 69, 70]

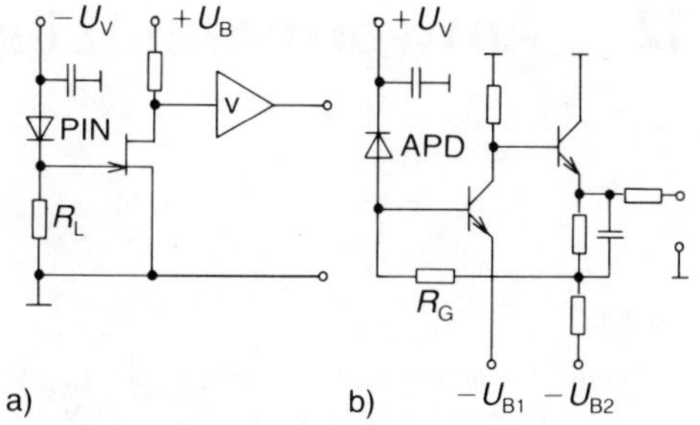

215

12 Antworten und Lösungen

Zu 1.13

1. Sinusschwingung: $2\,V \cdot \cos 30° = 1{,}73\,V$; Kosinusschwingung: $2\,V \cdot \sin 30° = 1\,V$.

2. $1000 \cdot 2\,\pi\ \text{rad} = 6283\ \text{rad}$.

3. $\omega = 2\,\pi\,f = 2\,\pi \cdot 1000\ 1/s = 6283\ 1/s$.

4. a) 1.6a unten, b) 1.6c.

5. Überlagerung zweier sinusförmiger Schwingungen gleicher Amplitude und nahezu gleicher Frequenz.

6. a) Es bleiben 10 und 100 kHz, b) es entstehen neue Frequenzen 90 und 110 kHz.

7. Die Amplitude der Grundschwingung wächst ebenfalls um den Faktor 1,33, die der doppelten Frequenz um den Faktor $1{,}33^2 = 1{,}77$.

8. Der Anteil $i_1 = k_1 \cdot u$ ergibt wieder 1 kHz, der Anteil $i_4 = k_4 \cdot u^4$ ergibt außer einem Gleichanteil noch 2 kHz und 4 kHz [Anleitung:

$u = \sin \alpha$; $\sin^4 \alpha = \sin^2 \alpha \cdot \sin^2 \alpha$

$= \dfrac{1}{2}(1 - \cos 2\,\alpha) \cdot \dfrac{1}{2}(1 - \cos 2\,\alpha)$ usw.].

9. $5{,}05\ \text{kHz} = 101 \cdot 50\ \text{Hz}$; $\hat{u} = (2/\pi) \cdot 220\ V/101 \approx 1{,}45\ V$. $500{,}05\ \text{kHz} = 10\,001 \cdot 50\ \text{Hz}$; $\hat{u} = (2/\pi) \cdot 220\ V/10\,001 \approx 14{,}0\ \text{mV}$. $50{,}00005\ \text{MHz} = 1\,000\,001 \cdot 50\ \text{Hz}$; $\hat{u} = (2/\pi) \cdot 220\ V/1\,000\,001 \approx 140\ \mu V$.

Zu 2.11

1. S. 9. 2. Verstärkungsänderung der Hf-Amplitude im Takt des Nf-Signals. 3. S. 38. 4. S. 38. 5. proportional.

6. $(10 - 2)/(10 + 2) = \tfrac{2}{3} = 67\%$.

7. S. 39. 8. ähnlich Bild 2.5. 9. S. 41.

10. 100% (80%, 60%).

11. $0{,}5 \cdot 40\% \triangleq 300\ \text{mV}$, also $100\% = 1{,}5\ V$!

12. $0{,}5 \cdot 30\%$ von 10 V ergibt 1,5 V.

13. 1,001 und 1,0018 MHz.

14. $U_T = 3\,V/0{,}25 = 12\,V$ (da $0{,}5 \cdot m = 0{,}25 \triangleq 3\,V$)
$P_T = 144/60\ W = 2{,}4\ W$.

15. a) 11,7, 12,3, b) 8,6, 15,4 kHz, c) S. 42.

16. Längenänderung im Rhythmus der Modulationsfrequenz.

17. Seitenschwingungen müssen übertragen werden.

18. m nimmt ab. 19,9 kHz. 20. S. 45.

21. $1/(460\ \text{kHz}) < R \cdot C < 1/(4{,}5\ \text{kHz})$. Mittelwert ergibt $R \cdot C = 112\ \mu s$. $C = 112\ \text{nF}$.

22. $m = 100\%$, Bild 2.17.

23. $P_{SB}/P = 0{,}4^2/(1 + 2 \cdot 0{,}4^2) = 0{,}12 \triangleq 12\%$ (7,6%, 3,7%).

24. $\cos(2\,\pi\,f_1\,t) \cdot \cos(2\,\pi\,f_2\,t)$

$= \underbrace{\dfrac{1}{2}\cos(2\,\pi\,(f_1 + f_2)\,t)}_{\text{Summe}} +$

$+ \underbrace{\dfrac{1}{2}\cos(2\,\pi\,(f_1 - f_2)\,t)}_{\text{Differenz}}.$

25. Differenz 460, Summe 1740 kHz.

26. $1500 - 460 = 1040$, jedoch auch Spiegelfrequenz:
$1500 + 460 = 1960$ (kHz).

27. $m = 25\%$.

Zu 3.9

1. S. 54. 2. S. 54. 3. S. 54. 4. S. 54.

5. Vermeidung von Übersteuerung.

6. S. 67. 7. Bild 3.1. 8. Trägerunterdrückung.

9. Bild 3.5 und 3.7: zwei zusätzliche Dioden; Bild 3.8.

10. Die Rechteckimpulsfolge muß man sich als einen zeitabhängig variablen 1. Faktor mit den beiden Werten „0" (gesperrte Diode) und „1" (leitende Diode), das anliegende Eingangssignal (z.B. Sinusschwingung) als 2. Faktor vorstellen. Solange der 1. Faktor „0" ist, ist auch das Produkt „0", also keine Ausgangsspannung! Solange der 1. Faktor „1" ist, ist auch das Produkt gleich dem 2. Faktor, also gleich dem Eingangssignal. (Diese Vorstellung der Multiplikation mit einem Rechtecksignal ist notwendig, wenn man den Frequenzinhalt des Ausgangssignals **berechnen** will!).

11. a) Rechteckspannung enthält die Sinusschwingungen $f_T, 3f_T, 5f_T$ ... Der Ringmodulator bildet das Produkt mit der Modulationsspannung. Dabei entstehen Summen- und Differenzfrequenzen $f_T \pm f_M$, $3f_r \pm f_M$ usw. Ihre Amplituden nehmen entsprechend den Fourierkomponenten gemäß der Folge $\frac{1}{1}$, $\frac{1}{3}$, $\frac{1}{5}$ usw. ab.

12. Das Modulationsprodukt enthält im wesentlichen die eng benachbarten Frequenzen $f_T + f_M$ und $f_T - f_M$ mit gleicher Amplitude. Eng benachbarte Schwingungen gleicher Amplitude ergeben Schwebung.

13. Die Dioden müssen im Schalterbetrieb arbeiten: Diodenschwellspannungen müssen überwunden werden.

14. 100 mV.

15. $R_{\text{Eing.}} = R_{\text{Ausg.}}$. (Da Modulator als verlustlos angenommen, ist $U_{\text{eff Eing.}} = U_{\text{eff Ausg.}}$; denn es hebt sich $1/\ddot{u}$ und $\ddot{u}/1$ auf!)

Zu 4.8

1. Unterdrückung eines Seitenbandes (S. 75).

2. Halbe Bandbreite, größere Reichweite oder größerer Störabstand bei gleicher Sendeleistung, kein selektiver Trägerschwund (S. 82).

3. Nf-Bandbreite. 4. Trägerunterdrückung.

5. Flachere Filterflanke (S. 75). 6. S. 75, 76.

7. 600 Hz. 8. Steile Filterflanke nötig.

9. S. 76, 77. 10. S. 79. 11. S. 80.

12. Bild 4.11. 13. Bild 4.9.

14. a) S. 79, b) Die Dioden müssen von $\hat{u}_T$, nicht von $\hat{u}_{SB}$ durchgesteuert werden.

15. Phase des Trägers unkritisch.

16. Verzerrung (S. 79).

17. 96,6 ··· 99,7 kHz, 99,7 ≙ 0,3, 96,6 ≙ 3,4 kHz (Kehrlage!).

18. Das entstehende Nf-Band wäre zum natürlichen invers.

19. 1 % ≙ 8 Hz, von 200 kHz sind 8 Hz 0,004 %.

20. S. 83, 81, $k_2 = \frac{1}{4} \cdot \frac{1}{2,5} = 0,1 = 10\%$;

$k_3 = \frac{1}{8} \cdot \left(\frac{1}{2,5}\right)^2 = 0,16/8 = 0,02 = 2\%$.

Zu 5.5

1. s. Bild 5.1.

2. S. 85

3. S. 85

4. S. 86

5. Gleichstromübertragung geschieht durch die Trägeramplitude, die bei RM, im Gegensatz zu EM, vorhanden ist.

Zu 6.12

1. S. 89, 90, 91. 2. proportional, S. 93.
   3. S. 93. 4. S. 92.

5. 5 Hz.

6. $\Delta\Phi = \eta = 75\text{ kHz}/12\text{ kHz} = 6,25 \approx 2\pi$
   $= 360°$ bzw. $25\text{ kHz}/12\text{ kHz}$
   $= 2,08 \approx \frac{2\pi}{3} = 120°$.

7. Umgekehrt proportional, S. 96.

8. a) Träger 2. Mal Null bei $\eta = 5,5$ (Bild 6.12);
   $\Delta F = \eta \cdot f_M = 5,5 \cdot 15\text{ kHz} = 82,5\text{ kHz}$.
   b) $\Delta F = 82,5\text{ kHz} \cdot 1\text{ V}/1,1\text{ V} = 75\text{ kHz}$.

9. $\Delta F = (10\,775 - 10\,625)\text{ kHz}/2 = 75\text{ kHz}$;
   $\eta = 75\text{ kHz}/10\text{ kHz} = 7,5$.

10. ≈ 13 % des unmod. Trägers.

11. $n = (\eta + 1) = \left(\dfrac{\Delta F}{f_M} + 1\right)$ eingesetzt, ergibt B
   $= 2 \left(\dfrac{\Delta F}{f_M} + 1\right) \cdot f_M = 2(\Delta F + f_M)$.

12. $n = \eta + 2$.

13. ≈ 13 %; ≈ 5 %

14. 5 % ≙ 0,05; da die Leistung jedoch mit dem Quadrat der Amplituden zusammenhängt, ist der Anteil **einer** Seitenschwingung $0,05^2/1^2 = 0,0025 = 0,25\%$. Beide Seitenlinien 0,5 %.

15. Gleich: Amplituden, Kreisfrequenzen. Unterschied: Phasenlage; Summe der Seitenschwingungen 90° verschoben (Bild 2.10 und 6.17).

16. Je 0,2 V.

17. a) $(0,2\text{ mV}/2\text{ mV}) \cdot 1,5\text{ kHz} = 0,15\text{ kHz}$;
   $\Delta F/\Delta F_{St} = 500$.
   b) $(0,2\text{ mV}/2\text{ mV}) \cdot 15\text{ kHz} = 1,5\text{ kHz}$;
   $\Delta F/\Delta F_{St} = 50$.
   Preemphasis Faktor 10!

18. $u = 2\pi f L \cdot i$. Bei konstantem L und i ist $u \sim f$; aus FM wird AM!

19. S. 108.   20. S. 109, 110 und Bilder 6.25 u. 6.26.
21. S. 110, 111.

Zu 7.6

1. Unabhängig konstant.
2. Frequenzhub nimmt zu.
3. Bei größeren Phasenhüben unerwünschte Amplitudenmodulation.
4. $\tan \Delta\Phi = (0,1 + 0,1)\,V/1\,V = 0,2;\ \Delta\Phi = 11,3°$.
5. Preemphasisnetzwerk.
6. $\pm\ 45°$. Es ensteht jedoch unerwünschte AM.
7. S. 120.

Zu 8.13

1. 5 ms.   2. a) 200 bit/s, b) 400 bit/s.
3. 100 Hz.   4. 0,147 ms.   5. S. 126.
6. 160 Hz.   7. 320 Hz.   8. S. 124.
9. Nachbarkanalstörungen durch höhere Harmonische.   10. Bild 8.19.   11. S. 132.

Zu 9.10

1. S. 157.   2. S. 157.   3. $1/300$ Hz = 3,3 ms.
4. $n = 2\,B\,T = 14$.   5. $f_{M\,max} < 4$ kHz.

6. Bild 9.8 und 1.16, 80 kHz bzw, 0,8 MHz.
7. Bild 9.16, S. 167.   8. S. 163.   9. S. 161.
10. S. 168.
11. Spektren nicht verzahnt. Teilspektren richten sich nach der Hüllkurve des unmodulierten Abtastpulses (Bild 9.20).
12. 125 µs/32 Kan. = 3,9 µs.
13. Platzreserve wegen Phasenauslenkung der Impulse.

Zu 10.10

1. Unempfindlicher gegenüber Rauschen und Nichtlinearitäten des Kanals.
2. Quantisierungsgeräusch (S. 178).
3. größere Quantisierungsstufen.
4. Erhöhung des Geräuschabstands bei kleinen Amplituden.
5. S. 180.
6. Komplementär (Spiegelfunktion).
7. Regenerierung (S. 193).
8. S. 193 und 194.

Literaturverzeichnis

[1] *Schröder, H.:* Elektrische Nachrichtentechnik, Bd. 1. Verlag für Radio-Foto-Kinotechnik GmbH, Berlin-Borsigwalde 1971.

[2] *Stadler, E.:* Hochfrequenztechnik kurz und bündig. Vogel-Buchverlag, Würzburg 1973.

[3] *Pohl, E.:* Nachrichtentechnik kurz und bündig. Vogel-Buchverlag, Würzburg 1978.

[4] Telefunken-Laborbuch, Band 1 und 4. Franzis-Verlag, München.

[5] Elektronik: Industrie-, Rundfunk-, Fernsehelektronik: Nachrichtentechnik. Verlag Europa-Lehrmittel, Wuppertal-Barmen.

[6] Elektronik: Industrie-, Rundfunk-, Fernsehelektronik: Grundlagen. Verlag Europa-Lehrmittel, Wuppertal-Barmen.

[7] *Limann, O.:* Funktechnik ohne Ballast. Franzis-Verlag, München 1972.

[8] *Zinke/Brunswig:* Lehrbuch der Hochfrequenztechnik.

[9] *Langecker, K.:* Neue Techniken für den AM-Rundfunkempfang. Funkschau 1974, H. 16, S. 619—622.

[10] Beiheft Neue Entwicklungen auf dem Gebiet der Trägerfrequenztechnik. Techn. Mitteilungen AEG-Telefunken, Berlin 1974.

[11] *Stadler, E.:* Breitbandige Ankopplung von Trägerfrequenzen an Hochspannungskabel. Elektrizitätswirtschaft J. 69, 1970. H. 21, S. 582—584

[12] *Beckermann, H. G., und Hoffmann, E.:* ESB 400, ein Einseitenbandsystem für Fernsprechen und Datenübertragung in Hochspannungsnetzen. Siemens-Zeitschrift 48 (1974), H. 8, S. 533—538.

[13] *Brauße, H., und Stadler, E.:* Mehrfachkombination von Basisbändern bei Richtfunk-Diversityempfang. Wissenschaftl. Berichte AEG-Telefunken 43, 1970, H. 2. S. 96—100.

[14] *Siebert, H.-P.:* SL 650 und SL 651 — zwei vielseitige Integrierte Schaltungen für Modulation, Demodulation und PLL-Betrieb bis 500 kHz. Funk-Technik 1974, Nr. 23, S. 825—830.

[15] *Schatter, E.:* Monolithische Demodulatoren und Mischer. Funk-Technik 1972, Nr. 8, S. 273—275.

[16] *Limann, O.:* Der „Ratio" bekommt Konkurrenz. Funkschau 1970, H. 14, S. 467—470.

[17] *Brauße/Stadler/Weber:* Pat. Nr. P 1938575. Mehrfachdiversity.

[18] *van den Elzen, H. C., van der Wurf, P.:* A Simple Method of Calculating the Characteristics of FSK Signals With Modulation Index 0,5. IEEE Transactions on Comm. April 1972, Nr. 2, S. 139—147.

[19] *Zschunke, W.:* Einige neue Prinzipien für Frequenzdiskriminatoren bei Datenübertragung. SEL, Techn.-wissenschaftliche Veröffentlichungen 1973.

[20] Übertragungseinrichtungen für Ferngespräche, Fernsehprogramme, Fernschreibzeichen, Fernwirksignale, Daten, Radarbildsignale. SEL-Stuttgart, 1969.

[21] *Heller, H.:* Ein Wechselstrom-Telegrafiesystem mit Schmalband-Frequenzmodulation und Transistoren. NTZ 12, H. 12, Dez. 1959.

[22] *Hölzler* und *Holzwart:* Theorie und Technik der Pulsmodulation. Springer-Verlag 1957.

[23] *Shannon, C.E., Weaver, W.:* The Mathematical Theory of Communication. Urbana: The University of Illinois Press 1949.

[24] *Winckel, F.:* Impulstechnik (Vortragsreihe). Springer-Verlag 1956, Berlin/Göttingen/Heidelberg.

[25] *Holzwarth, H.:* Probleme der Mehrfachausnützung von Nachrichtenwegen mit Pulsmodulation.

[26] *Bocker, P.:* Datenübertragung über Fernsprechverbindungen. NTZ 1968, H. 11, S. 681—687.

[27] *Bennett:* Data Transmission.

[28] *Clark, A. P.:* A Phase Modulation Data Transmission System for use over the Telephone Network. The Radio and Electronic Engineer, März 1964, S. 181—184.

[29] *Gommlich, H.:* Schnelle Datenübertragung über Telefonleitungen. Internationale Elektronische Rundschau 1972, Nr. 11, S. 253—258.

[30] *Brühl/Schüttlöffel/Oberbeck/Willwacher/Hoffman:* Ein Dezimeter-Richtfunknetz für die Übertragung hochwertiger Rundfunkkanäle mit Impulsphasenmodulation. Telefunkenzeitung Jg. 29, März 1956, Heft 111; Jg. 28, Sept. 1955, Heft 109; Jg. 30, Juni 1957, Heft 116.

[31] *Steinbuch, K.:* Taschenbuch der Nachrichtenverarbeitung. Springer-Verlag 1957.

[32] *Meinke/Gundlach:* Taschenbuch der Hochfrequenztechnik. Springer-Verlag 1962.

[33] *Philippow, E.:* Taschenbuch Elektrotechnik, Bd. 3 Nachrichtentechnik. VEB Verlag Technik, Berlin.

[34] *Röschlau, H.:* Handbuch der angewandten Impulstechnik. R. v. Decker's Verlag G. Schenk, Hamburg 1965.

[35] Technische Mitteilungen AEG-Telefunken, Beiheft: Neue Entwicklungen auf dem Gebiet der PCM-Technik, Berlin 1974: *Hauk, W.,* und *Sperlich, J.:* Prinzip der Pulscodemodulation. *Scheuing, E.-U.:* PCM-Sekundärsystem PCM 120.

[36] *Opitz, L.:* Vielfach-TDM-Fernsprecheinrichtungen mit 30/32-Kanal-PCM-System. Bericht der Standard Elektrik Lorenz AG.

[37] *Christiansen, H. M.:* Pulscode-Modulation. Jan. 1966, S & H-AG.

[38] *Klein, P. E.:* Elektronische Fernmeldenetze der Zukunft. Elektronik 1974, Heft 4, S. 125–126.

[39] *Sperlich, J.:* PCM-Systeme höherer Ordnung. Internationale Elektronische Rundschau 1974, Nr. 1, S. 5–7.

[40] Pulscodemodulation, 1967: SAG München: *Poschenrieder, W.:* Grundsätzliches über Pulscodemodulations-Systeme und ihre Einsatzmöglichkeiten. *Christiansen, H. M.:* PCM-Systeme kleiner Kanalzahl im Nahverkehrsnetz.

[41] *Pospischil, R.:* Jitter Problems in PCM Transmission. NTZ 1971, H. 11, S. 596–599.

[42] *Müller, M.:* Pulscodemodulation. Elektrotechnik 56, H. 1/2, 1974, S. 14–17.

[43] Pulscodemodulation (PCM) – ein Verfahren zur Mehrfachausnutzung von Nachrichtenkanälen. Funk-Technik 1973, Nr. 11, S. 402–406.

[44] *Hafner, E.,* und *Leuthold, P.:* Ein einfaches PCM-Übertragungssystem. A.E.Ü. Band 20, 1966, H. 7, 379–387.

[45] *Mayer, H. F.:* Prinzipien der Pulscodemodulation.

[46] *Irmer, Th.:* PCM-Übertragungssysteme bei der Deutschen Bundespost. Der Fernmeldeingenieur, H. 10 und 12.

[47] *Poschenrieder, W.:* Digitale Nachrichtensysteme: Technischer Stand und Einsatzmöglichkeiten. NTZ 1968, Heft 11, S. 665–671.

[48] *Block, R.:* Adaptive Deltamodulationsverfahren für Sprachübertragung – eine Übersicht. NTZ 1973, H. 11, S. 499–502.

[49] *Deloraine, E. M., van Miero, S., Derjavitch, B.:* Methode et système de transmission par impulsions. Franz. Patent Nr. 932140.

[50] *de Jager, F.:* Delta modulation, a method of PCM transmission using the 1-unit code. Philips Res. Pept. Nr. 7, 1952, S. 442–466.

[51] *Kersten, R.,* und *Dietz, W.:* Experimente zur Nachrichtenreduktion bei Bildfernsprechsignalen. Internationale Elektron. Rundschau 1973, Nr. 1, S. 8–11.

[52] *Strenger, L.,* und *Wengenroth, G.:* Experimente zur Codierung von Fernsehrundfunksignalen. Internationale Elektronische Rundschau 1973, Nr. 1, S. 18–21.

[53] *Bostelmann, G.:* A Simple High Quality DPCM-Codec for Video Telephony Using 8 Mbit per Second. NTZ 1974, H. 3, S. 115–117.

[54] *Thoma, W.:* Differenz-PCM mit zweidimensionaler Vorhersage für Bildfernsprechsignale. NTZ 1974, H. 6, S. 243–248.

[55] *Wendland, B.,* und *May. F.:* Ein adaptiver Interframe-Codierer für Fernsehsignale. Internat. Elektron. Rundschau 1973, Nr. 1.

[56] Bericht über ein Symposium in Raleigh, North Carolina, Sept. 1970: Codierung von Videosignalen. NTZ 1971, Heft 2.

[57] *Bettinger, O.:* Digitale Sprachübertragung bei mobilen Funkdiensten. Elektr. Nachrichtenwesen, Bd. 47, Nr. 4, 1972, S. 220–226.

[58] *Küpfmüller, K.:* Die Systemtheorie der elektrischen Nachrichtenübertragung. S. Hirzel Verlag, Stuttgart 1968.

[59] *Stadler, E.:* Empfänger für eine Selektivschutzeinrichtung. Patent, Deutsch. Aktenzeichen P 1763 442.3, Anmeldung 1968.

[60] *Welland, K.:* Farbfernsehen. Franzis-Verlag, München.

[61] Einführung in die Farbfernsehtechnik. Funktechnik 1966, Nr. 24

[62] Unterrichtsblätter der Bundespost, 26. Jhrg., Nov. 73, Nr. 11.

[63] Telefunken-Fachbuch: Farbfernsehtechnik, 1967, Telefunken, Ulm.

[64] *Steinbuch/Rupprecht:* Nachrichtentechnik. Springer-Verlag 1967.

[65] Taschenbuch Elektrotechnik, Band 3, Nachrichtentechnik, *E. Philipow,* VEB-Verlag Technik, Berlin 1967.

[66] *Hesselmann, N.:* Digitale Signalverarbeitung. Vogel-Buchverlag, Würzburg 1983.

[67] *Mahlke, G./Gössing, P.:* Lichtwellenleiter-kabel, Verlag Siemens-AG München, 1988.

[68] Nachrichtentechn. Berichte (ANT) H. 3, Dez. 1986: Phys. Grundl. der optischen Nachrichtentechnik; Verf.: Rittich, Storm, Wiesmann und Zielinski.

[69] *Faßhauer, P.:* Optische Nachrichtensysteme, Hüthig-Verlag 1984 (Heidelberg).

[70] *Bleicher, M.:* Halbleiter-Optoelektronik, Hüthig-Verlag 1986 (Heidelberg).

[71] *Bocker, P.:* Datenübertragung, Band 1: Grundlagen. Springer-Verlag, Berlin 1976.

[72] *Sommer, Jürgen:* Neue PCM-Meßgeräte. Verlag Schiele u. Schön, Berlin 1979.

[73] *Mäusl, Rudolf:* Digitale Modulationsverfahren. Hüthig-Verlag, Heidelberg 1985.

[74] *Bergmann, Karl:* Lehrbuch der Fernmeldetechnik 1 + 2. Verlag Schiele u. Schön, Berlin 1986.

[75] *Pooch, Heinz:* Digitalsignal-Übertragungstechnik I–IV. Verlag Schiele u. Schön, Berlin 1985.

Stichwortverzeichnis